干涉主义框架下的
心灵因果性问题

The Issue of Mental Causation Under the
Framework of Interventionism

董 心 著

中国社会科学出版社

图书在版编目（CIP）数据

干涉主义框架下的心灵因果性问题／董心著 .—北京：中国社会科学出版社，2020.7
ISBN 978 – 7 – 5203 – 6155 – 2

Ⅰ.①干⋯　Ⅱ.①董⋯　Ⅲ.①心灵学—因果性—研究
Ⅳ.①B846②B025.5

中国版本图书馆 CIP 数据核字（2020）第 047197 号

出 版 人	赵剑英
责任编辑	郝玉明
责任校对	张爱华
责任印制	张雪娇

出　　版	中国社会科学出版社
社　　址	北京鼓楼西大街甲 158 号
邮　　编	100720
网　　址	http：//www.csspw.cn
发 行 部	010 – 84083685
门 市 部	010 – 84029450
经　　销	新华书店及其他书店
印　　刷	北京君升印刷有限公司
装　　订	廊坊市广阳区广增装订厂
版　　次	2020 年 7 月第 1 版
印　　次	2020 年 7 月第 1 次印刷
开　　本	710×1000　1/16
印　　张	18.5
插　　页	2
字　　数	254 千字
定　　价	108.00 元

凡购买中国社会科学出版社图书，如有质量问题请与本社营销中心联系调换
电话：010 – 84083683
版权所有　侵权必究

出 版 说 明

为进一步加大对哲学社会科学领域青年人才扶持力度，促进优秀青年学者更快更好成长，国家社科基金设立博士论文出版项目，重点资助学术基础扎实、具有创新意识和发展潜力的青年学者。2019年经组织申报、专家评审、社会公示，评选出首批博士论文项目。按照"统一标识、统一封面、统一版式、统一标准"的总体要求，现予出版，以飨读者。

全国哲学社会科学工作办公室

2020年7月

摘　　要

　　本书的讨论目标是为非还原的物理主义立场进行辩护。该立场既遵循物理主义的基本原则，又试图维护心灵属性不可还原的本体论地位。然而，该立场面临着严峻的挑战，即还原的物理主义学者从因果层面入手，说明心灵因果性可以被还原为物理因果性，从而间接论证心灵属性的可还原性。针对这一挑战，非还原的物理主义学者们也开始转而维护心灵因果性的不可还原性，即，心灵属性具有独特的、专属于自身的因果作用力，不能被物理属性的因果作用力所替代。

　　还原的物理主义者金在权提出了著名的排斥论证，该论证声称，非还原的物理主义立场无法同时维护心灵的不可还原性和心灵因果性。这是由于非还原的物理主义所秉持的五个前提存在理论不兼容的问题。金在权的结论是，非还原的物理主义者要么倒向还原论，要么倒向副现象论。

　　为了反驳该论证，非还原的物理主义者一方面反击金在权的论证本身，例如本书在第二章中详细论述的有关非过决定状况的讨论。通过这一讨论，我们可以看出金在权所提到的五个前提并非先天具有不兼容性，因为过决定状况在心灵因果性问题上有其特殊的、不同于一般过决定状况的地方。

　　另一方面，非还原的物理主义者努力寻找适当的因果理论，直接证明不可还原的心灵因果力，为了更好地说明本书为何要选用干涉主义因果论作为讨论心灵因果性的工具，笔者在第三章着重梳理了因果理论发展过程中的几个重要的派别，主要剖析了以上派别所产生的原因及其背后蕴含的因果观，并详细说明这些理论的缺陷何在，用以和干涉主义因果论进行对比。

干涉主义因果论是当下最热门、最前沿的因果理论之一，由伍德沃德系统全面地提出。笔者在第四章中阐述了干涉主义因果论的两个主要部分。一是通过干涉变量定义因果关系。该部分的理论重点在于，当我们引入干涉变量时，必须将所有可能造成误判的变量固定住，进而防止"混淆者"对因果判断进行干扰。二是用不变性概念将因果性诠释为程度概念，这一诠释与传统不同，后者容易将特殊科学中的很多科学规律排除在因果关系之外，不利于维护此类规律的合理性和科学性。因而，对因果概念的这一全新理解可以帮助我们更好地解读和研究特殊科学（尤其是心灵哲学）中的因果关系。

在第五章中，笔者首先应用干涉主义因果论第一部分的理论资源为"心—心"因果辩护。另外，笔者还试图澄清，"心—心"因果的不可还原性足以说明心灵属性具有独特的、不同于物理属性的因果作用力，继而也足以为非还原的物理主义进行辩护。或许有很多学者并不赞成这一观点，但是，笔者认为，论证负担在反对者那一方，即，为何"心—心"因果不足以维护非还原的物理主义。

接下来，在讨论"心—物"因果关系时，我们则会发现，干涉变量的定义与心物随附原则无法兼容。经过笔者的论证，我们无法排除物理变量作为"混淆者"的可能性，因而，对其进行固定的要求是不容调整的。这就说明，干涉主义因果论第一部分的理论资源不适合被用来讨论"心—物"因果，我们应该集中尝试用不变性加以讨论。

在第六章中，笔者发现，当运用不变性对"心—物"因果进行讨论时，依据不同的变量集会得出不同的结果。笔者试图指出，想要为"心—物"因果进行辩护的学者们所采用的因果模型实际上在讨论与"心—心"因果相似的因果关系，因此，其结论不能用以维护"心—物"因果。继而,学者们也不能用这种模型反对金在权的排斥论证。相比之下,论证"心—物"因果不如"物—物"因果恰当的学者们所采用的变量集更具合理性,其结论也更具说服力和有效性。

综合上述对"心—心"因果和"心—物"因果评判的结果,笔者在本书中构架出平行主义的心灵因果性框架。在此框架内,对于心灵结果而言,心灵原因是更恰当的;对于物理结果而言,物理原因则是更恰当的。笔者简要展示了这种因果层级的合理之处,并着重说明这一心灵因果性框架对于维护非还原物理主义立场的有利之处。

在过去的非还原的物理主义讨论中,学者们往往会认为心灵属性对外在物理世界的因果作用才是值得辩护的关键之处。因而,平行主义架构并不能真正地辩护非还原的物理主义立场。而笔者想要澄清的是,心灵属性依然从某种程度上对外在物理世界产生因果作用,只不过这种"心—物"的因果关系不如"物—物"的因果关系稳固和恰当。相比之下,心灵属性对心灵属性的因果效用可以更加有力地证明其因果力的不可还原性。

鉴于非还原的物理主义想要讨论的焦点在于心灵因果性的存在及非还原性问题,权衡来看,平行主义的心灵因果框架足以为非还原的物理主义辩护,因为它维护了"心—心"因果的存在和非还原性,同时维护了"心—物"因果的存在性,仅仅削弱了它的非还原性。在目前有关心灵因果性问题的框架中,笔者认为,平行主义方案是更加合理的。

关键词:干涉主义因果论;心灵因果性;混淆者;不变性;平行主义

Abstract

The goal of this book is to defend for non-reductive physicalism (NRP). NRP follows those basic principles of physicalism and tries to support the irreducible ontology of mental property as well. However, NRP faces a serious challenge. That is, reductive physicalists, from the perspective of causality, illustrate that mental causation can be reduced to physical causation, which indirectly shows the reducibility of the mental property. Confronting this challenge, NRP turns to defend for the irreducibility of mental causation. That is, the mental property has its own distinct causal power, which cannot be substituted by that of the physical property.

Jaegwon Kim, a reductive physicalist, raised the famous "Exclusion Argument", claiming that non-reductive physicalism cannot preserve the irreducibility of mental property and the mental causation at the same time. He argued that the five principles held by NRP remained incompatibility. His conclusion is that NRP either turns into reductionism or becomes epiphenomenalism

To reject the exclusion argument, NRP denies Kim's argument itself on one hand, like those discussions on non-determination, which is illustrated in detail in the second chapter of this book. Through these discussions, we will find out that those five principles mentioned by Kim are not a prior incompatible since the situation of determination within mental causation is special and different from other general ones.

On the other hand, NRP tries very hard to search for an appropriate causal theory, which can directly prove that the mental causal power is irreducible. In order to better illustrate why this book chooses the interventionism theory of causation to be a tool of discussing mental causation, the author will stress on the reconstruction of several important groups in the development history of causal theory. The author mainly analyzes those groups' origins and the views of causation underlying their theories. Besides, the author will demonstrate the flaws of those theories in detail in order to compare the interventionist theory of causation with those theories.

Nowadays, the interventionist theory of causation, raised by James Woodward systematically and comprehensively, is one of the hottest and the most cutting-edge one among all the causal theories. In chapter four, the author will demonstrate two major parts of the interventionist theory of causation. One part is about using the intervention variable to define causal relation. The key point of this part is that when we bring in the intervention variable, we must make sure that all the other variables in this set are held fixed, especially those which may possibly give rise to misjudgment. Furthermore, we can prevent the causal assessment from being disturbed by "confounders". The other part is about using the notion of invariance to make the concept of causation a concept with degree. This interpretation is totally different from that of traditional concept of causation, which is easier to exclude a plenty of scientific generalizations to be regarded as causal relation, especially the generalizations in the special sciences. This result goes against preserving those reasonable and scientific generalizations. Therefore, having a completely new understanding of the notion of causation can assist us to better interpret and study the causal relation in those special sciences, especially the philosophy of mind.

In chapter five, the author firstly use the first part of theoretical resource of the interventionist theory of causation to defend for M – M causation. Moreover, the author also tries to make clear that the irreducibility of M – M causation is enough to prove that the mental property has distinct and additional causal power, different from that of the physical property. And it is also adequate to defend for NRP. Maybe some scholars disagree with this point of view. However, the author thinks that the proof burden is on the shoulder of those rejecters. That is, they need to argue why M – M causation is inadequate to defend for NRP.

Next, when we discuss M – P causal relation, we will figure out that the notion of intervention variable and the principle of supervenience are incompatible. After the author's argument, we will find out that we cannot preclude the possibility of the physical variable's being a "confounder". Thus, we cannot adjust the requirement of holding fixed the physical variable. This result shows that this part of theory is inappropriate for discussing M – P causation and we should focus on appealing to the notion of invariance to continue our discussion.

In the chapter six, the author finds out that while applying the notion of invariance to discussing M – P causation, different variable sets and causal models will lead to different results. The author wants to point out that the causal models, used by those scholars who aim at defending for the M – P causation, are actually discussing about the causal relations similar with M – M causation. As a result, the conclusion led by those causal models cannot defend for M – P causation. Furthermore, those scholars cannot use it to reject Kim's exclusion argument. By contract, the causal models, used by those scholars who argue that P – P causation is better than M – P causation, are more reasonable and the conclusion led by them is more persuasive and valid.

Combining the results of the causal judgment of M – M and M – P causation mentioned above, the author builds up a parallelism structure for mental causation in this book. In this structure, with the respect for the mental effect, mental cause is more appropriate, meanwhile, with the respect for the physical effect, physical cause is more appropriate. Based on this structure, the author briefly illustrates the reasonability of this kind of causal hierarchy and emphasizes the advantage of this mental causation structure for defending NRP.

Within the discussion on NRP in the past, scholars always announce that what the most important part that worth defending is that the mental property has its own causal power toward the physical world outside. Due to this view, the parallel structure the author sets up cannot actually defend for NRP. But the author wants to declare that the mental property still has some causal influence upon the physical world outside to some degree. But this kind of M – P causal relation is not as stable and appropriate as the P – P causal relation. Compare to it, the mental property's causal power toward the mental property is more convincing to prove that mental causation is irreducible.

Considering that NRP focuses on preserving the existence and irreducibility of mental causation, after weighing the pres and cons, we will find out that the parallel structure of mental causation is capable of defending for NRP. The reason is that it vindicates the existence and irreducibility of M – M causation and maintains the existence of M – P causation as well. All it sacrifices is the irreducibility of M – P causation. As a result, the author thinks that by now, the parallel structure of mental causation is more reasonable among all the other causal structures.

Key Words: The Interventionism Theory of Causation; Mental Causation; Confounder; Invariance; Parallelism

目　　录

第一章　绪论 …………………………………………… (1)
　第一节　背景 ……………………………………………… (1)
　第二节　当下的问题 ……………………………………… (15)
　第三节　本书结构 ………………………………………… (22)

第二章　对金在权排斥问题的解决 …………………… (27)
　第一节　背景 ……………………………………………… (27)
　　一　还原的物理主义 …………………………………… (27)
　　二　多重可实现 ………………………………………… (33)
　第二节　金在权对心灵因果性的挑战 …………………… (41)
　　一　对"心—心"因果性的质疑 ………………………… (41)
　　二　对"心—物"因果性的质疑 ………………………… (48)
　第三节　对排斥论证的反驳 ……………………………… (53)
　　一　如何理解过决定 …………………………………… (54)
　　二　相容论的尝试 ……………………………………… (57)
　　三　两种过决定的区分 ………………………………… (60)
　第四节　小结 ……………………………………………… (65)

第三章　因果理论研究的历史脉络 …………………… (67)
　第一节　律则主义因果论 ………………………………… (68)

一　休谟的因果论……………………………………………（68）
　　二　密尔的因果论……………………………………………（89）
　第二节　反事实因果论…………………………………………（99）

第四章　对干涉主义因果论的探讨……………………………（121）
　第一节　导言……………………………………………………（121）
　第二节　理论背景………………………………………………（128）
　第三节　干涉主义的理论框架…………………………………（140）
　　一　干涉主义因果论对因果难题的解决……………………（142）
　　二　干涉主义因果论的两大特征……………………………（151）
　　三　干涉主义因果论与其他因果理论的异同………………（165）

第五章　干涉主义因果论的困境………………………………（185）
　第一节　导言……………………………………………………（185）
　第二节　非还原物理主义者的辩护……………………………（188）
　第三节　随附性与固定性的冲突………………………………（190）
　第四节　非还原物理主义者的反驳……………………………（201）
　第五节　对反驳的质疑…………………………………………（208）
　第六节　心灵因果性的出路……………………………………（212）

第六章　恰当变量集下对心灵因果性的解读…………………（218）
　第一节　导言……………………………………………………（218）
　第二节　敏感的与不敏感的被实现属性………………………（223）
　第三节　因果变量集的差异……………………………………（231）
　第四节　行为属性不同于物理属性……………………………（240）

结　语……………………………………………………………（249）

参考文献 …………………………………………………（253）

索　引 ……………………………………………………（268）

后　记 ……………………………………………………（272）

Contents

Chapter 1　Introduction ········· (1)
　Section 1　Background ········· (1)
　Section 2　Current issue ········· (15)
　Section 3　Structure ········· (22)

Chapter 2　Solving Kim's Exclusion Problem ········· (27)
　Section 1　Background ········· (27)
　　1　Reductive physicalism ········· (27)
　　2　Multiple realization ········· (33)
　Section 2　Kim's challenge toward mental causation ········· (41)
　　1　Querying "M – M" causation ········· (41)
　　2　Querying "M – P" causation ········· (48)
　Section 3　Rejecting exclusion argument ········· (53)
　　1　How to understand overdetermination ········· (54)
　　2　The attempt of compatibilism ········· (57)
　　3　The distinction of two kinds of overdetermination ········· (60)
　Section 4　Conclusion ········· (65)

Chapter 3　The History of the Study of Causal Theory ········· (67)
　Section 1　The regularity view of causation ········· (68)
　　1　Hume's causal theory ········· (68)

2　Mill's causal theory ……………………………………（89）
　Section 2　The counterfactual theory of causation ……………（99）

Chapter 4　The Discussion of the Interventionism Theory of Causation …………………………………………（121）
　Section 1　Introduction …………………………………………（121）
　Section 2　The Theory's background …………………………（128）
　Section 3　The structure of interventionism …………………（140）
　　1　Solving the causal puzzles ………………………………（142）
　　2　Two characters of the interventionism theory of causation ………………………………………………（151）
　　3　The similarities and differences between the interventionism theory of causation and other causal theories …………………………………………（165）

Chapter 5　The Predicament of the Interventionism Theory of Causation ……………………………（185）
　Section 1　Introduction …………………………………………（185）
　Section 2　The defence of non-reductive physicalism ………（188）
　Section 3　The incompatibllity of supervenience and fixation …………………………………………………（190）
　Section 4　The argument from non-reductive physicalism ……（201）
　Section 5　The challenge toward this argument ………………（208）
　Section 6　The way out for mental causation …………………（212）

Chapter 6　The Analysis of Mental Causation within the Appropriate Variable Setll ……………………（218）
　Section 1　Introduction …………………………………………（218）
　Section 2　Realization-sensitive and realization-insensitive ……（223）

Section 3 The difference between causal variable sets ········· (231)
Section 4 The behavioral property is not the physical property ·· (240)

Conclusion ··· (249)

References ··· (253)

Index ··· (268)

Postscript ·· (272)

第 一 章
绪　　论

第一节　背景

自笛卡儿（Descartes）提出"身心二元论"以来，哲学家们便围绕心灵的本体论地位及身心关系展开了激烈且持久的讨论。关于该问题，早期比较著名的观点来自笛卡儿和斯宾诺莎（Spinoza），前者提出"身心二元论"，认为身体与心灵是两个相互独立的实体；后者提出"身心平行论"，认为身体与心灵分属同一实体的两个属性[①]。

伴随着身心关系的本体论问题而来的，是两者的因果关系[②]。最初的问题在于，根据笛卡儿的"身心二元论"，身体和心灵是两种截然不同的实体（substance），而这两种实体又都具

[①] 斯宾诺莎认为，宇宙只存在着一个实体，即自然。这一实体具有无限多的属性，其中包括广延与思维。同时，实体想要被认知，被表现出来，需要通过具体的样式。而这些样式作为实体的分殊，体现了实体的某一属性。身体和心灵便是实体的两个样式，分别体现了广延和思维这两个属性。根据斯宾诺莎的论证，身体和心灵作为同一实体的样式是平行存在的，而两者之所以能够如此自然地保持步调一致，是由于上帝的预定和谐。换句话说，两者之间并没有相互的因果作用力，它们被上帝精巧地安排着。参见《伦理学》，商务印书馆2009年版。

[②] 斯宾诺莎的"身心平行论"并不涉及身心因果性的困难，因为在他的理论框架中，身心之间并不存在交互作用，两者看上去有关联是因为上帝的预定和谐。

有不同的属性（本质），前者具有外延，占据空间，且是物质的，而后者没有外延，不占据空间，且是非物质的。伊丽莎白公主曾在与笛卡儿的通信中明确指出，既然身体和心灵是两种不同的实体，且它们的属性并无交集可言，那么，它们之间似乎无法产生相互的因果作用。面对该质疑，笛卡儿给出的回应是，位于人体丘脑上后方的松果腺是灵魂和肉体相互作用的枢纽，并提出"身心交感说"以论述灵魂如何通过松果腺对身体产生因果作用力。

对于笛卡儿的回应我们不予过多评价，基于17世纪的科学理论背景，该回应自然有其荒谬之处，并未让人们信服。然而，重要的是，伊丽莎白公主提出的质疑至今仍然是心灵哲学领域的核心议题之一，一代一代的哲学家仍然在试图解决身体与心灵的交互关系，即身体与心灵是否存在因果关系，如果存在，它们之间的因果关系应该怎样被理解或解读。

随着现代科学的不断发展，笛卡儿的"实体二元论"渐渐失去了主流论点的地位，取而代之的"实体一元论"逐渐成为被普遍接受的学说。在此背景下，学者们普遍认为，不存在非物理的实体（如灵魂，神等），一切事物都是物理的，或依赖于物理的。因此，笛卡儿式的心灵实体被大部分受科学主义影响的哲学家所摒弃，取而代之的是心灵属性。换句话说，在"实体一元论"占主导地位的今天，哲学家们的讨论焦点集中在属性之上。一个对象可以具有不同的属性，不同的属性之间存在着不同的相互关系，如依赖关系或还原关系等。在这个框架之下，物理和心灵都是在属性层面被提及这一点已经成为哲学家们的共识，他们的分歧在于，物理属性和心灵属性之间究竟存在怎样的关系。

大体而言，"实体一元论"中存在两个派别，一是"属性二元论"（property dualism）①②③④⑤；二是物理主义（physicalism）⑥⑦⑧⑨⑩⑪。简要地说，"属性二元论"是"实体二元论"的一个温和版本，它承认心灵不是一个完全独立于身体的实体，但是认为心灵属性是独立于物理属性的。"属性二元论"者往往关注于意识的主观方面和感受性（qualia），因为它们的存在可以为其提供直观基础。换句话说，当我们讨论心灵感受时，比如玫瑰花所带来的视觉感受、柠檬所带来的酸楚感或疼痛所带来的锥心感等，我们很难认为它们就是大脑的物理属性或神经元的复杂活动，我们总觉得，除此之外，还有一些不可还原的特征是这些感受［有时称为现象的意识（phenomenal consciousness）］所独有的。因而，在主观性（subjectivity）感受和神经生理学（neurophysiological）属性之间存在着无法逾越的"解释鸿沟"（explanatory gap），我们不能将两者等同起来，或将前者还原为后者。相伴随地，持"属性二元论"观点的学者往往也持有"交互二元论"（interactive dualism）的观点，即心灵属性和物理属性之间可以存在因果关系。有关这一观点，笔者将在后面详细讨论，此处不予冗述。

---

① 参见 Nagel, T., "What Is It Like to Be a Bat?", *Philosophical Review*, Vol. 83, October 1974。

② 参见 Jackson, F., "Epiphenomenal Qualia", *Philosophical Quarterly*, Vol. 32, April, 1982。

③ 参见 Jackson, F., "What Mary Didn't Know", *Journal of Philosophy*, Vol. 83, May, 1986。

④ 参见 Chalmers, D., *The Conscious Mind: In Search of a Fundamental Theory*, Oxford University Press, 1996。

⑤ 参见 Chalmers, D., *The Character of Consciousness*, Oxford University Press, 2010。

⑥ 参见 Smart, J., "Sensations and Brain Processes", *Philosophical Review*, Vol. 68, 1959。

⑦ 参见 Armstrong, D., *A Materialist Theory of the Mind*, Lond: Routledge, 1968。

⑧ 参见 Horgan, T., "From Supervenience to Superdupervenience: Meeting the Demands of a Material World", *Mind*, Vol. 102, No. 408, 1993。

⑨ 参见 Papineau, D., *Philosophical Naturalism*, Oxford: Blackwell, 1996。

⑩ 参见 Shoemaker, S., *Physical Realization*, Oxford: Oxford University Press, 2007。

⑪ 参见 Stoljar, D., *Physicalism*, New York: Routledge, 2010。

通过对"属性二元论"的简单阐述，我们便明白为何持有该理论的学者会有下述忧虑。托马斯·内格尔（Thomas Nagel）在其最著名的论文中指出，即便我们掌握了蝙蝠的视觉原理，作为另一物种的人类依然无法从经验上感受"作为一只蝙蝠是什么样子"①。弗兰克·杰克逊（Frank Jackson）则在"玛丽不知道什么"② 一文中指出，即使玛丽知道有关颜色的所有知识，知道人类感受颜色的所有神经元过程，在黑白屋长大的玛丽在第一次看到红色时，似乎还是额外地知道了一些事情。大卫·查尔莫斯（David Chalmers）曾在多本著作中提到僵尸问题③④⑤，他认为以下情况是完全可设想的，即在一个可能世界中存在一种僵尸，这种僵尸的生理结构、生命体征及机体的组成部分和我们一模一样，当它们被针扎到的时候也和我们一样，会尖叫、会闪躲，但是它们无法感受到疼痛。从外部观察，或对僵尸进行神经过程检查，它们都与常人无异，唯一不同的便是，它们没有作为现象的意识的疼痛感。

上述的思想实验都反映出"属性二元论"者对于心灵属性与物理属性的区分，他们认为，作为现象的意识或感受性是基础属性，不可再被还原为物理属性，也不依赖于物理主义。这也是为什么"属性二元论"者往往会支持突现主义（emergentism）的观点，即，一些物理属性的聚合或相互作用可以突现出心灵属性，突现后所产生的属性不能还原为物理属性，而是作为基础属性而存在。当然，

---

① 参见 Nagel, T., "What Is It Like to Be a Bat?", *Philosophical Review*, Vol. 83, October, 1974。

② 参见 Jackson, F., "What Mary Didn't Know", *Journal of Philosophy*, Vol. 83, May, 1986。

③ 参见 Chalmers, D., "Moving Forward on the Problem of Consciousness", *Journal of Consciousness Studies*, Vol. 4, No. 1, 1997。

④ 参见 Chalmers, D., "What is a Neural Correlate of Consciousness?", in T. Metzinger, ed., *Neural Correlates of Consciousness*, MIT Press, 2000。

⑤ 参见 Chalmers, D., "The Hard Problem of Consciousness", in M. Velmans & S. Schneider, eds., *The Blackwell Companion to Consciousness*, Blackwell, 2007。

突现主义也存在各种版本，另外，突现主义也并非只与"属性二元论"的观点相契合，由于篇幅问题，此处不予详述。笔者在这里想要强调的是，在"属性二元论"者看来，心灵属性和物理属性的本体论地位是相同的。

相比之下，物理主义则认为，物理属性是所有属性的基础，换句话说，所有属性都是物理的。至于如何理解"是"的含义，不同的学者有不同的阐释，比如，约瑟夫·莱文（Joseph Levine）指出，"是"并不是指"同义词"（synonymous），而是"同一"（identity）的意思，指一种解释上的可还原。[①] 再比如，金在权（Jaegwon Kim）则指出，"是"是一种功能上的可还原。[②] 从一种更宽泛的本体论意义上讲，物理主义者将"是"理解为"随附"的概念，即所有属性都随附于物理属性之上。有关随附的定义，在后文中会详细展开。这里，笔者想要着重展示的是物理主义与"属性二元论"之间的对比与区别，而非物理主义本身的详细讨论。

通过上述对属性二元论和物理主义的阐释，我们不难发现，两个理论的共同之处在于，将物理和心灵看作同一实体的不同属性。但是，前者认为心灵属性和物理属性一样，是基础属性，两个属性之间存在解释的鸿沟。而后者认为心灵属性随附于物理属性，物理属性是所有属性的基本属性。

从模态和可能世界的角度来看，"属性二元论"和物理主义的根本分歧在于，前者认为在可能世界中，即便两个世界在物理属性的层面上一模一样，也有可能存在不同的心灵属性。比如，一个世界存在意识（consciousness）或感受性，而另一个世界不存在。换句话说，对于"属性二元论"来说，僵尸可以存在于可能世界中，这一点是完全可以设想的，在模态逻辑上是可能的。同样，光谱倒

---

① Levine, J., "Materialism and Qualia: The Explanatory Gap", *Pacific Philosophical Quarterly*, Vol. 64, 1983, pp. 354–361.

② Kim, J., "Multiple Realization and the Metaphisics of Reduction", *Philosophy and Phenomenological Research*, Vol. 52, No. 1, 1992, pp. 1–26.

置也可以发生在可能世界中,即在这个世界上的人在表述和使用颜色时与现实世界的人一模一样,当他们指着蓝色的事物交流时,他们也会声称并相信自己看到了蓝色的事物。然而,在这个世界里,当人们看到蓝色时,他们的视觉感受其实和我们看到绿色时一样。和那些僵尸一样,他们看上去、听上去和我们无异,但他们对颜色的感受和我们是相反的。

当然,对于"属性二元论"者来说,僵尸或光谱倒置并不会发生在现实世界之中,因为这些情况违反了自然律。他们只是想强调模态逻辑上的可能性。查尔莫斯曾明确声明,在现实世界中,他的立场与物理主义无异,同样遵从自然律,同样认为,如果物理属性是同一的,则心灵属性也是同一的。他和物理主义者的分歧只发生在可能世界。另外,这一分歧也只是集中于"现象的意识"层面,或感受性层面。而在面对那些不包括感受性的意识时,例如信念、记忆、内德·布洛克(Ned Block)所谓的"A-意识"(Access consciousness)[1]等,"属性二元论"也同意,当物理属性相同时,其心灵属性也相同。

与"属性二元论"不同,物理主义认为,即便在可能世界之中,僵尸也是不存在的,光谱倒置的情况也不会发生。也就是说,只要两个世界在物理层面是同一的,那么它们在心灵层面也是同一的,

---

[1] Ned Block 在 "On a confusion about a function of consciousness" 这篇论文中,将意识分为两种,一种是现象(P-consciousness),一种是通路(A-consciousness)。前者就是最简单原始的经验,例如身体的感受,感觉(sensation)等。这些经验就是感受性。而通路是另外一些可被提取信息的现象,这些信息对于视觉报告、理性推理和行为控制等心灵活动是可通达的。比如,当我们感知(perceive)时,有关我们感知的信息就是通路意识;当我们回忆时,过去的信息就是通路意识;当我们反省时,有关我们想法的信息就是通路意识。有些哲学家,例如 Daniel Dennett,不同意 Block 的这种划分方式,但是,大部分学者都接受这一划分。Chalmers 也认同对于意识的这种划分,并在此基础上提出了意识的两类问题。他认为,通路在原则上是可以用机制术语加以理解的,但对于现象的理解恐怕面临更大的挑战。因此,他称前者为"意识的简单问题";后者为"意识的困难问题"。参见 Chalmers, D., "Facing up to the Problem of Consciousness", *Journal of Consciousness Studies*, Vol. 2, No. 3, 1995, pp. 200–219。

这一论题在模态逻辑上是必然的。总而言之，物理主义认为，物理世界的同一在模态逻辑上必然伴随心灵世界的同一，"属性二元论"则不同意此必然性。在此，关于两者的区别不再展开论述，需要说明的是，本书将以物理主义的理论假设为背景，讨论物理和心灵之间的因果关系。

在深入讨论因果问题之前，我们有必要对物理主义展开进一步的说明。从本体论的角度来说，物理主义主张，万物都是物理的。这一主张并不反对有不同于物理属性的其他属性，比如生物属性、化学属性、地理属性、经济属性等，如前所述，它所谓万物都是物理的，是认为物理属性是所有属性的基础，没有物理属性的存在就没有其他属性。换言之，所有属性都依赖于物理属性或随附于物理属性。从因果论的角度来说，物理主义主张，物理属性具有因果闭合性（causal closure），即物理属性之间存在着一条自封闭的因果链条，顺着这个链条，每一个物理结果都有充分的（sufficient）物理原因。这里值得注意的是，闭合性只涉及充分性，并没有提及唯一性问题。也就是说，其他属性依然有可能因果作用于物理结果，这和其拥有充分的物理原因不相冲突。换句话说，恰恰是闭合性原则给心灵属性和物理属性之间的因果关系留出了讨论的空间，试想，如果每一个物理结果只能有物理原因，那么心灵属性对物理属性的因果作用力便被先天地（a priori）排斥在外，毫无讨论的余地。综上可见，所有物理主义者都接受两个理论前提，即：

（1）随附性：心灵属性随附于物理属性；

（2）因果闭合性：每一个物理结果都充分地由物理原因所产生。

虽然物理主义者内部达成一定共识，但是针对物理属性与心灵属性的关系问题，还是存在巨大分歧。物理主义内部大体分为还原的物理主义（reductive physicalism）和非还原的物理主义（non-reductive physicalism）。两者最根本的区别在于，前者认为心灵属性（及一切非物理属性，如化学属性、生物属性和经济属性等）都可以被还原为物理属性，而后者则认为心灵属性不能被还原为物理属性①。

所谓的还原可以从两个层面来理解，一是本体论意义上的还原；二是因果论意义上的还原。从第一个层面来看，还原的物理主义认为，心灵属性就是物理属性（the mental is the physical），或者说心灵属性只不过是物理属性而已（the mental is nothing but the physical）。也就是说，并没有一个真正存在的、不同于物理属性的心灵属性，真正存在的只有物理属性，而两者的不同是范畴和术语层面上的。在科学中，这样的还原比比皆是。比如，水可以还原为 H_2O，热可以还原为分子间的热能。从本体论来看，这就意味着水就是 H_2O，而热就是分子间的热能。②

在前文中，笔者也提到了两种非常标准的对还原论的描述，一种是来自莱文的"解释的可还原"；一种是来自于金在权的"功能的可还原"。这两种可还原理论都是对"属性 F = 属性 G"中"="的解读。换句话说，它们试图说明在什么意义上我们可以说两个属性具有同一性。

首先来看"解释的可还原"理论。在莱文看来，以下陈述具有

---

① 很多学者对非还原的物理主义表示质疑，认为只要承认了物理主义，便很难真正地维护心灵属性的不可还原的地位。他们认为，如果想要维护心灵属性的不可还原的地位，就应该像"属性二元论"者那般彻底，抛弃物理主义所秉持的预设。因而，很多学者对非还原的物理主义的质疑点就在于，"非还原"和"物理主义"之间存在张力，想要选择一方就必须放弃另一方，如果两方都想维护，则会对理论自身造成压力。另外，还有一些质疑声表示，非还原的物理主义和属性二元论虽然看上去有一些理论诉求的不同，但实质上并无差异。总而言之，非还原的物理主义自从被提出，便受到广泛关注和质疑。然而，非还原的物理主义依然受到众多学者的欢迎，因为它所呈现的世界图景充满魅力。本书也是站在非还原的物理主义的立场，试图为其提供一个可行的辩护。

② 然而，如何从本体论的角度来理解和解释还原性与非还原性变得愈加困难。尤其是，在承认了随附性的前提之下，还原性与非还原性在何种意义上可以与随附性相区别，变得愈加难以解释。其中，非还原性比还原性面临更大的挑战。因为如果心灵属性随附于物理属性，那么，心灵属性又在何种意义上不可还原为物理属性？面对这样的质疑，很多非还原的物理主义者开始转向从因果的角度来定义还原性与非还原性。如果一个属性有独立的因果作用，便说明该属性具有非还原性，反之亦然。这样的解释方案为还原性与非还原性的讨论提供了更具体、更可行的讨论空间，因而，越来越多的学者试图借用心灵因果性问题来说明心灵属性的本体论问题。

完备的解释力，即，气体的温度等同于气体分子的平均动能。这一句话的解释力特征依赖于两个事实：

（1）我们可以通过温度的因果角色来全方位地获取温度的概念；

（2）物理学可以说明，给定气体分子的平均动能可以准确地扮演温度的因果角色。

换句话说，这一陈述之所以具有莱文所谓的完备的解释力就在于，我们通过气体分子的平均动能可以还原性地解释温度。在这里，还原性地解释一般需要两个步骤。为了说明属性 F 可以被属性 G 还原性地解释，我们首先需要对属性 F 作出一个解析。其次，我们需要证明，所有具备属性 G 的对象都符合这一解析，而且这是符合基本自然律的。

我们不难看出，莱文在诠释"等同"概念时依赖于因果解释力的等同，即如果属性 F 可以通过一系列的因果解释加以说明，那么，具备同等因果解释力的属性 G 就被视作等同于属性 F。莱文的这一想法有助于我们理解不可还原论者的基本构想，即，由于属性 G 无法完全实现属性 F 的因果解释力，换句话说，属性 G 不能扮演属性 F 所应具有的所有因果属性，所以属性 F 不等同于属性 G，或者说，属性 F 不能被还原为属性 G。关于这一想法，后文将详细阐述，此处不予冗赘。

接下来，让我们再来了解一下金在权的"功能的可还原"[①]。在金在权的描述中，如果性质 M 可以还原为性质 B，我们则需要三个步骤加以实现。第一，我们要将性质 M 功能化，也就是性质 M 必须通过功能定义（因果作用）被解释为一种高阶功能性质。换句话说，我们要厘清在有关性质 M 的因果描述或因果内容中，哪些可作为性质 M 的定义或组成，哪些需要被排除在外。第二，在性质 B 中寻找

---

① 1998 年金在权在 *Mind in a Physical World* 一书中首次提到功能还原模型，之后，他又在多个地方（如 *Physicalism, or Something Near Enough*，Princeton University Press，2005 等）详细论述了该模型。金在权提出该模型的出发点是要反驳亨普尔-内格尔（Hempel-Nagel）的传统还原模型，后者认为还原的核心在于"桥接原则"（bridge principle）。

性质 M 的"实现者（realizer）"，这些"实现者"是因果作用中的低阶性质，并且适合于功能定义。比如，DNA 是基因的"实现者"。第三，寻找一个理论来解释说明，性质 M 的实现者（性质 B）如何实施那些用以定义性质 M 的因果作用。

以疼痛为例。如果我们想说明疼痛可以被还原为"C－纤维"的触发（C-fiber firing），以下三个步骤必不可少。首先，我们要将疼痛功能化，即将疼痛解释为因果作用中的一个环节，这一环节由特定的输入（比如组织损伤）引起，并产生特定的输出（比如呻吟）。其次，我们要寻找"实现者"，也就是在神经系统里找出由组织损伤并导致呻吟的神经元，即"C－纤维"。最后，我们要通过神经生理学等知识说明，"C－纤维"的触发如何胜任这一特定的因果角色，即由上述特定的输入引起并产生特定的输出。

通过莱文和金在权的阐释，我们可以看出，本体论层面的还原理论旨在讨论"还原"的概念，换句话说，还原理论与非还原理论的争议点在于，心灵属性在何种意义上可以（或不可以）等同于物理属性。双方讨论的对象是作为高阶属性的心灵属性本身，虽然在还原的论证过程中借助于属性的解释力或功能，但论证目标依然是属性之间的还原问题。这就与因果层面的还原理论和非还原理论形成了鲜明的对比。

从第二个层面，即因果层面来看，还原的物理主义认为，心灵属性的因果力（causal power）全部来自归功于物理属性的因果力。也就是说，心灵属性没有自己的不同于物理属性的因果力。换句话说，物理属性足以提供我们所需要的全部的因果解释①，心灵属性并不能

---

① 在很多文献中，因果（causation）与解释（explanation）是两个不相同的概念，具有不一样的性质。比如，学界一般认定因果具有传递性，但解释不具有传递性。但在本书中，我们的讨论并不涉及因果与解释之间的差别。此外，解释也分很多种不同的解释，比如科学解释、理论解释、构成性解释、因果解释等。本书重点关注的是因果解释，即探索因果关联性的解释。因此，本书预设因果和因果解释是两个可以相互替换的概念，不再加以区分。

提供多于物理属性的因果解释。

相比之下，非还原的物理主义则认为，心灵属性不同于物理属性，是真实存在的。而且，心灵属性可以提供不同于物理属性的因果力。在本书中，笔者将着重从因果论的角度出发，讨论心灵属性是否具有不同于物理属性的因果力，如果具有，是在何种意义上的不同。换句话说，在因果解释力上，非还原的物理主义是否有其合理之处。

我们不难看出，因果层面的还原理论和非还原理论将研究对象由心灵属性转变为心灵属性的因果力，旨在说明两个属性的因果力之间的还原问题。在这个讨论框架下，学者们不再过多关注"还原"的定义问题，因为因果力是否等同这一问题并不存在很大争议。取而代之的是"因果"概念该如何理解和界定。因此，采用怎样的因果理论，对因果关系进行怎样的刻画是双方争论的核心问题。

在当下的讨论中，大部分非还原物理主义者都在因果层面上讨论心灵属性与物理属性的关系问题，而在非本体论层面，之所以如此原因有二。一方面，在本体论的讨论之中，非还原的物理主义者在理论上遇到瓶颈。如果讨论的对象是属性本身，讨论的焦点在于"还原"的概念，他们首先就要面临如下诘难，即他们所谓的"随附"概念该如何与"还原"概念进行区分。换句话说，他们很难描述出随附于物理属性的心灵属性为何不能还原为物理属性，或者说，心灵属性在何种意义上不可还原。

另一方面，因果层面的讨论为本体论层面的讨论谋得出路，因为因果层面的还原与否与本体论层面的还原与否有直接关联，前者蕴含后者。正如塞缪尔·亚历山大（Samuel Alexander）的至理名言所述："真实就是具有因果力；因此，要想真实、崭新、不可还原，必须具有崭新的不可还原的因果力。"① 可以说，本体论层

---

① Alexander, S., *Space, Time, and Deity*, 2 Vols, London: Macmillan, 1920, p. 8.

面的讨论相对抽象，而因果层面的讨论相对具体，操作性更强，因此，非还原的物理主义者选择将因果层面的讨论作为突破口，继而对心灵属性不可还原的本体论地位进行辩护。可谓是一种迂回战术。

在继续讨论心灵属性是否具有不可还原的因果力之前，笔者还想进一步说明还原的与非还原的物理主义之间的张力问题。在科学主义盛行之初，学者们热衷于将较高层的（higher-level）、更复杂的、更特殊的属性还原为较低层的（lower-level）、更简单的、更基础的属性，并依次建立起层序型的（hierarchical）科学体系。在此科学体系中，物理属性是最基础的，化学属性可以被还原为物理属性，而生物属性可以被还原为化学属性，以此类推。

早期心灵哲学受到科学主义的影响，也试图将心灵属性还原为其他更低层、更基础的属性。例如，行为主义便试图将心灵属性还原为行为属性。在行为主义看来，心灵属性无非就是体现它的各种行为。其中最典型的例子便是，疼痛这一心灵属性其实就是喊叫、闪躲、面部扭曲等一系列行为。后来的功能主义则试图将心灵属性还原为功能属性，即心灵状态之所以是心灵状态，就在于它们所起的因果作用和它们所扮演的角色。依然以疼痛为例，在功能主义的理论中，疼痛之所以作为一种心灵状态，在于它被身体的伤害所引起，产生一种身体出现问题的认知和想要摆脱这种状态的欲望，进而产生焦虑的情绪，同时，在没有出现某些更强烈的、与之对立的欲望的情况之下，会导致畏缩或呻吟。再之后的同一性理论则试图将心灵属性还原为神经属性。根据这一理论，疼痛不是别的，仅仅是"C–纤维"的触发。

现如今，还原的物理主义依然有很多支持者[1][2][3]，他们都试图

---

[1] 参见 Nagel, T., "Physicalism", *Philosophical Review*, Vol. 74, July 1965。
[2] 参见 Kim, J., *Supervenience and Mind*, Cambridge University Press, 1993。
[3] 参见 Stoljar, D., "The Argument From Revelation", in Nola, R. and Mitchell, D. eds., *Conceptual Analysis and Philosophical Naturalism*, MIT Press, 2009。

证明心灵属性可以被解释性地还原为物理属性，即有关心灵属性的理论可以由有关物理属性的理论推演出来。换句话说，我们完全可以用物理属性来解释心灵属性的一切。结合本书的议题，他们认为心灵属性的一切因果力都能用物理属性的因果力来解释，因此，心灵因果性被归并（collapse）为物理因果性。

然而，还原的物理主义对于很多学者来说都过强了，接受这一理论，就意味着心灵属性并没有作为心灵的（qua mental）并属于自身的因果力。换句话说，我们必须接受，我们的信念、欲望、意识、情绪、想法都不具有独特的因果作用力，我们的心灵状态、心灵活动都无法真正地对物理世界产生因果影响。更糟糕的是，以心灵属性为代表的高层属性，如化学属性、生物属性、经济属性等［杰瑞·福多（Jerry Fodor）称之为"特殊科学"（special science）］，都丧失了属于自身的因果力，它们的因果性统统被归并为物理因果性。这在很多学者看来是非常糟糕的。因此，非还原的物理主义逐渐盛行。该理论试图在坚持物理主义的"实体一元论"的同时，为心灵属性的独特性加以辩护，并维护它在物理世界中所扮演的特殊角色，以及来自自身的因果作用力。

此外，希拉里·普特南（Hilary Putnam）在1975年所提出的多重可实现论证为非还原的物理主义提供了强有力的支持。[①] 粗略地说，该论证反对"类型同一论"（type identity），即一类心灵属性可以等同于或被还原为另一类物理属性。普特南指出，同一类的心灵属性很有可能被完全不同类的物理属性所实现。比如，在人类的生理结构中，疼痛是由"C-纤维"的触发所实现的，然而，同样具有疼痛属性的章鱼却没有"C-纤维"。极端点说，实现同一心灵属性的物理属性之间可以毫无共同之处。根据这一论证，我们似乎很难再将一类心灵属性和一类物理属性等同起来。

---

① 参见 Putnam, H., *Mind, Language, and Reality*, Cambridge University Press, 1975。

也就是说，同一或许仅仅存在于个例层面，即个例对个例（token-token）的同一。而作为类型的心灵和物理属性之间很难同一。因此，我们有理由认为，存在着不可还原的、真实的、有区别的心灵属性。

当然，承认多重可实现论证并不是承认非还原的物理主义的充分条件。比如副现象主义者可以接受心灵属性的多重可实现及不可还原性，然而他们主张心灵属性不存在任何因果影响力。所以，如前所述，心灵属性具备独有的因果力才是非还原的物理主义所要辩护的核心论题，这也是它和还原的物理主义最根本的分歧点。

综上所述，我们可以归纳出非还原的物理主义所承认的四个基本假设：

（1）随附性：心灵属性随附于物理属性；

（2）因果闭合性：每一个物理结果都充分地由物理原因所产生；

（3）不可还原性：心灵属性是独特的（distinct）属性，不能被还原为物理属性；

（4）心灵因果性：心灵属性具有因果作用力。

然而，非还原的物理主义从一开始就受到很多质疑，其中最严重的当属金在权于1998年提出的排斥论证（the exclusion argument）。[1] 有关这一论证，笔者将在第二章详细讨论。简单地说，金在权指出，非还原的物理主义所承认的四个基本命题外加非过决定论（non-overdetermination）命题会导致理论内部的不兼容，即我们无法同时支持这五个命题，必须放弃一个。关于非过决定论的详细讨论，后文将有所涉及，此处不再赘述。

金在权的结论在于，由于随附性、因果闭合性和非过决定论是物理主义者所达到的共识，我们只能优先考虑放弃非还原的物理主

---

[1] 参见 Kim, J., *Mind in a Physical World: An Essay on the Mind-Body Problem and Mental Causation*, MIT Press, 1998。

义所独有的命题，即不可还原性或心灵因果性。他通过这一论证想要说明，非还原的物理主义者存在两难困境，他们或者选择坚持不可还原论，放弃心灵因果性，从而沦为副现象论者；或者选择坚持心灵因果性，但放弃不可还原论，即心灵之所以具有因果性是因为心灵属性可以被还原为物理属性。

结合本书的中心议题，即心灵属性的因果作用力，排斥论证给非还原的物理主义者带来的最大挑战是，要不彻底放弃心灵属性的因果力，要不将心灵属性的因果力还原为物理属性的因果力。无论非还原的物理主义选择哪条路径，都无法实现其目标，即想要维护心灵属性独有的并属于自身的因果力。所以，非还原的物理主义想要为自己辩护，首先应该解决排斥论证所带来的难题。此外，非还原的物理主义还需要进一步澄清，在何种意义上，心灵属性具有物理属性所不具备的、额外的（additional）因果作用力。

第二节　当下的问题

如今，非还原的物理主义者们在为心灵因果性辩护时往往采取以下步骤。第一，选出一个因果理论，说明其有效性和合理性；第二，证明在这一因果理论的阐释下，心灵属性具有属于自身的因果作用力。这种辩护方式是缜密的、可取的。因为它首先提供了一个具体的因果理论，避免泛泛而谈。众所周知，同一个事件或同一个属性可能在一种因果理论的解读之下具有因果关联或因果效力，但在另一种因果理论的解读之下便不具有这种关联或效力。可见，要想谈论因果性，我们首先应该确保的前提是构建一个大家共同认可的因果理论框架，然后在这个框架内讨论问题。

近十年来，詹姆士·伍德沃德（James Woodward）提出的干涉主义（interventionism）因果理论得到了越来越多学者的关注。很多非还原的物理主义者认为这一理论可以帮助他们为心灵因果性辩护①②③④⑤⑥⑦⑧⑨⑩⑪⑫⑬⑭⑮，即在干涉主义的因果框架内，他们可以证明心灵属性具有物理属性所不具备的因果作用力。在这里，笔者先简要说明一下干涉主义因果论。在第四章，笔者将详细论述该理论和其优势，以及在讨论心灵因果性时可能存在的问题。

在伍德沃德看来，干涉主义因果论将因果关系视作一种可探索

---

① 参见 Menzies, P. and List, C., "The Causal Automony of the Special Sciences", in Mcdonald, C. and Mcdonald, G. eds., *Emergence in Mind*, Oxford University Press, 2010。

② 参见 Maslen, C., "Causes, Contrasts, and the Nontransitivity of Causation", in Hall, N., Laurie, P. and Collins, J. eds., *Causation and Counterfactuals*, Cambridge: MIT Press, 2004。

③ 参见 Maslen, C., "Proportionality and the Metaphysics of Causation", Draft, 2009。

④ 参见 Pernu, T. K., "Causal Exclusion and Multiple Realizations", *Topoi*, Vol. 33, No. 2, 2013a。

⑤ 参见 Pernu, T. K., "Does the Interventionist Notion of Causation Deliver us from the Fear of Epiphenomenalism?", *International Studies in the Philosophy of Science*, Vol. 27, No. 2, 2013b。

⑥ 参见 Pernu, T. K., "Interventions on Causal Exclusion", *Philosophical Explorations*, Vol. 17, No. 2, 2013c。

⑦ 参见 Raatikainen, P., "Mental Causation, Interventions, and Contrasts", Manuscript, 2006。

⑧ 参见 Raatikainen, P., "Causation, Exclusion, and the Special Sciences", *Erkenntnis*, Vol. 73, No. 3, 2010。

⑨ 参见 Raatikainen, P., "Can the Mental be Causally Efficacious", in Talmont-Kaminski, K. and Milkowski, M. eds., *Regarding the Mind, Naturally: Naturalist Approaches to the Sciences of the Mental*, Cambridge Scholars Press, 2013。

⑩ 参见 Shapiro, L. and Sober, E., "Epiphenomenalism—The Do's and Don'ts", in Wolters, G. and Machamer, P. eds., *Thinking About Causes: From Greek Philosophy to Modern Physics*, Pittsburgh: University of Pittsburgh Press, 2007。

⑪ 参见 Shapiro, L., "Lessons From Causal Exclusion", *Philosophy and Phenomenological Research*, Vol. 81, No. 3, 2010。

⑫ 参见 Woodward, J., "Sensitive and Insensitive Causation", *Philosophical Review*, Vol. 115, No. 1, 2006。

⑬ 参见 Woodward, J., "Causation in Biology: Stability, Specificity, and the Choice of Levels of Explanation", *Biology and Philosophy*, Vol. 25, No. 3, 2010。

⑭ 参见 Woodward, J., "Interventionism and Causal Exclusion", *Philosophy and Phenomenological Research*, Vol. 91, No. 2, 2015a。

⑮ 钟磊：《平行主义的复兴》，董心译，《自然辩证法通讯》2017 年第 1 期。

的控制或操纵（manipulation）关系①②。简而言之，判定 X 是 Y 的原因的充分必要条件便是可以通过干涉 X 来改变 Y。换句话说，如果通过 X，我们可以对 Y 进行操控，那么便可以说 X 是 Y 的原因。比如，当我们说 A 球的撞击是 B 球移动的原因时，蕴含的意思是，我们可以通过干涉 A 球来改变 B 球原本的状态，如阻止 A 球的运动或改变 A 球的运动轨迹，使得 B 球由原本的移动状态变为静止状态。

那么，非还原的物理主义为什么选择干涉主义因果论来为心灵因果性辩护呢？一方面，干涉主义因果论本身的预设有利于讨论心灵属性的因果力。这一部分将在后文详细说明，这里只作粗略介绍。比如，干涉主义框架下的因果关系和法则（law）并不必然关联，这对心灵属性或很多特殊科学的属性非常有利。大部分的学者都同意，特殊科学的属性或较高层次的属性间很难存在法则，它们之间的关联更多的是其他条件不变的情况下的普遍化规律（generalization）。因此，如果因果性和法则有必然关联的话，就直接否定了心灵属性具有因果力的可能性。然而，干涉主义并不这样理解因果性，伍德沃德在书中直接使用"普遍化规律"这一概念作为讨论的对象，在他看来，如果 X 对 Y 的操控具有规律性便说明 X 可以被当作 Y 的原因。所以，干涉主义的讨论框架本身就为心灵因果性留出了讨论空间。

再比如，在选择有关因果力的讨论对象时，学者们往往会产生分歧，有些人认为我们应该讨论事件的因果性③④⑤，有些人认为我

---

① 参见 Woodward, J. and Hitchcock, C., "Explanatory Generalizations part I a Counterfactual Account", *Noûs*, Vol. 37, No. 1, 2003a。

② 参见 Woodward, J. and Hitchcock, C., "Explanatory Generalizations part II Plumbing Explanatory Depth", *Noûs*, Vol. 37, No. 2, 2003b。

③ 参见 Dowe, P., "Wesley Salmon's Process Theory of Causality and the Conserved Quantity Theory", *Philosophy of Science*, Vol. 59, No. 2, 1992。

④ 参见 Salmon, W., *Scientific Explanation and the Causal Structure of the World*, Princeton: Princeton University Press, 1984。

⑤ 参见 Lewis, D., "Event", in *Philosophical Papers*, vol. II, Oxford: Oxford University Press, 1986。

们应该讨论属性的因果性①②。笔者认为，这样的分歧由来已久，实则为"类型—个例（type-token）之分"的变种。所谓"类型—个例之分"，是想揭示如下问题，即有时类型 A 是类型 B 的原因，然而作为类型 A 的某一例示（instantiation）a 在现实世界中却没有导致作为类型 B 的某一例示 b 的发生，反之亦然。这就说明作为类型的因果关联和作为个例的因果关联不是必然等同的，因此，很多学者在讨论因果性之前会先设法澄清，他们想要讨论的对象是类型还是个例，或者说，是属性还是事件。然而，伍德沃德的干涉主义因果论并不涉及这一区别，在他看来，所要讨论的、有待作出因果解释的对象都是一些变量（variable）。属性可以是变量，事件也可以是变量，干涉主义关注的重点是给出一个判断的标准，凭借这个标准判定两个变量之间是否存在因果关系。这样一来，便淡化了在讨论心灵因果性时应该将心灵看作属性还是事件的争论，更有利于学者们在同一语境中进行讨论。③

另一方面，从直觉来讲，干涉主义因果论的模型可以为心灵因果性辩护。根据干涉主义因果论，非还原的物理主义者要想维护心灵因果性，只要证明我们可以通过干涉心灵属性的状态来改变其他

---

① 参见 Kim, J., "Causation, Nomic Subsumption, and the Concept of Event", *Journal of Philosophy*, Vol. 70, 1973。

② 参见 Kim, J., "Events as Property Exemplifications", in M. Brand and D. Walton eds., *Action Theory*, Dordrecht: D. Reidel Publishing, 1976。

③ 在讨论因果问题时，我们是否可能回避"属性—事件"的区分，笔者尚未考量清楚。伍德沃德虽然用变量的概念淡化了有关属性和事件的争论，但干涉主义因果论在谈论因果问题时，是否可以完全避开"属性—事件"之分尚属未知。在本书后面涉及干涉主义因果论的具体公式时，笔者将还会谈及此问题。因为伍德沃德及很多学者在运用该因果理论时，实际上采取了两种处理方式。一种是将变量的取值二元化，从而得到一种"质的因果关系"。另一种是将变量的取值多元化，从而得到一种"量的因果关系"。前者多用于处理作为事件的因果对象，后者则多用于处理作为属性的因果对象。笔者认为，这一区分不容小觑，因为对变量的取值方式和对因果图景的预设不同往往会导致因果判断的不同结果。如果"属性—事件"之分与这些取值方式和图景预设相关联，那么，当我们运用干涉主义因果论讨论因果问题时，很可能仍然需要首先厘清我们讨论的对象是属性还是事件。

心灵属性或物理属性的状态即可。比方说，我有想要喝水的欲望，于是我抬手去拿水杯。粗略地想，如果我们通过某种方式，干涉想要喝水的欲望，使其变成不想喝水，于是，我便不会抬手去拿水杯。这样看来，我们似乎可以将想要喝水的欲望当作抬手拿水杯的原因，从而维护了心灵属性对外界的因果作用力。

然而，经过仔细分析，运用干涉主义因果论为心灵因果性辩护并不像非还原的物理主义者们预期的那样顺利。首先，在讨论心灵因果性时，实则在讨论两类因果作用力，一是心灵属性对心灵属性（"M—M"）的因果作用力；二是心灵属性对物理属性（"M—P"）的因果作用力。关于这两种因果关系的区别，笔者在后文中会详细陈述，这里只作简要说明。两者最大的差别在于，前者是一个较高层面的属性和另一个较高层面的属性之间的因果关系，这就意味着，这是同一个层面（intralevel）的属性之间的因果关系。而后者是一个较高层面的属性和一个较低层面的属性之间的因果关系，即跨层面（interlevel）的属性之间的因果关系。后者通常也被称为"下向因果"（downward causation）。在以往的讨论中，学者们并没有对这两种因果关系作出明确区分，当他们声称自己为心灵因果性辩护时，有的人实际上是在为"心—心"的因果关系辩护，有的人则是为"心—物"的因果关系辩护。当有人向心灵因果性提出质疑时，情况也是如此。笔者认为，这样含混地使用心灵因果性不利于学者们进行更有针对性的探讨。因此，在本书中，笔者将金在权对非还原物理主义的质疑分为两个部分，并分开讨论干涉主义因果论能否帮助非还原物理主义克服这一质疑。通过这种区分和澄清，我们会发现干涉主义因果论实际上只能部分地为心灵因果性辩护，即，只能维护"心—心"因果性，但无法为"心—物"因果性辩护。因此，想要为"心—物"因果性辩护的学者恐怕要诉诸其他因果理论。

其次，根据干涉主义因果论的特点，即需要在一个因果变量集（variable set）框架内讨论因果关系问题，选择怎样的因果变量集就变得至关重要。换句话说，即便同样选择干涉主义因果论作为因果判断的标准，根据不同的因果变量集，也会得出不同的因果关系的判断。换句话说，即便我们都接受干涉主义因果论作为因果判断的标准，心灵属性能否对心灵属性或物理属性产生因果作用力依然是可争论的话题。因此，选择怎样的因果变量集可以更合理、更符合直观地刻画心灵属性和心灵属性或物理属性的变化关联，是需要探讨和辩护的。在本书中，笔者将论证符合多重可实现框架的包含心灵属性和物理属性的因果变量集，并在此基础上，根据干涉主义因果论的判断标准分别讨论两类心灵因果性是否存在。

最后，非还原的物理主义者在诉诸干涉主义因果论为心灵因果性辩护时可能遇到的最大阻碍，来自干涉主义因果论自身的特点。简要说来，干涉主义因果论的一大优点便是，它有效地帮助我们辨别出真正的原因和虚假的原因（spurious cause）。其中，前者被伍德沃德称作"混淆者"（confounder），即它的存在混淆了我们对因果关系的判断，将虚假的原因误判断为真正的原因。比如，在判断 X 是否为 Y 的原因时，我们发现 X 的变化可以导致 Y 的变化，于是便断定 X 是 Y 的原因。然而真实的情况是，X 的变化伴随着 Z 的变化，真正使 Y 变化的是 Z 的作用，而不是 X。由此来看，我们之前的误判，即误以为 X 是 Y 的原因，是因为我们没有发现 Y 的变化实际上是 Z 的变化造成的。换句话说，X 搭了 Z 的顺风车，它对 Y 实际上没有任何因果作用力，却因为 Z 的存在，被误以为是 Y 的原因。所以说 Z 混淆了我们的视线，因此称之为"混淆者"。

针对"混淆者"对因果判断造成的困扰，伍德沃德进行了详尽的阐述，这里不加赘述。简言之，伍德沃德提出，面对"混淆者"可能带来的误判，我们应该在进行因果判断时，辨别出是否存在"混淆者"，并固定住"混淆者"。比如，当我们发现 Z 相对于 Y 来说是"混淆者"，便应该将其固定，然后再考察对 X 的干涉是否导致 Y 的变化。如果在 Z 被固定的情况之下，对 X 的干涉依然可以使 Y 发生变化，我们便可判定 X 可被称为 Y 的原因。

这个方法本身非常有效合理，然而，当我们将其运用到心灵属性的因果判断上时，便会遇到严重的问题。因为根据随附性原则，当心灵属性改变时，物理属性也一定随之发生改变。因此，如果物理属性是"混淆者"的话，我们便无法如伍德沃德所要求的那样，在干涉心灵属性的同时，固定住物理属性，以此来进行对心灵属性的因果判断。在本书中，笔者试图证明，当我们试图判断"心—物"的因果关系是否存在时，作为心灵属性的随附基（subvinient base）——物理基础（physical base）正是扰乱我们进行因果判断的"混淆者"。因此，在进行"心—物"因果判断时，现存的、伍德沃德式的干涉主义因果论并不是一个合适的因果理论。面临这种状况，笔者将试图挖掘干涉主义因果论的其他理论资源，以此规避"混淆者"所带来的问题。

综上所述，现如今的问题就是，非还原的物理主义者试图借助干涉主义因果论来为心灵属性进行辩护，证明心灵因果性是真实存在且不同于物理因果性的，即心灵因果性不能彻底地、完全地被还原为物理因果性。然而，经过分析和澄清，我们会发现，干涉主义因果论只能维护"心—心"因果关系，却无法为"心—物"因果关系辩护。面临这种结果，很多非还原的物理主义者恐怕会感到失望。因为对于他们来说，心灵因果性的魅力恰恰体现在心灵属性对物理属性的因果作用力。换句话说，他们努力想要维护的心灵因果性是那些很符合日常直观的下向因果，即心灵属性对外在世界的影响和改变，比如想要喝水的欲望导致我伸手去拿水杯，或者发射导弹的决定导致我按下"发射"按钮，并将一个地区夷为平地。他们认为这样的心灵因果性才是有趣的，值得探讨和辩护的。

在这里，笔者不想针对这种观点多加评论。笔者想要说明的是，这部分非还原的物理主义者将面临两种选择：第一，接受"心—心"因果性足以捍卫心灵因果性的存在，并足以维护心灵属性的独特性和不可还原性。即便"心—物"因果性不成立，我们依然可以饶有兴趣地讨论"心—心"因果性的意义及心灵作为一种特殊科学的研究对象的重要地位。第二，如果他们依然想方设法地维护"心—物"

因果性，那么他们恐怕不得不诉诸其他的因果理论，干涉主义因果论或许无法满足他们的诉求。

第三节　本书结构

在这里，笔者想简要地展示一下本书的组织结构，以便读者在继续阅读后续章节之前可以将论述的大体框架了然于心。在第二章中，笔者将在金在权的排斥论证基础上分别展示学者们对"心—心"因果性和"心—物"因果性的挑战和质疑。在分析这两类质疑之后，笔者试图说明"心—心"因果性和"心—物"因果性之间没有必然的联系，即"心—物"因果性如果成立（或不成立），并不意味着"心—心"因果性成立（或不成立），反之亦然。因此，关于这两类心灵因果性，我们需要分别论证和说明。另外，笔者还会详细分析非还原的物理主义者所共同承诺的五个前提——随附性、因果闭合性、不可还原性、心灵因果性和非过决定论。通过对这五个前提的分析，笔者试图说明它们并不像金在权所论证的那样，先天地、必然地不可兼容。

通过对过决定论的再诠释与再解读，笔者将澄清过决定论中涉及的充分的因果条件实际上有两种情况。一种是恰当的（appropriate）充分条件，一种是不恰当的充分条件。在传统的过决定事例中，两个充分条件导致了同一个结果，这里的充分条件实则是指恰当的充分条件。非过决定论想要否定的是这种由两个恰当的充分条件导致的过决定事例的系统化和普遍化。然而，笔者将举出一种特殊情况，在这种情况之下，过决定事例中的两个充分条件分别是恰当的充分条件和不恰当的充分条件。而且，这两个充分条件之间存在着紧密的依赖关系。我们会发现，在这种特殊情况下出现的过决定事例即便普遍存在，也并不会造成任何困扰。换句话说，并非所有过决定状况的普遍化都是不可接受的。

通过第二章的证明，笔者并非想要论证独特的心灵因果性肯定存在。只是想要澄清，我们并不能仅仅因为五个前提不兼容，便否定非还原的物理主义能同时维护不可还原性与心灵因果性。换句话说，独特的心灵因果性存在与否依然有可讨论的空间。接下来的问题是应该用什么样的因果理论来判断心灵因果性的存在。

在第三章中，笔者将着重梳理历史上重要的三个因果理论——律则主义因果论（the regularity view of causation）、个体主义因果论（singular causation）和反事实因果论（counterfactual theory of causation）。通过梳理，笔者想要说明的是，在干涉主义因果论进入人们视野之前，已经存在很多成熟的、成体系的因果理论。这些因果理论所面临的问题是有连续性的，它们都想为因果关系中所包含的，但无法被我们直接知觉到的必然性提供合理解释。当然，这同样是干涉主义因果论的首要目标。

此外，我们还会发现，这三个因果理论存在很多自身的理论难题，这些难题都意味着，如果我们采用它们讨论心灵因果性问题将会面临更多的挑战与质疑。相比之下，选择自身问题相对较少的干涉主义因果论是更明智的选择。这也是为什么非还原的物理主义者热衷于使用干涉主义因果论来为不可还原的心灵属性进行辩护。

在第四章中，笔者将重构被伍德沃德系统化的干涉主义因果论，并详细分析在干涉主义框架下进行因果判断需要哪些步骤和标准。而在此之前，笔者将首先讲述伍德沃德式的干涉主义所依托的因果观，因为对因果性崭新的理解才使得干涉主义如此与众不同。同时，也正是这种与传统因果观不同的理论背景，为心灵及其他特殊科学的因果性创造了可能性。

除此之外，笔者还将重点对比伍德沃德式的干涉主义因果论和上一章提到的三个因果理论及与干涉主义因果论非常类似的对比因果论（contrast theory of causation），借此来进一步说明干涉主义因果论的理论优势。通过对比，首先，笔者重点强调了干涉主义因果论对于主动干涉的使用所具有的重要意义。其次，笔者着重厘清了干涉主义因果论和反事实因果论的区别。伍德沃德也在不止一处强调，不能将他的理论和反事实因果论相混淆。虽然他在形式上运用了反事实条件句，然而他的理论和反事实因果论有着本质的区别。最后，笔者特别说明干涉主义因果论对因果关系的理解更符合特殊科学中存在的种种现象，不会将很多我们直观认为是因果的关联排除在外。相比之下，对比因果论便会显得有些过强，将很多我们直观看上去属于因果关系的状况判断为非因果的关联。

在说明伍德沃德式的干涉主义因果论的优势之后，笔者将阐明非还原的物理主义者们如何运用该理论为心灵因果性辩护。他们试图借助该理论来反驳金在权对其有效性的质疑，即排斥论证所提出的挑战。他们不光论证心灵属性具有与物理属性不同的、有自主性的因果力，还证明心灵属性可以对物理属性产生因果影响，即下向因果的有效性。通过这一论证，他们认为自己成功地维护了心灵因果性，并说明心灵因果性与心灵的不可还原性是可以兼容的，并非像金在权所说的那样，两者必须放弃一方。

然而，在第五章中，笔者将首先提出干涉主义因果论本身在讨论心灵因果性时可能遇到的问题。由于心灵属性和物理属性之间存在着随附关系，即两者之间有非常紧密的共存关系，且这种共存具有不对称性，因此，当心灵属性被干涉的同时，物理属性也会遭到改变。然而，伍德沃德式的干涉主义格外强调，我们在进行因果判断时，应时刻提防来自"混淆者"的干扰和误导，以免造成误判。而避免误判的方式便是通过固定住"混淆者"的数值，以此切断"混淆者"对结果造成的因果影响，从而确保我们的因果判断仅仅针对想要考察的变量。

据此，对于心灵属性而言，如果物理属性是"混淆者"的话，那么在干涉心灵属性的时候，物理属性就必须被固定住。但是，根据随附性原则，不同的心灵属性不可能随附于相同的物理属性。如此一来，我们有理由认为，在这种情况下，用干涉主义因果论来讨论心灵因果性是不恰当的。

笔者要论证的是，在讨论"心—心"因果性时，物理属性并不符合混淆者的条件，因此，用干涉主义因果论对"心—心"关系进行因果判断不成问题。然而，在讨论"心—物"因果性时，物理属性恰恰就是混淆者。因此，如果我们坚持运用干涉主义因果论对"心—物"因果性作出判断，就应该尝试挖掘该理论之中的其他资源，例如伍德沃德同样强调的不变性原则。该原则的核心在于，因果性具有程度之分，如果 X 与 Y 之间的因果关联比 Z 与 Y 之间的因果关联具有更广泛的不变性，我们则可以判定，X 比 Z 更适合成为 Y 的原因。在这一原则的框架内，我们如果证明心灵属性比物理属性更适合成为原因，便能说明心灵属性具有独特的因果作用力。借此，我们可以从一个全新的视角来讨论心灵因果性。

在第六章中，笔者将阐明在讨论心灵因果性时，仅仅运用干涉主义因果论的不变性原则还不够。因为同样运用这套因果理论，不同的变量集和不同的变化关系框架都会导致不同的因果关系判断。换句话说，在讨论心灵属性是否具有因果力时，我们需要额外说明的是，针对怎样的结果而言，心灵属性是否具有因果力，而不是一概而论。正如前文所说，"心—心"因果和"心—物"因果是两种完全不同的因果关联。因此，在运用干涉主义因果论之前，我们应该澄清，讨论时涉及的因果变量集中包含哪些变量，尤其要说明结果变量是怎样的变量。

除此之外，针对同样的因果变量集，不同的变化关系框架也会导致截然不同的因果判断。比如，我们要判断 X 是否是 Y 的原因。如果一派人认为 X 的变化可以导致 Y 的变化，那他们便会判断出 X 是 Y 的原因。而如果另一派人认为 X 的变化无法导致 Y 的变化，那他们便会得出相反的结论。由此可见，同样运用干涉主义因果理论，如果对两个变量的变化关系的看法不同，依然无法得到相同的结论。

因此，笔者认为，非还原的物理主义者在用干涉主义因果论对心灵因果性进行讨论之前，应该先澄清大家使用的变量集是否一致，这样才不至于将不同的因果判断混为一谈，争论不休。此外，我们还应澄清变量间的变化关系，这才是作出因果判断的关键之处。

最后，在第七章中，笔者将总结说明，根据干涉主义因果论，我们会发现，心灵属性只对心灵属性具有自主的、不同的、独特的因果作用力；而对于物理属性，并无法拥有非还原的物理主义者所期待的那种因果力。换句话说，金在权提出的排斥论证的确失去了其原有的质疑效力，即心灵属性的因果力并没有先天地被物理属性排斥在外，心灵因果性并不能直接从理论上被否定，依然有其存在的可能性。然而，根据干涉主义因果论的因果判断标准，在面对物理结果时，心灵属性的因果力的确竞争不过物理属性。

概括而言，根据干涉主义因果论，作为较高层面的属性的心灵属性只能对同层面的其他心灵属性产生恰当充分的因果影响，而作为较低层面的属性的物理属性也只能对同层面的其他物理属性产生恰当充分的因果影响。这种恰当充分的因果关联只存在于同层面的属性之间，并不存在于跨层面的属性之间。

有些学者可能会说，这一结果并不令人满意，因为它没能维护"心—物"的下向因果力。但是在笔者看来，这一结果足够维护心灵因果性，也足以说明心灵属性具有物理属性所不具有的因果作用力。因为非还原的物理主义所追求的最核心观点是，心灵属性在因果的层面来说，具有不同于物理属性的、自主的因果作用力，进而，在本体论的层面具有不可还原的独特地位。至于心灵属性所独有的这种因果效力是针对其他心灵属性，抑或针对物理属性，并不是问题的关键所在。

第 二 章

对金在权排斥问题的解决

第一节　背景

在讨论金在权提出的著名的排斥问题（exclusion problem）之前，首先需要交代一下该问题所针对的对象——非还原的物理主义。而在讨论非还原的物理主义之前，我们有必要简单了解一下作为该理论对立面的还原的物理主义，以及支撑非还原理论走向顶峰的多重可实现（multiple realization）原则。

一　还原的物理主义

还原的物理主义的宗旨是将世界上所有的属性都还原为物理属性，然而该理论并没有统一的主张，根据不同的还原论观点，那些高层次的、更复杂的属性在不同的层面和意义上被还原为物理属性。接下来，笔者将简要梳理几个重要的还原论观点，并通过这些观点说明还原的物理主义者如何将心灵属性还原为物理属性。

在20世纪初期，逻辑实证主义兴起，该理论旨在探索科学的本质及各个学科之间的关系。他们的目标之一便是"统一科学"，即试图找到一种公共语言，然后将所有得到证实的科学陈述都翻译成这种公共语言。因此，大家将这一主张称作"翻译式的还原论"。其中作为代表人物的鲁道夫·卡尔纳普（Rudolf Carnap）[1][2] 和卡尔·古斯塔夫·亨普尔（Carl Gustav Hempel）[3] 均试图论证，物理的语言也许可以成为科学界的通用语言。换句话说，任何科学概念、陈述和法则都必须可以被翻译成物理概念、陈述和法则。比如亨普尔在1949年提出，所有的有意义的心理学陈述都可以被翻译成如下陈述，在这种陈述中不包含心理学概念，只包含物理学概念。再比如，卡尔纳普在1932年论证道，心理学的谓词"x 是激动的"可以被翻译成以下物理谓词，比如，x 的身体（尤其是他的神经系统）处于一种物理结构，该结构的特点是，脉搏过快、呼吸急促、词不达意、面对特定刺激时出现焦躁的运动等。

这种可翻译性实则是一种概念或语词的可还原，将其进一步演变成本体论的可还原性需要如下步骤。例如，卡尔纳普将属性当作谓词的内涵和意义，进而提出，心灵属性 M 等同于物理属性 P 当且仅当相对应的 M 和 P 的谓词是同义的。根据这一思路，如果所有学科的概念、陈述和法则都能被翻译成物理的概念、陈述和法则，或者说，所有学科中的谓词都与物理的谓词同义，那么，所有的属性便都可以被还原为物理属性。

逻辑实证主义的先驱们之所以要将所有的属性都还原为物理属性，将所有的科学语言都还原为物理语言，源于他们对物理学的无限崇拜。在他们眼中，物理学可谓是真正的、唯一的科学，也是所有其他科学的基础。换句话说，一门学科如果具有科学性，就在于该学科的语言、陈述和概念等可以被还原为物理学中的语言、陈述和概念等。正是这种可还原性才保证了其他学科的科学地位。通过

---

[1] 参见 Carnap, R., "The Elimination of Metaphysics Through Logical Analysis of Language", *Erkenntnis*, 1932。

[2] 参见 Carnap, R., *The Unity of Science*, trans. with an intro. by Black, M., London: K. Paul, Trench, Trubner & Co., 1934。

[3] 参见 Hempel, C., "Theory of Experimental Inference", *Journal of Philosophy*, Vol. 46, No. 17, 1949。

这一点，足见逻辑实证主义的科学图景奠基于物理学之上。

然而，这种"翻译式的还原"很快便受到冲击，因为当我们将那些特殊科学中的陈述翻译成物理语言的过程中，不可避免地会陷入循环之中。其中最有名的论证是关于心理学的：某个想喝啤酒的人去冰箱取啤酒，当我们试图将"想"这一心理状态翻译成物理语言时便会发现，这一心理状态实际上蕴含了很多其他的心理状态，比如，这个人相信冰箱里有啤酒，这个人并没有更想喝威士忌，这个人并不试图保持清醒等。而这些心理状态又蕴含了很多其他的心理状态，如此往复，以至无穷。

由此可见，将心理学理论翻译为物理语言是一个过强的要求，如果将这一要求作为本体论可还原的充要条件，便意味着我们无法成功地将心灵属性还原为物理属性。因此，学者们放弃了这种同义性的要求，同时也放弃了将还原视作分析为真，转而逐渐将这种心灵与物理的还原关系理解为索尔·克里普克（Saul Kripke）所说的"后天必然（posteriori necessity）式的等同"。

此种"后天必然式的等同"意味着，当我们谈及两个属性的还原关系时，我们需要对这种还原关系进行解释。这种还原不再是由于语言上的同义，而是借助其他概念和路径，通过一定的解析得出的。此前介绍过的解释性的还原和功能性的还原，包括下面涉及的派生式的还原，都体现出了这种还原关系的"后天性"。

在这种翻译式的还原逐渐淡出人们视线之后，另一种比较弱化的还原论占据了主导地位，即派生式（derivation）的还原[1][2][3]。该主张的核心思想是还原存在于派生之中，可被还原的 T2 理论是从还

---

[1] 参见 Nagel, E., "The Meaning of Reduction in the Natural Sciences", in R. C. Stouffer, ed., *Science and Civilization*, Madison: University of Wisconsin Press, 1949。

[2] 参见 Nagel, E., *The Structure of Science: Problems in the Logic of Scientific Explanation*, New York: Harcourt, Brace & World, 1961。

[3] 参见 Nagel, E., "Issues in the Logic of Reductive Explanations", in H. E. Kiefer & K. M. Munitz, eds., *Mind, Science, and History*, Albany. NY: SUNY Press, 1970。

原它的 T1 理论中派生出来的。从心灵哲学的角度来说，心灵属性可以被还原为物理属性就意味着，心灵理论可以由物理理论派生而成。这里所谓的"派生"通常需要两个条件：（1）T2 的术语可以通过"桥接法则"（bridge law）被关联到 T1 的术语；（2）由于这些关联原则的存在，T2 理论中的所有法则都可以从 T1 理论中派生出来。①

这里值得额外说明的是，尽管欧内斯特·内格尔（Ernest Nagel）允许 T1 理论和 T2 理论之间存在实质条件句的形式，如"$\forall x (F_{T1}x \supset F_{T2}x)$"，即只要不出现"T1 理论为真但 T2 理论为假"便可。然而，还原论者普遍认为还原论的首要目的就是实现本体论的简化，而要想做到这一点，实质条件句是不够的，我们需要的是等价条件句，如，"$\forall x (F_{T1}x \equiv F_{T2}x)$"。因此，内格尔所谓的"桥接法则"究竟具有怎样的本质是一个值得争议的问题，但由于这一问题与本书整体结构关系不大，此处不作赘述。

简要地说，派生式的还原论面临两个问题。其一，我们无法用它去解释科学界很多典型的还原案例。比如，内格尔想将热力学还原为统计力学，却只集中于研究其中的"波义耳—查理"定理 [Boyle-Charles law（$pV = kT$）] 是如何从统计力学中派生出来的，因为如果将热力学作为一个整体来研究，将太过复杂。然而，有学者指出，即便只确保"波义耳—查理"定理的可派生性，也仅仅是在构建了一套理想的反事实假设的前提之下。②③

再比如，热力学中的核心概念"熵"（entropy）和统计力学中的众多概念相关联，而这些概念各不相同，且都无法准确地和热力学中的"熵"概念对应起来，无论我们是将这些概念分开来研究还是当作

---

① Nagel, E., *The Structure of Science: Problems in the Logic of Scientific Explanation*, New York: Harcourt, Brace & World, 1961, pp. 336–397.

② Richardson, R., *Evolutionary Psychology as Maladapted Psychology*, Bradford, 2007.

③ Sklar, L., "The Reduction of Thermodynamics to Statistical Mechanics", *Philosophical Studies*, Vol. 95, No. 1–2, 1999, pp. 187–202.

一个整体。这意味着所谓的"桥接法则"无法建立，热力学与统计力学的派生关系也很难建立。这种情况无疑使内格尔设想的还原变得难以实现。

其二，内格尔的还原模型往往会遇到如下情况，即被还原的、最初的理论经常被还原它的理论所更正。这意味着被还原的理论是错的，例如，牛顿的物理学显示，伽利略物理学的很多原则是错误的，如，自由落体均匀的重力加速度是运动的基础法则。上文提过，根据内格尔的逻辑要求，不能出现如下情况，即被还原的理论为假而还原它的理论为真。因此，如果被还原的理论被证明为假，那么还原它的理论也必须为假。这无疑是荒谬的。物理的还原主义者之所以要将所有理论都还原为物理理论，就是认为物理学比其他学科都更加基础，更具普遍性。但如果被还原的理论原则出现错误，就意味着物理学中的对应理论也是错误的，便违反了还原的物理主义者的基本诉求。

在此之后，本来就举步维艰的还原论遭受到了前所未有的冲击，即来自多重可实现理论的挑战。然而，坚持还原论观点的学者们仍然没有放弃，不断地尝试用新的方式解读还原论。其中比较有影响的当属大卫·刘易斯（David Lewis）于1980年提出的"功能性还原论"[1]，此观点后被金在权[2][3]、杰克逊[4]和莱文[5]等人借鉴，相继发展出以功能性为基础的相关还原理论。

---

[1] 参见 Lewis, D., "Mad Pain and Martian Pain", in Block, N. ed., *Readings in the Philosophy of Psychology*, Harvard University Press, 1980。

[2] 参见 Kim, J., "Multiple Realization and the Metaphysics of Reduction", *Philosophy and Phenomenological Research*, Vol. 52, 1992。

[3] 参见 Kim, J., "Reduction and Reductive Explanation. Is One Possible Without the Other?", in J. Kallestrup & J. Hohwy, eds., *Being Reduced. New Essays on Reduction, Explanation and Causation*, Oxford, UK: Oxford University Press, 2008。

[4] 参见 Jackson, F., "Epiphenomenal Qualia", *Philosophical Quarterly*, Vol. 32, April, 1982。

[5] 参见 Levine, J., "On Leaving Out What It's Like", in Humphreys, G. and Davies, M. eds., *Consciousness: Psychological and Philosophical Essays*, Oxford, UK: Blackwell, 1993。

面对多重可实现理论所带来的难题,刘易斯论证道,我们不应该试图在一切可能世界中寻找心理属性与物理属性的同一性,而应该在相对的物种或结构中将心灵属性等同于物理属性。"疼痛"这一概念是一个状态的功能性概念,它具有一定的因果作用。然而,和以往的功能主义者不同,刘易斯认为,用功能性概念来理解属性可以将我们引向属性的同一,"如果疼痛的概念是状态的概念,且具有一定的因果作用,那么,无论什么状态具有这一作用都是疼痛"[1]。根据刘易斯的说法,"疼痛"是一个非严格指示词,依据疼痛的因果作用,在不同的物种之中,疼痛会挑选出不同的能实现该因果作用的物理属性 P。相比之下,动名词"处于疼痛中"(being in pain)是一个功能性的谓词,它在每一个世界、物种或结构中都能挑选出同样的属性,即选出一个功能性属性,这个属性拥有一个具有疼痛作用的属性。[2] 因此,刘易斯认为,"处于疼痛中"严格地指示了所有生物所具备的相同的功能性属性,而"疼痛"非严格地指示了不同物种所具备的不同的物理属性。

鉴于此,如果心灵谓词 M 代表"具有 M 作用",而且具有 M 作用的载体是个可变值,那么不光连接 M 和物理谓词的偶然法则必须受到限制,心灵和物理属性的同一性本身也必须受到限制。"并不是简单的 M 等于 P,而是 'K 的 M' 等于 P,其中 K 代表某个类别,在这个类别中 P 具备 M 作用。所以,人类的疼痛可能是一回事儿,而火星人的疼痛可能是另一回事儿。"[3] 虽然设定了限制,也就是关于物种的限制,但刘易斯建立起来的属性同一性是真实的,而且他对同一性的描述可以符合本体论的简化诉求。

在这一基础之上,金在权提出了"功能性还原论"。有关这一还原

---

[1] Lewis, D., "Mad Pain and Martian Pain", in Block, N. ed., *Readings in the Philosophy of Psychology*, Harvard University Press, 1980, pp. 216 – 222, 218.

[2] Lewis, D., "Reduction of Mind", in Samuel Guttenplan, ed., *Companion to the Philosophy of Mind*, Blackwell, 1994, p. 420.

[3] Lewis, D., "Reduction of Mind", in Samuel Guttenplan, ed., *Companion to the Philosophy of Mind*, Blackwell, 1994, p. 420.

理论，前文已进行了概述，简而言之，他的思路是：既然 K 的 M 等同于 P，我们就没有必要再将 K 的 M 视作一个独立的属性；如果 P 是一个可以担负起 M 作用的属性，我们无疑可以解释为什么 K 的 M 可以被关联到 P，而不是其他的 P*，从而说明具有 K 的 M 仅仅就是具有 P。

总结说来，刘易斯式的还原在本质上有三个步骤：一个心灵属性 M 首先被构造成一个具有一定因果作用的属性；其次，通过经验调查，我们在某一物种或结构 S 中找出那个具备 M 所限定的因果作用的物理属性；最后，M 偶然地等同于 P，我们得出 S 的 M 等同于 P。

这同样是金在权的还原模型的核心思想，他提出的功能性还原是指，我们根据因果作用将 M 构造成一个二阶属性。那么，M 现在是一个二阶属性，它拥有一个有某种因果潜能的属性，而且我们发现属性 P 恰好符合这些因果特征。这就为 M 和 P 的同一奠定了基础。M 是一个二阶属性，它拥有某个符合特征 H 的属性，而属性 P 符合 H。所以，M 就是拥有 P 的属性。但通常来说，一个拥有属性 Q 的属性等于属性 Q。因此，我们得出 M 就是 P。[①]

"功能性还原论"比之前的还原论都更具说服力，金在权也在多篇文章中论证如何通过对心灵属性的因果作用的分析，将心灵属性还原为物理属性，并用物理属性来解释心灵属性的因果作用力。然而，正如其他还原理论一样，"功能性还原论"依旧无法彻底摆脱多重可实现原则所带来的困难。接下来，笔者将着重说明多重可实现是如何对还原理论造成致命冲击的。

二 多重可实现

在心灵哲学中，还原的物理主义者与非还原的物理主义者一直就还原性问题争论不休。前者认为心灵属性即便无法在概念的意义上被还原，但至少在本体论的意义上可以被还原为物理属性。而后者认为，还原的

[①] Kim, J., *Physicalism, or Something Near Enough*, Princeton University Press, 2005, pp. 101–102.

物理主义者之所以坚持他们的观点，是由于他们很怕心灵属性如笛卡儿时代的理解一般，成为非物理的、令我们琢磨不透的属性。

然而，非还原的物理主义者认为，即便达不到还原的要求，也不会产生这般后果。他们始终强调，即便本体论和概念上的还原都失败了，心灵属性也不是非物理的属性，不会像二元论那样造成任何本体论上的威胁。在他们看来，心灵领域是不可还原的，因此在本体论和概念上都是自主的，但由于心灵随附于、依靠于或实现于物理，我们依然保持着自然主义的完整性。站在因果层面上看，心灵因果性的不可还原并不意味着心灵属性具有神秘的因果作用力，而是意味着心灵属性具有独特的、无法被替代的、专属于自身的因果作用力。这一因果作用力依然源于物理属性所具备的因果效力，却不能被物理因果所取代和消除。

也可以说，还原的物理主义者所担心的问题其实是心灵属性的基底为何（grounding on what），为了彻底消除后顾之忧，他们选择将心灵属性还原为物理属性。然而，非还原的物理主义者或许会认为这种还原的做法有些"矫枉过正"，他们试图说明，心灵属性的不可还原与心灵属性源于物理属性这两个主张并不相互矛盾，我们完全可以同时兼顾两者。

当然，还原的物理主义者有着自己的坚持。如上文所述，在他们发现无法在心理和物理的谓词之间建立同义性之后，便开始试图在两者之间建立一些"后天"的关联，就像"水是 H_2O"一样。[1][2][3][4][5] 他们

---

[1] 参见 Feigl, H., *The "Mental" and the "Physical"*, *The Essay and a Postscript*, Minneapolis: University of Minnesota Press, 1967。

[2] 参见 Place, U., "The Concept of Heed", *British Journal of Psychology*, Vol. 45, 1954, pp. 243 – 255。

[3] 参见 Place, U., "Is Consciousness a Brain Process", *British Journal of Psychology*, Vol. 47, 1956, pp. 44 – 50。

[4] 参见 Place, U., "Materialism as a Scientific Hypothesis", *Philosophical Review*, Vol. 69, 1960, pp. 101 – 104。

[5] 参见 Smart, J., "Sensations and Brain Processes", *Philosophical Review*, Vol. 68, 1959。

相继论证道，即便心灵谓词不能完全用物理术语来定义，我们依然可以将心灵属性等同于物理属性。乌里安·普拉斯（Ullian Place）指出意识是大脑过程这一论断并不是概念还原的结果，而是一个"合理的科学假设"①。然而，这一远景很快被普特南扼杀在摇篮之中。他指出，将心灵和物理属性等同起来是过于野心勃勃的想法，甚至可能算是一个错误的假设，因为心灵属性在不同物种或同一物种中，甚至在同一个个体的不同时间里由不同的物理属性多重实现。②

福多在普特南的基础上，将这种多重可实现进一步扩大化。他在1974年提出，普特南的想法可以被运用于所有特殊科学中的属性。③他首先论证"物理的普遍性"，用以说明特殊科学法则中包含的一切实体都根源于物理实体。这样，便说明他维护物理主义的基本立场。然而，反对还原主义的他提出，由于特殊科学的属性 M 是被多重可实现的，所以像"$(\forall x)(Mx \equiv Px)$"这样的将属性 M 和物理属性 P 关联起来的陈述往往是错的，因此，这样的陈述无法被当作法则，因为法则必须是保真的，或者说是毫无例外的。

针对福多的这一质疑，有人反驳道，如果我们不能将属性 M 与某一个物理属性 P 等同起来，我们是否可以尝试将属性 M 与所有实现它的物理属性等同起来呢？也就是说，将所有实现属性 M 的物理属性 P_n 析取起来，然后令属性 M 与这个析取式等同起来。

福多表示，像"$(\forall x)(Mx \equiv (P_1 x \vee \cdots \vee P_n x))$"这样将属性 M 和它的所有物理实现者的全部析取关联起来的陈述是保真的，然而，这种陈述依然不是法则，因为"$P_1 x \vee \cdots \vee P_n x$"并不指示一个

---

① 参见 Place, U., "Is Consciousness a Brain Process", *British Journal of Psychology*, Vol. 47, 1956, pp. 44–50, p. 45.

② Putnam, H., "The Mental Life of Some Machines", in Castaneda, D. ed., *Intentionality, Minds and Perception*, Wayne State University Press, 1967.

③ Fodor, J., "Special Sciences: Or the Disunity of Science as a Working Hypothesis", *Synthese*, Vol. 28, 1974, pp. 97–115.

科学类别。因此,并没有一个后天存在的桥接法则可以将特殊科学的属性与物理类别相连接,这就意味着内格尔式的还原论无法实现。通过对析取式的引入,我们不难发现,争论的焦点落在了"析取形式能否算作一个科学类"这一问题上。不同立场的学者对此展开了多方位的讨论,笔者不予赘述。在这里,笔者只是想要强调,正是"多重可实现"概念的提出,才使得原本简单的还原公式面临着来自析取问题及科学类别界定问题的威胁。尽管很多持还原论的学者依旧在为还原的方式寻求出路,然而,非还原的论点从此崛起。

鉴于上述普特南和福多的论证,非还原的物理主义在20世纪七八十年代始终处于统治地位。然而,还原的物理主义者并没有缴械投降。金在权在1992年反驳道,多重可实现非但没有抹杀心灵属性被还原为物理属性的可能性,反而造成了这种还原。他论述的中心思想是,那些想借助多重可实现来支撑非还原的物理主义的学者将面临一个两难困境,而这个困境的每一端都导向"心—物"的还原。①

一方面,如果福多是错的,即"$P_1x \lor \cdots \lor P_nx$"这一析取式实际上指示一个类别,那么我们显然就可以将多重可实现的心灵属性M还原为"$P_1x \lor \cdots \lor P_nx$"。通过这种析取式的"桥接法则",我们得到"$(\forall x)(Mx \equiv (P_1x \lor \cdots \lor P_nx))$"。我们称之为"析取式方法"。另一方面,如果福多是对的,"$P_1x \lor \cdots \lor P_nx$"的确无法指示一个科学类别,那么由它们多重实现出来的心灵属性M也无法指示一个科学类别。因此,如果我们还想找出称得上法则的心灵还原法则,无疑要分别在M和P_1、P_2……P_n中寻找。如此一来,我们找到的便是一种通过桥接法则得来的"局部的""受限制的"或"根据物种而定的"还原关系,此种"桥接法则"形式如下:"$(\forall x)(Sx \supset (Mx \equiv Px))$",即如果x属于某一物种S,那么x有心灵属性

---

① Kim, J., "Multiple Realization and the Metaphysics of Reduction", *Philosophy and Phenomenological Research*, Vol. 52, 1992, pp. 1–26.

M 当且仅当 x 有物理属性 P。我们称之为"局部的还原主义"。

"析取式方法"我们不予详述，反对者们认为包含这种析取式的等价条件句根本无法符合法则应该具有的特征。一般来说，学者们认为法则具有四个特征：（1）支持反事实条件句；（2）具有预测性；（3）具有解释性；（4）具有投射性（projectable）。而反对者们指出，由于析取式的存在，"$(\forall x)(Mx \equiv (P_1x \vee \cdots \vee P_nx))$"至少无法符合特征（3）和（4）。

简略地说，由于 P_1、P_2、$\cdots P_n$ 分别为截然不同的物理实现者，而且相互之间甚至找不到很显著的共同点。比如，人类是由碳元素组成的，而火星人是由硅元素组成的，他们的大脑构造可能也完全不同，火星人的应激反应机制可能也和人类的天差地别等。如果我们将一些没有共同点的元素析取起来，使其等价于另一个元素，这种做法更像是列举，而非具有解释力的法则。这种等价更无法解释为什么两者可以等价，无法解释为什么 M 可以等价于"$P_1x \vee \cdots \vee P_nx$"。

投射性的意思是，当我们观察到两者的等价关系后，我们更有信心在别处也观察到两者的等价关系。然而，如果等价式的一侧有这样的析取式，即析取式之间的元素几乎没有共同点可言，那么，已经观察到的等价关系并不能为之后的观察带来信心。例如，观察到疼痛与人类的"C–纤维"触发等价并不能让我们更有信心观察到疼痛和火星人的"H–纤维"触发等价。

鉴于"析取式方法"的前景比较暗淡，大家更关心金在权提出的"局部的还原主义"。假设 P_h、P_r 和 P_m 分别是人类、爬行动物和火星人疼痛时的物理实现者。当我们单独考虑 P_h、P_r 和 P_m 时，它们都具有因果同质性，即从因果的角度来说，所有的 P_h 具有一定的共同点，P_r 和 P_m 也一样。这种同质性同时保证了可投射性。然而，由于 P_h、P_r 和 P_m 有天壤之别，$P_h \vee P_r \vee P_m$ 是因果异质且不具投射性的。因此，我们有理由认为 $P_h \vee P_r \vee P_m$ 不具备任何法理性。金在权想要说明的是，我们不可能既认为疼痛具有法理性，又认为"$P_h \vee P_r \vee P_m$"没有法理性，所以，疼痛作为一个整体没有法则可谈。① 关于疼痛的真正法则只能是有关人类的疼痛、爬行动物的疼痛及火星人的疼痛的那些法则。因此，"没有一个统一的、整齐划一的理论，可以涵盖所有具备疼痛能力的有机体的疼痛，只有很多疼痛理论，适用于个别的生物物种和物理结构类型"②。这样一来，受到物种限制的桥接法则"$(\forall x)(S_h x \supset (Mx \equiv P_h x))$""$(\forall x)(S_r x \supset (Mx \equiv P_r x))$"和"$(\forall x)(S_m x \supset (Mx \equiv P_m x))$"，将关于疼痛的心理理论拆分成三个不同的子领域，并且在每一领域中都实现了"局部的还原"。

虽然"局部的还原"乍看上去有其合理之处，但是，就连金在权本人也认为，这种局部的还原依然存在很多问题。他在1998年提出，将 x 成功地还原为 y 应该具有解释力，即能够说明 y 为何可以产生 x，同时应该达到本体论上的简化，让 x 不再是一个独立的实体。③ 而建立于"桥接法则"之上的还原，即便是局部的、受到限制的，也无法达到这一要求。首先，即便"$(\forall x)(x 有人类的疼痛 \equiv x 的'c-纤维'触发)$"算得上法则，它也没有解释为什么"c-纤维"的触发产生了痛感而非瘙痒的感觉。

其次，通过这种"局部的还原"，原先比较完整的心灵属性被划分得支离破碎，为了将疼痛和每个物种的物理实现者相等价，疼痛被

---

① 这里值得一提的是，当金在权引入"局部的还原"时，实则已经预设了还原论的存在。正是因为我们同意还原论这一前提，才会认为如果 $P_h \vee P_r \vee P_m$ 不是一个科学类，则心灵属性 M 也不是一个科学类，如果 $P_h \vee P_r \vee P_m$ 没有法理性，疼痛也不具有法理性。对于一个秉持非还原的物理主义者而言，这两个论断并不成立，他们完全可以接受其中一个是科学类而另一个不是，其中一个有法理性而另一个没有。甚至可以说，这一论断恰恰为非还原的物理主义提供了有力支持。因而，金在权在这里犯了一个类似循环论证的错误，他提出"局部的还原"的前提预设恰恰是还原论本身。当然，我们也可以为他辩护，称这两种还原概念并非相同，因为"局部的还原"是对作为整体的还原论的一种反驳（或补充）。这样一来便可避免循环论证所带来的质疑。

② Kim, J., "Multiple Realization and the Metaphysics of Reduction", *Philosophy and Phenomenological Research*, Vol. 52, 1992, pp. 1–26, 25.

③ Kim, J., *Mind in a Physical World: An Essay on the Mind-Body Problem and Mental Causation*, MIT Press, 1998.

划分成人类的疼痛、爬行动物的疼痛和火星人的疼痛等。通过这种划分我们虽然找到了所谓的"桥接法则",却并没有将疼痛(作为整体的疼痛)成功地还原,而后者可能才是我们真正追求的还原对象。

一方面,根据多重可实现原则,不光是每一个物种,就连同一个物种中,不同的个体也有可能多重实现同样的心灵属性。夸张点说,就连同一个个体在不同时间也有可能多重实现同样的心灵属性。如此一来,"局部的还原"可能建立于极其细碎的"桥接法则"之上,比如某物种 S 的某个个体 I 在某一时间 T 的心理属性 M 等价于 S 物种的 I 个体在 T 时间所具有的物理属性 P。此时的 M 和 P 都已经变成了接近个例(token)的研究对象,与其说是属性,不如说是事件。即便我们承认这种"桥接法则"的有效性,也不会满足于这种"个例—个例"式的还原。毕竟,还原的物理主义者想要追求的是"类型—类型"(type-type)式的还原。更不必说的是,如此细碎的"桥接法则"是否还能被称为法则,这样的法则是否还有普遍性和投射性可言。

另一方面,即便多重可实现没有细碎到个例的地步,依然能保证类型的完整性。即便心灵属性 M 在物种 S_h 中被还原为 P_h,在物种 S_r 中被还原为 P_r,在物种 S_m 中被还原为 P_m,似乎 M 作为一个整体,依然没有得到令人信服的还原。用之前的案例来说,被还原的分别是人类的疼痛、爬行动物的疼痛和火星人的疼痛。我们似乎不能简单地将这些疼痛析取起来,然后声称疼痛"不过就是"(nothing over and above)人类、爬行动物或火星人的物理实现者。而恰恰这个"不过就是"才是还原论思想最直观的本质,才能帮助我们达成本体论的简化。

值得一提的是,在金在权看来,心灵属性 M 是一个二阶属性,其特征是拥有一个具有某种因果作用的属性。而每个物种的物理实现者 P_h、P_r 和 P_m 是一阶属性,它们是因果作用的实现者。他认为,即便"桥接法则"是有效的,二阶属性 M 也不能"不过就是"一阶属性 P_h、P_r 和 P_m。这也是为什么金在权彻底抛弃了内格尔的还原,转而支持刘易斯的功能性还原。他认为,只有结合功能性还原的框架与"局部的还原主义"的内核才能达到还原理论对解释性和本体论简化的诉求。

总的来说，多重可实现的论点被大多数物理主义者接受，无论持还原观点还是非还原观点。双方都把心灵属性和物理属性的这种多重实现关系当作讨论的前设，并认为这与最小的物理主义所接受的随附关系并不冲突。非还原的物理主义者更是将这种关系视为心灵属性不可被还原的强有力证据，证明心灵属性拥有自主性，且具有物理属性所不具有的、额外的因果作用力。而还原的物理主义者则试图说明多重实现关系并不影响我们将心灵属性还原为物理属性，以及从因果论的角度来说，并没有作为心灵的心灵因果力，该因果力全部来自物理实现者。换句话说，真正起到因果作用的只有物理属性而已。

本书并不打算深入探讨单凭多重可实现是否可以维护非还原的物理主义，也不打算深究多重可实现这一随附方式是否合理，笔者只是将其视作物理主义共同接受的前提假设，直接运用到接下来的讨论之中。① 结合多重可实现关系，笔者最关注的核心问题可被表述为：依据干涉主义的因果理论，被实现的心灵属性能否具有物理实现者所不具有的、独立自主的因果作用力？

---

① 现如今，也会有学者不赞同用多重可实现的方式来描述心灵属性和物理属性之间的关系。然而，笔者并不希望这一争议过早地介入心灵因果性的讨论之中。也许有学者会提出，如果在心灵属性与物理属性的关系问题上存在差异，那么有关心灵属性的因果讨论或还原性讨论都是无用功。的确，心灵属性与物理属性的关系是后续讨论的基础和前提假设，本书涉及的因果问题就建立在多重可实现这一关系之上。然而，笔者并不认为争议的存在会阻碍我们进行进一步的探讨。首先，心灵属性与物理属性的关系问题由来已久，到目前为止尚未形成统一结论，持不同看法的学者们从未停止过进一步的探讨。其次，即便在关系问题上持相同看法，比如，都同意多重可实现这一结论，依然有很多可以争论的焦点，比如，心灵因果性是否可以被还原为物理因果性。因而，关系问题和我们在本书中着重讨论的因果问题是两个有关联但又相互独立的问题域。最后，心灵属性与物理属性的关系问题作为一个基础性假设，不容忽视。因此，笔者认为，学者们在进行其他问题的讨论时，应该首先澄清自己在关系问题上的基本立场，否则，就是在含混概念的基础上讨论问题，是绝不可取的。

第二节 金在权对心灵因果性的挑战

一 对"心—心"因果性的质疑

还原的物理主义者在经历了长期论战之后，陷入了胶着的状态。多重可实现原则带来的冲击始终无法消散，单纯从物理属性与心灵属性的相互关系来证明心灵属性可以被还原为物理属性，似乎有些单薄和困难，非还原的物理主义略占上风。于是，还原的物理主义者开始将争论的焦点转移到心灵属性能否具有自主的因果性，想借此间接地说明心灵属性是否具有不同于物理属性的本体论地位。

其中，金在权在1998年提出的排斥论证①给非还原的物理主义带来了致命的打击，以致在过去的二十多年间，该论证一直是学者们热议的话题。论证的基本思路是：非还原的物理主义无法同时持有心灵的不可还原性与心灵因果性。在探讨该论证之前，笔者将在这一小节中展示金在权为此铺垫的另一论证——关于"心—心"因果性的反驳。对于"心—心"因果性的论证往往被学者们所忽视，然而，金在权实际上通过这一论证，将"心—心"因果性和"心—物"因果性绑在一起，而这一点不利于我们有甄别地对二者进行讨论。因此，笔者试图将两个论证剥离开来，从而说明每一个论证可能面临的问题和质疑。

需要强调的是，金在权在《物理世界中的心灵》（*Mind in a Physical World*）一书中反复强调他质疑心灵因果性的核心出发点：如果我们知道物理结果可以由物理原因产生，心灵属性还能在因果链条中提供怎样的贡献呢？换句话说，心灵属性能提供额外的因果作用力吗？所以，问题的症结并不仅仅是心灵属性能否被称为原因，或者说，心灵属性能否具有因果力，而是心灵原因能否有别于物理

---

① 参见 Kim, J., *Mind in a Physical World: An Essay on the Mind-Body Problem and Mental Causation*, MIT Press, 1998。

原因。

接下来，笔者将从金在权对于"心—心"因果性的论证入手，提出其隐藏的问题。金在权的整个论证采取了归谬法的方式。首先，他假设"心—心"因果性是存在的，即一个心灵属性 M 的例示可以引发另一个心灵属性 M* 的例示。其次，他强调，作为一个最小的物理主义者，我们起码要接受的前提是随附性原则。随附性最早出现时是要描述这样一种共存关系，即属性 A 随附于属性 B 就意味着，两样东西如果在属性 A 的方面存在差异，在属性 B 的方面也必然存在差异。所以随附性的早期标语是"A 的变化注定伴随着 B 的变化"。换句话说，如果两样东西在属性 B 上毫无区别，那么在属性 A 上也必然毫无区别。后来，心灵哲学将随附性关系规范如下：

随附性原则：心灵属性强随附于物理属性当且仅当必然的，如果某物在 T 时刻例示了心灵属性 M，那么，存在一个物理属性 P，该物在 T 时刻例示 P，且必然的，任何在某时刻例示 P 的事物都同时例示 M。形式化表达如下：$\Box \forall x \forall M (Mx \rightarrow \exists P (Px \wedge \Box \forall y (Py \rightarrow My)))$。①

金在权特别表示，要想研究心灵因果性，必须接受随附性原则，因为心灵属性对物理属性的随附关系是心灵可被认知的基础。福多也

---

① 参见斯坦福百科全书中对于随附性的普遍定义。网址如下：https：//plato.stanford.edu/entries/supervenience/。学者们对于随附性的界定有强弱之分，金在权于 1984 年明确提出了强弱随附性的定义差别。强版本的随附性的形式表达和文中一样，是如下这般：M 强随附于 P 当且仅当 $\Box \forall x \forall M (Mx \rightarrow \exists P (Px \wedge \Box \forall y (Py \rightarrow My)))$。相比之下，弱版本的随附性的形式表达则稍有不同：M 弱随附于 P 当且仅当 $\Box \forall x \forall M (Mx \rightarrow \exists P (Px \wedge \forall y (Py \rightarrow My)))$。这两个版本的区别仅仅在于强随附多了一个必然符号。换句话说，强弱版本的差异出现在可能世界的讨论之中，强版本认为在任意可能世界中，P 与 M 的这种共存关系依然成立，但弱版本则不承诺这一点，即这种共存关系并不必然存在。持物理主义的学者们一般采用强版本，他们认为即便在可能世界中，心灵属性对物理属性依然具有共存关系。在本书中，笔者不想过多牵涉强弱版本的区别，因为本书不会过多涉及有关可能世界的讨论。出于综上考量，笔者选择强版本的随附性定义，以便与主流观点相一致，在物理主义的世界观背景下进行讨论。

曾表示,"如果身心随附性不见了,我们对心灵因果性的理解也便随之而去了"①。如果心灵是非物理的属性,那么不要说心灵因果性,就连对心灵属性本身的研究也将成为天方夜谭。

在这里,有些学者可能会提出质疑,认为金在权和福多所给出的上述理由之所以成立,仅仅源于大家对于物理属性的基础性地位的肯定。换句话说,如果我们不认为物理属性是科学认知的基础,不认为非物理的属性无法得到研究,那么,我们就不会认同,研究心灵因果性必须接受随附性原则。这一点并没有错,然而,这不会构成理论上的威胁。金在权有关"心—心"因果性和"心—物"因果性的论证所针对的群体是非还原的物理主义者,也就是说,金在权与他挑战的对象共同处于物理主义的框架之中,因而,他所谓的"必须接受随附性原则"也是针对物理主义者而言的。而对于物理主义者来说,物理属性的基础性地位不言而喻,无可争议,因此,为了确保心灵属性可被认知、可被讨论、可被研究,还原的和非还原的物理主义者就都要承诺心灵属性和物理属性之间的随附关系。

另外,如果否认随附性的话,还会引来一个严重后果,即违背了物理世界的因果闭合原则。物理的因果闭合原则简单来说是指,如果我们随意挑选一个物理事件,然后追溯它的前因和后果,结果一定还在物理领域中,而不会跳出物理范畴。换句话说,因果链条永远不会跨过物理与非物理的界限。如果心灵不随附于物理属性,如果心灵完全自由地悬浮于物理属性之上,就像笛卡儿的心灵实体或二元论理解下的心灵属性,它将完全摆脱物理属性的限制。这样一来,心灵如果可以对物理世界产生因果作用,便会将原本只存在于物理世界的因果链条牵到物理范畴之外。这是物理主义决不能容忍的情况,因为这意味着,每一个关于物理现象的因果解释都有可能需要一些我们探测不到的、非物理的因果主

---

① Fodor, J., *Psychosemantics*, Cambridge: MIT Press, 1987, p.42.

体来确保其完整性。

虽然随附性并没有明确地告诉我们心灵和物理属性的关联究竟有多么紧密，但它起码说明，心灵现象是植根于物理世界之中的，它的出现依赖于很多物理状态，后者至少从法理的层面来说可以构成前者的充分条件。也就是说，随附性原则确保心灵属性不是非物理属性，心灵属性对物理属性的因果作用（如果存在的话）至少不会将因果链条牵到物理世界之外。

让我们继续讨论金在权的论证。根据随附性原则，每一个心灵属性 M^* 都随附于物理属性 P^*。那么问题来了：M^* 的例示应该归功于谁？金在权指出，答案有两种：(1) 因为 M 导致了 M^*，所以 M^* 被例示；(2) 因为作为 M^* 的随附基 P^* 被例示了，所以 M^* 被例示。

这两个答案之间存在着张力，而且第一个答案更需要我们的辩护。因为根据随附性原则，只要 P^* 出现，M^* 就必然会出现。也就是说，无论 M^* 之前究竟发生了什么（无论 M 出现与否），P^* 都能百分之百地保证 M^* 的发生。可见，我们需要解释的是，既然给定了 P^*，为何 M^* 的存在还和 M 的出现有关？换句话说，如果 P^* 足以解释为何 M^* 会出现，那么 M 在对 M^* 的解释过程中还能扮演怎样的角色？

金在权认为，要想调和这种张力，只能通过这样一种解释，即 M 是通过引起 P^* 来引起 M^* 的。换句话说，M 对 M^* 的因果作用是间接的，直接的因果关系存在于 M 和 P^* 之间。金在权论证到，这一解释包含了一个非常普遍的原则，即要想引起一个随附属性的例示，你必须使得它的随附基属性被例示。[1] 举例来说，当你想缓解头疼时，便会吃阿司匹林。也就是说，你对头疼采取的措施是通过因果干涉头疼所随附的脑神经过程来实现的。我们似乎很难绕过对脑神经过程施加影响而直接缓解头疼的状态。再比如，你

---

[1] Kim, J., *Mind in a Physical World: An Essay on the Mind-Body Problem and Mental Causation*, MIT Press, 1998, p. 42.

想让你的油画作品更加好看、更加有冲击力，就必须费些心思在你的画布上。画布就是那些美学属性所随附的物理基础，当你想要改进美学属性时，就只能对这些物理基础进行改变。如果不在画布上做文章，我们似乎没有什么直接的方式可以让油画变得更好看。

于是，金在权得出如下结论："心—心"因果性蕴含了"心—物"因果性，或者说，"心—物"因果性是"心—心"因果性得以可能的先决条件。换句话说，如果我们想证明"心—心"因果性成立，便必须证明"心—物"因果性的成立。在这个结论的基础之上，金在权便提出了著名的排斥论证，他否定了"心—物"因果性的有效性，从而否定了"心—心"因果性的有效性，继而全面否认了非还原物理主义所期许的、自主的心灵因果性。

针对金在权关于"心—心"因果性的讨论，笔者将提出三方面的质疑。第一，金在权之所以认为 M 和 P^* 之间存在张力，源于他所谓的"因果/解释的排斥原则"，即"我们无法为一个事件提供多于一个的、独立且完整的解释"[①]。因此，如果 M 和 P^* 真的如金在权所说的那样违反了他的排斥原则，就意味着两者都为 M^* 的存在提供了独立且完整的解释。然而，根据身心随附性原则，M 和 P^* 并非完全相互独立的两个属性。和 M^* 一样，M 也有一个随附基——物理属性 P。而且我们有理由相信 P 是 P^* 的原因，这在之后的论证中将详细展开。这里想要说明的是，如果 M 的随附基 P 是 P^* 的原因，那么至少说明 M 和 P^* 不是完全相互独立的两个属性，它们为 M^* 所提供的解释也不是完全相互独立的两个解释。因此，M 和 P^* 同时为 M^* 提供不同的解释并不违背金在权的排斥原则。

第二，金在权所谓的"张力"还有一层含义，就是关于 M^* 为何存在的这两个解释具有一种相互竞争的关系，所以才会出现 M 和 P^* 不能同时存在的局面。然而，经过分析我们会发现，M 和 P^* 对于

[①] Kim, J., *Supervenience and Mind*, Cambridge University Press, 1993, p. 239.

M*来说是两个不同层面的解释，或者说，不同类别的解释。M 给出的是因果性的解释，而 P* 给出的是非因果性的解释。①②③ 在这种状况之下，两个层面的解释并不存在竞争关系，因而没有张力。

P* 和 M* 之间的随附性关系并非因果关系，只是一种共存状态。对于这一论点，金在权自己也是承认的，他曾在脚注中说道：

> 整体来说，基础属性和随附属性之间的关系不能被愉快地构造成因果关系。一方面，这对关系项的例示是完全同步的，而通常来说，原因要早于它的结果；另一方面，很难想象基础属性和随附属性之间会存在一个有很多中间环节的因果链条，这甚至可能是不合逻辑的。④

由此可见，来自基础属性的、关于随附属性的解释是一种非因果的解释。因此，M（如果 M 真的能为 M* 的存在提供解释）和 P* 的解释之间并没有竞争关系，是两种来自不同方面的解释。"M 的例示为 M* 的存在提供了一个历时的、因果性的解释。但 P* 的例示为 M* 的存在提供了一个共时的、非因果的解释。"⑤ 换句话说，金在权对于张力的直觉把握其实在于，我们一般不会为同一个结果提供两个以上的、完整的、相互独立的原因，这一点在之后的过决定论定义中会详细阐释。然而，过决定论所关注的是因果解释，而非其他类型

---

① 参见 Marras, A., "Critical Notice of Jaegwon Kim", *Canadian Journal of Philosophy*, Vol. 30, No. 1, 2000。

② 参见 Jacob, P., "Some Problems for Reductive Physicalism", *Philosophy and Phenomenological Research*, Vol. 65, No. 3, 2002。

③ 参见 Crisp, T. & Warfield, T., "Jaegwon Kim, Mind in a Physical World", *Noûs*, Vol. 35, No. 2, 2001。

④ Kim, J., *Mind in a Physical World: An Essay on the Mind-Body Problem and Mental Causation*, MIT Press, 1998, p. 44.

⑤ Crisp, T. & Warfield, T., "Jaegwon Kim, Mind in a Physical World", *Noûs*, Vol. 35, No. 2, 2001, pp. 304–316, p. 310.

的解释，比如构成性解释等。

第三，金在权的推论本身就已经取消了"心—心"因果性，非还原的物理主义不应该接受这样的推论，即"心—心"因果性是通过"心—物"因果性实现的。也就是说，即便我们证明"心—物"因果性是存在的，且根据金在权的推导过程，"心—心"因果性得以实现，这样的"心—心"因果性也不是非还原的物理主义者所期待的那种自主的心灵因果性。如果接受了这一推论，就等于承认心灵属性无法直接因果作用于其他心灵属性。

如此一来，心灵属性将如同影子一般，不过是因果链条的衍生物而已，并不在因果链条之中。这是一种隐藏形式的副现象主义。通过金在权给出的因果模型，真正存在的只有 M 和 P* 之间的因果关系，M* 不过是伴随 P* 出现的衍生物而已，并不能被称作 M 导致的结果。有些学者可能会反驳道，根据因果传递性原则，M 引起 P*，P* 引起 M*，则 M 引起 M*，所以 M* 依旧算是 M 导致的结果。但正如上文所述，随附性是非因果的关系，所以不存在因果的传递。

金在权的直觉并没有错，即我们往往通过引起随附基来使得随附的属性出现。比如，M 引起 P* 的出现，M* 随附于 P*，所以 M* 出现。然而，这样的过程并不能建立 M 与 M* 之间的因果关系。在论证之初，金在权假定"心—心"因果性存在，继而推出"心—心"因果性的存在是通过"心—物"因果性而得以成立的。但是，M 并不能像金在权说的那样，通过引起 P* 来引起 M*，至多只是通过引起 P* 来让 M* 出现而已。"心—物"因果性的存在无法保障"心—心"因果性的存在。因此，当金在权通过这种方式引出"心—物"因果性的讨论时，一方面，他偏离了原先的讨论轨迹；另一方面，正如前文所述，接受这一论证思路本身便已经消解了"心—心"因果性。鉴于此，金在权关于"心—心"因果性的核心论证步骤是无效的。

综上所说，笔者认为金在权对于"心—心"因果性的质疑不够有力也过于跳跃，他需要更多的论证来直接质疑"心—心"因果性的无效性，或者需要更多的步骤来说明为何"心—心"因果性一定要依赖于"心—物"因果性。结合金在权的核心问题，真正困扰他的直观问题可能是，如果"心—物"因果性是成立的，即 M 引起 P^*，而 P^* 又必然生成 M^*，那么 M 和 M^* 之间的因果关系又能给我们带来怎样的额外信息？然而，这一困惑的前提是，"心—物"因果性成立，而这恰恰是金在权更加质疑的观点。如果真如他所证，"心—物"因果性不成立，金在权还能在什么立场上否认"心—心"因果性呢？因此，笔者认为金在权应该将"心—心"因果性作为一个独立的问题来讨论，而非依赖于"心—物"因果性的有效与否。

二 对"心—物"因果性的质疑

抛开金在权的第一部分论证不谈，"心—物"因果性（或称下向因果性）一直是物理主义，尤其是非还原的物理主义热切关注的话题。对于后者来说，大部分学者表示，他们感兴趣的心灵因果性就是指心灵属性对物理属性的因果作用力。因为从直觉来讲，我们通常认为人的思想、意识和情感等可以对外在世界产生影响。比如建筑师的构想使得世界上出现了一幢如此这般的大厦，"我"的愤怒之情使得"我"挥起拳头向"你"打去，地球的面貌所发生的翻天覆地的变化是人类智慧的结果等。

不光在心灵哲学领域，研究特殊科学（如生物学、化学、气象学等）的科学家也非常关注下向因果性问题。很多学者都在努力证明，在这些学科中，宏观层面的属性可以对微观层面的属性造成直接的因果影响，或较高层面的属性可以对较低层面的属性造成直接的因果影响。还有一些学者试图说明这些学科中的属性可以因果作用于物理属性。所以说，金在权的排斥问题不光给非还原的物理主义带来冲击，同样也给试图维护特殊科学属性的独特因果力的学者带来困难。

实际上，突现主义①②③的出现从很大程度上来说就是为了维护下向因果性。粗略地说，突现主义的理论灵感来自"整体大于部分之和"，即一个复杂系统虽然由很多更基础、更简单的元素组成，但这个复杂系统可以拥有组成部分的元素所没有的属性。换句话说，突现属性从更加基础的属性中"生发"出来，却不可还原为这些基础属性。而且，在突现属性的层面存在突现法则，这些法则是基础性的，即从形而上学的角度来看，它们的存在并不必然需要其他法则。很多生物学家和化学家都支持突现主义，部分的非还原物理主义者也希望从突现主义的理论中找到支持下向因果性的突破口。

在这里，我们并不讨论突现主义的可取性问题，因为突现主义的思路和本书并无关联，笔者希望找出一个合理有效的因果理论，并依此论证心灵因果性的有效性。接下来，让我们回到金在权的排斥论证。概括来说，金在权提出问题的宗旨是，"心—物"因果性无法与不可还原性兼容，非还原的物理主义者必须在两者之间做出选择。

金在权指出，非还原的物理主义者接受并坚持的前提有以下五个：

（1）随附性原则：心理属性随附于物理属性；

（2）物理闭合原则：每一个物理结果都有一个充分的物理原因；

（3）不可还原性原则：心灵属性不可被还原为物理属性；

（4）心灵因果性：心灵属性可以因果作用于物理属性；

（5）非过决定论：如果一个结果有两个充分原因，便是过决定状况（overdetermination），我们不接受系统性的过决定状况。

第（1）（2）个前提是所有物理主义者都接受的前提，无论持还原还是非还原观点。随附性原则在上文已经有所说明，即每一个

---

① 参见 Mill, J. S., *System of Logic*, London: Longmans, Green, Reader, and Dyer, 1843。

② 参见 Broad, C. D., *The Mind and Its Place in Nature*, London: Routledge and Kegan Paul, 1925。

③ 参见 Alexander, S., *Space, Time, and Deity*. 2 vols, London: Macmillan, 1920。

心灵属性都有一个物理属性作为其随附基，当随附基出现时，随附于其上的心灵属性必然出现。另外，根据多重可实现原则，每一个心灵属性可以由不同的随附基实现。这里需要再次强调的是，随附关系描述的是一种共存关系，即如果 M 随附于 P，那么 P 的存在蕴含 M 的存在，M 的不存在蕴含 P 的不存在。

关于第（2）个前提需要澄清的有两点：第一，物理闭合原则说明的是每一个物理结果一定有一物理原因，但没有说只有物理原因，这就为其他属性留下了讨论空间。也就是说，物理闭合原则允许有其他属性同时成为物理结果的直接原因，这一原则本身和心灵的下向因果性并无冲突，即心灵属性和物理属性同时作为物理结果的原因并没有违反闭合原则。金在权的论证并不是用物理闭合原则直接否定心灵因果性，而是质疑两个属性同时成为原因会不会带来理论上的问题。

第二，物理闭合原则中提到的是"充分的物理原因"，即物理原因是物理结果的充分原因。这一点将在后文着重澄清和分析，即，我们应该如何理解充分原因，以及充分原因造成的过决定在何种意义上是合理的。在这里，我们只需明白物理闭合原则给金在权带来的担忧是，如果物理原因可以充分地引起物理结果，心灵原因又能有什么额外的作用呢？换句话说，如果物理原因是充分的，为何我们还需要其他原因？

第（3）（4）个前提是非还原的物理主义者所独有的。将这两个前提结合起来看便是，"心—物"之间的因果关系具有不可还原性，即该因果关系是真实的、独特的、不可替代的。他们既不赞成副现象论的观点，即，心灵属性只是一个影子一般的存在，不会对物理属性产生因果作用，也不赞成还原主义的观点，即，"心—物"因果性只不过就是"物—物"因果性的另一个说法，抑或是，心灵属性所产生的因果作用力仅仅就是物理属性所产生的因果作用力。

第（5）个前提无关乎物理主义的理论，它是有关因果理论的一个共识，即，我们普遍认为，过决定的情况是非常偶然的现象。所谓过决定是指，两个充分原因同时导致了一个结果。比如张三和李四在同一时间，同一地点，用同样的力量向窗户扔石头，导致玻璃破碎。玻璃破碎是由张三和李四所扔的石头过度决定的，因为单是张三或李四扔石头都会充分地使玻璃破碎。不难看出，这种情况是相当罕见的，只有在极端巧合的时候才会发生。因此，我们不能接受过决定状况是普遍存在的。这一观点也确实比较符合我们的因果直观。①

金在权的排斥论证指出，如果非还原的物理主义想要同时持有这五个前提便会产生如下问题：根据前提（3）和（4），M 对 P^* 有独特的因果作用；根据前提（2），P^* 有一个物理的充分原因，即 P；而根据前提（1），M 随附于 P。由于 M 对 P^* 的因果作用不能被还原为 P 对 P^* 的因果作用，因此，M 和 P 是 P^* 的两个不同的充分原因。根据过决定论，P^* 由 M 和 P 过度决定。然而，心灵属性对物理属性的随附是普遍现象，如此一来，"心—物"因果性和"物—物"因果性的伴随出现也是普遍现象。依照如上推理，每当心灵属性对物理属性产生因果作用时，都伴随着"物—物"因果性的存在，因此，都会造成过决定的局面。换句话说，"心—物"因果性的存在就意味着过决定因果状况的普遍存在，而这和前提（5）是相冲突的。

因此，非还原的物理主义者不能同时持有这五个前提，必须放弃其中一个，否则就会导致相互冲突。而在金在权看来，前提（1）（2）

---

① 还有一些学者甚至会指出，不可能发生所谓的过决定的状况。换句话说，过决定状况不只是太过偶然的问题，而是根本不可能发生的问题。比如在张三和李四同时扔石头砸玻璃这一场景中，很多学者都会质疑，两块石头有没有可能同时到达玻璃，即便它们同时到达了玻璃，也不可能落在同一个位置之上，对玻璃的破坏无法相同。总而言之，他们认为总有其中一块石头是玻璃破碎的真正原因。另外还有学者会质疑到，我们在印证过决定的过程中，总是会提出，如果张三没有扔石头，李四的石头同样会使玻璃破碎。反之亦然。然而，这一点并不能说明，在张三和李四同时扔石头时，两块石头都分别是玻璃破碎的充分原因。因为在这个事件之中，玻璃破碎的方式是两块石头同时造成的，如果张三或李四中的任意一个人没有扔石头，那么玻璃便不会如此这般地破碎。因而，在这一事件中，两块石头作为一个整体是玻璃破碎的充分原因，而非两块石头分别是玻璃破碎的充分原因，从而造成过决定的状况。然而，笔者在这里不想过多涉及有关过决定状况的各种争议，而是采取一种普遍接受的对于过决定状况的直观理解，以及对于反事实描述的朴素理解。

（5）是不可以被放弃的，所以非还原的物理主义者只能在（3）和（4）中选择放弃一个。其结果就是，他们要不保留心灵因果性，但放弃不可还原性；要不就保留不可还原性，但放弃心灵因果性。第一个选择意味着，心灵属性之所以能引起物理结果，完全是因为它可以被还原为它所随附的物理原因。换句话说，"心—物"因果性就是"物—物"因果性，在本体论层面并无区别。除了"物—物"因果性之外，"心—物"因果性并没有提供额外的信息，也没有产生额外的作用。物理结果的全部原因实际上都来自其他的物理属性，而非心灵属性。第二个选择意味着心灵属性依然保持着其本体论上的某种独特性，然而并不对物理结果产生任何因果作用，就如副现象论一般。心灵属性仿佛影子一般，附着于物理属性之上，但无法拥有自己的因果影响力。换句话说，物理结果的全部原因依然只来自其他的物理属性。

总结起来，金在权通过排斥论证想要说明的是：非还原物理主义者无法同时维护心灵属性的不可还原性和心灵因果性，而结果就是，无论他们放弃哪个，坚持哪个，都会导致无法为独立自主的"心—物"因果性辩护，即"心—物"因果性被"物—物"因果性所排斥。

金在权补充道，根据排斥论证的分析，非还原的物理主义者要不沦为副现象论者，要不成为还原论者。而这两种结果都向我们展示了如下的因果模型，如图2-1所示。

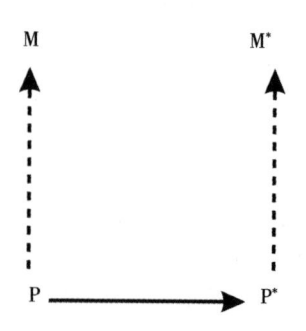

$$
\begin{array}{ccc}
M & & M^* \\
\uparrow & & \uparrow \\
\vdots & & \vdots \\
\vdots & & \vdots \\
P & \longrightarrow & P^*
\end{array}
$$

图 2-1

注：图中的实线表示因果关系；虚线表示随附关系。

该图说明，在 M、M*、P 和 P* 之间，唯一存在着的、真实的因果关系只有"P—P*"。在此基础上，M 随附于 P，M* 随附于 P*。除此之外，"M—P*""M—M*"和"P—M*"之间的因果关系要不就不存在，要不就存在但可以被还原为"P—P*"。当然，根据金在权的理论背景，这些因果关系的被还原仍然是一种功能上的还原。也就是说，当回答为什么"M—P*""M—M*"和"P—M*"之间存在因果关系时，我们可以说因为"P—P*"之间存在因果关系，而 M 和 M* 分别随附于 P 和 P*。换句话说，"M—P*""M—M*"和"P—M*"之间的因果力全部来源于"P—P*"，它们之间并不存在"P—P*"所不具有的因果力。此外，当我们想要说明 M 和 M* 的因果角色时，完全可以用 P 和 P* 所替代。或者说，P 和 P* 可以完全实现 M 和 M* 所处的"输入—输出"链条。

通过排斥论证，金在权从非还原物理主义的理论本身推出矛盾，并得出心灵属性无法拥有独特的、有别于物理属性的因果作用力。换句话说，金在权的质疑思路是，非还原的物理主义必然无效。那么，接下来，笔者将通过对金在权排斥论证的反驳证明，非还原的物理主义是有可能有效的，即，不可还原性和心灵因果性在理论上是可以兼容的，我们可以同时持有五个前提而不至于陷入矛盾。也就是说，我们不能从理论上就否定独特的心灵因果力存在的可能性。然而，对金在权的反驳并不能直接推导出心灵因果性的存在，要想证明其存在性，我们还需借助有效的因果理论和因果模型。

第三节 对排斥论证的反驳

金在权的论证建立在一个前设之上，即前提（1）（2）和（5）是不能被放弃的，是被普遍接受的。出于这个前设，他才得出以下结论：非还原的物理主义者必须放弃前提（3）和（4）之中的一个。然而，金在权的这一前设是值得探讨和重置的。在这一小节，笔者将集中讨论前设中涉及的前提（5），即非过决定论原则。通过对过决定论的详细阐述和划分，我们将发现，有一种过决定是普遍存在的，而且这种过决定状况并不会给我们带来不舒服的感觉，即我们并不会排斥这种过决定状况的普遍存在现象。换句话说，并不是所有普遍的过决定状况都是不可接受的，前提（5）只适用于一部分过决定的情况。因此，除非金在权可以证明，心灵和物理属性所导致的过决定是不可接受的那类过决定，否则，仅仅论证心灵和物理属性造成过决定状况不能说明该状况的普遍化是不可接受的。既然过决定状况在某些情况下可以普遍存在，我们便有理由认为，前提（1）到（5）是可以同时被持有的，并不必然产生矛盾。从而得出，非还原的物理主义可以既保持不可还原性，又维护心灵因果性。

一　如何理解过决定

过决定状况是因果问题研究中比较特殊的一种情况。其中最经典的案例在上文中已经提过，即，张三和李四同时扔石头砸向窗户导致玻璃破碎，另外一个经典案例就是两个杀手同时开枪射杀总统导致总统死亡。过决定和其他因果研究中的特殊情况有所不同，如前抢占①（early preemption）、后抢占②（late preemption）、

---

①　前抢占主要指抢占的原因将被抢占的原因拦截下来，使得被抢占的原因没有发生。经典事例是，杀手 A 和 B 被派去刺杀总统。杀手 B 是一个后备方案，如果杀手 A 扣动了扳机，那么杀手 B 便不再开枪。如果杀手 A 由于某些原因没能行动，杀手 B 则会扣动扳机。实际生活中，杀手 A 扣动了扳机，总统被射杀。在这种情况下，杀手 B 和总统之间的因果关系是一种潜在关系，杀手 A 和总统之间真实的因果关系阻挠了杀手 B 和总统之间可能产生的因果关系。

②　后抢占主要指抢占的原因由于提前导致了结果，打断了被抢占的原因的因果链条。经典事例是，张三和李四朝窗户扔石头，张三比李四早扔了几秒钟，所以等李四的石头到达窗户时，玻璃已经破了。所以，真正存在着的因果关系是张三的石头导致玻璃破碎，李四的石头和玻璃破碎并无因果关联。在后抢占和前抢占的状况中，结果无论如何都是要产生的，区别在于，前者中的被抢占的原因实际上发生了，而后者中的被抢占的原因实际上没有发生。

胜出①（trumping）和联合原因（joint causes）。

其中，过决定和胜出与联合原因的区别需要强调一下。过决定和胜出状况的相似之处在于，实际发生的两个因果链条都是完整存在的，而区别在于，在过决定中，两个因果链条发挥着同等的作用，而在胜出状况中，被胜出的因果链条失去了效用，唯一真正起作用的是胜出的因果链条。

过决定和联合原因则是完全不同的两种情况。在过决定状况中，两个原因对于结果的产生来说都是充分的，而在联合原因中，两个原因中的单独一个都构不成充分原因。比如，一个司机在喝醉酒后错踩了刹车，刚巧那天下过雪，地上结了冰，于是车子打滑失控撞上了路灯。在这个事例中，醉酒驾车和路面有冰是车祸的联合原因，因为如果这个司机醉酒后没有碰上地面结冰或者地面结冰但司机并没醉酒，都不至于发生车祸。这和过决定有本质差异，在联合原因中，两个原因都是结果的必要原因，而在过决定中，两个原因都是结果的充分原因。

一般情况下，学者们将过决定定义为如下公式：

> 原因 c1 和 c2 因果地过决定结果 e 当且仅当 c1 和 c2 是有区别的、实际发生的，且它们分别是 e 得以发生的充分原因。

根据过决定的这一定义，我们发现，非还原物理主义理解下的"心—物"因果性和"物—物"因果性的同时存在的确符合过决定的状况。

---

① 胜出主要是指胜出和没胜出的原因都发生了，两者所处的因果链条也都是完整存在的，只不过胜出的原因使得没胜出的原因失去了效力。经典事例是，当将军让士兵稍息时，士兵便会稍息。当中尉让士兵稍息时，士兵便会稍息。然而，当将军和中尉同时下达命令时，士兵执行将军的指令。在这种情况下，将军和中尉同时让士兵稍息，结果士兵稍息了。但我们会认为，真正的因果关联是将军的命令导致士兵稍息。胜出的状况和前抢占与后抢占都不一样，因为在胜出状况中，被胜出的原因与结果之间的因果链条并无损伤，依旧完整，而前抢占状况中，被抢占的原因根本没有发生；后抢占状况中，被抢占的原因与结果之前的因果链条被抢占的原因破坏了。

不可还原性说明两者是有区别的，随附性确保两者同时实际发生，而心灵因果性与物理闭合原则说明两者分别为物理结果的充分原因。

如果只是单单符合过决定似乎并没有什么问题。然而，心灵属性和物理属性造成的过决定状况是一种普遍现象，这一点引发了责难，因为我们通常认为过决定是一种极其偶然和罕见的现象。因此，排斥论证的核心质疑来自对普遍的过决定状况的否定，而非某一具体的过决定状况。这也是为什么笔者将争论的焦点集中在过决定状况能否普遍存在之上，而非过决定状况本身是否存在问题。

面对过决定造成的问题，非还原的物理主义者往往采取两种方案，一部分人对过决定采取接受的态度，他们认为心灵因果性的确构成了过决定的状况，然而这种过决定并不像传统意义上的过决定，即便普遍存在也是没有问题的。①②③④ 另一部分人对过决定采取否定的态度，他们认为心灵因果性根本构不成过决定的状况，自然不用承受普遍的过决定状况所带来的困扰。⑤⑥⑦⑧

两方看似不同，但其实都是想通过论证非还原的物理主义所产生

---

① 参见 Loewer, B., "Mental Causation or Something Near Enough", in McLaughlin, B. and Cohen, J. eds., *Contemporary Debates in Philosophy of Mind*, Malden, MA: Wiley-Blackwell, 2007。

② 参见 Pereboom, D., "Robust Nonreductive Materialism", *Journal of Philosophy*, Vol. 99, 2002。

③ 参见 Schaffer, J., "Overdetermining Causes", *Philosophical Studies*, Vol. 114, 2003。

④ 参见 Sider, T., "What's so Bad about Overdetermination?", *Philosophy and Phenomenological Research*, Vol. 67, No. 3, 2003。

⑤ 参见 Yablo, S., "Mental Causation", *Philosophical Review*, Vol. 101, No. 2, 1992。

⑥ 参见 Thomasson, A., *Ordinary Objects*, Oxford: Oxford University Press, 2007。

⑦ 参见 Bennett, K., "Why the Exclusion Problem is Intractable, and How, Just Maybe, to Tract it", *Noûs*, Vol. 37, No. 3, 2003。

⑧ 参见 Bennett, K., "Exclusion Again", in Kallestrup, J. and Hohwy, J. eds., *Being Reduced: New Essays on Causation and Explanation in the Special Sciences*, Oxford University Press, 2008。

的过决定类型与传统类型的不同，来说明前者的普遍性并不会像后者那样造成问题。两方对过决定的理解也是大体相同的，他们都认为过决定实际上有两层含义。第一层是技术层面，即过决定就是在描述因果冗余（causal redundancy）的状况。也就是说，产生某一结果本来只需要两个原因中的其中之一就足够了，但两个原因却同时出现了。在这个层面上，因果冗余是一个中立的词汇，只是对因果状况的一个客观描述。第二层则是贬义层面，即人们对因果冗余的担忧，而这种担忧源于因果冗余所带来的不适感（uncomfortable）。坚持非还原的物理主义的学者们无论接受还是否定过决定状况，实际上，都是反对我们在第二个层面上去理解心灵属性和物理属性所带来的因果局面。

二　相容论的尝试

在这些试图通过澄清过决定的定义来调和理论矛盾的非还原物理主义者中，凯伦·班尼特（Karen Bennett）的相容论是最著名最成功的一个。她的理论属于否定过决定的一派，即试图通过对比"心—物"关系与传统过决定中两个原因的关系的不同来说明心灵属性与物理属性即便都是物理结果的原因也构不成过决定的状况。她论证的主要策略是，"心—物"所具有的随附关系使得两者无法构成过决定。

首先，班尼特说明过决定定义中的"不同"是指模态上的不同（modally distinct）。所谓模态上的不同是指两个东西可以一个存在而另一个不存在。因此，只有当以下两个反事实条件句都非空为真，c_1 和 c_2 才过决定地导致 e。

（O1）如果 c_1 发生 c_2 没有发生，e 依然会发生。
（O2）如果 c_2 发生 c_1 没有发生，e 依然会发生。

粗略地说，一个反事实条件句是空的（vacuous）是指它的前提在形而上学上是不可能的。班尼特的这个定义是想强调，作为过决定的两个原因必须在模态上相区别和独立，即一个原因发生而另一个原因没发生在形而上学必须是可能的。

接着，班尼特便表明，如果"心—物"和"物—物"因果关系造成了过决定的状况，就必须满足过决定的定义。

（O3）如果 M 发生 P 没有发生，P* 依然会发生。
（O4）如果 P 发生 M 没有发生，P* 依然会发生。

根据随附性原则，（O4）的前提在形而上学是不可能的，即没有一个世界可以在存在 P 的同时不存在 M，因此（O4）为空。据此，班尼特论证道：

> 如果其中一个原因确保了另一个原因的存在，就无法寻找到一个世界，在这个世界里，有关过决定的反事实条件句可以非空为真。即便再远的可能世界也找寻不到。说得再正式一点：如果其中一个原因使另一原因成为必然，如果一个发生而另一个不发生至少在形而上学上是不可能的，那么过决定的其中一个反事实条件句就会成空。其中一个成空就意味着结果并没有被过决定，这一想法是有一定道理的。[1]

为了更加直观地理解班尼特在讨论过决定时对模态有别的要求，我们可以设想以下场景：一个篮球和组成篮球的各个部分的复合。由于没有一个可能世界可以让各个部分的复合存在而篮球不存在，因此，其中一个反事实条件句为空。由此可得，篮球和组成它的部分的复合是无法过决定一个结果的。我们不太会说，投进篮球是得分的充分原因，以及投进组成篮球的各个部分的复合也是得分的充分

---

[1] Bennett, K., "Why the Exclusion Problem is Intractable, and How, Just Maybe, to Tract it", *Noûs*, Vol. 37, No. 3, 2003, pp. 471–497, 497.

原因，因而，投进篮球和投进组成篮球的各个部分的复合是得分的过决定状况。班尼特认为，心灵属性和实现它的物理属性大体也是上述这种关系。

当然，班尼特对于篮球的这种比喻有失妥当。因为篮球可以被还原为组成篮球的各个部分的复合，或者说，前者不过就是后者的一种更简洁、更宏观的表述。因而，这里并不存在两个充分的因果链条，而是一个，自然不会算作过决定的状况。其实，班尼特想要说明的是一种特殊的状况，即造成疑似过决定的两个充分原因不再完全相互独立，存在模态上的依赖关系，然而，两个充分原因仍然是两个不同的、完整的充分原因。在班尼特看来，这种状态便不能被称为过决定状况。

班尼特的相容论的确在一段时间内缓解了排斥论证所带来的危机，它通过随附关系的特殊性维护了心灵属性独特的因果力。然而，经过仔细分析，我们会发现，班尼特的论证并没有真正解决过决定所带来的问题，而是转移了讨论的焦点。换句话说，班尼特将普遍的过决定的状况所带来的不适感归罪于过决定中两个原因的模态关系。然而，两个原因是否过决定地导致一个结果，与两个原因是否在模态上有别，是没有关联的。后者并不是前者的充分条件，更不是后者的必要条件。

针对班尼特提出的模态问题，萨拉·伯恩斯坦（Sara Bernstein）提到一个反例。设想以下情况：当一个警报器探测到化学物质重铬酸盐或橙色的东西就会响起警报。重铬酸盐（该物质必然是橙色的）出现了，然后警报响起。在这里，化学成分和颜色之间存在着比较弱的模态关联：重铬酸盐由于它的化学成分，总是呈现为橙色。两者在模态上的瓜葛并没有抹去一个事实，即警报器响起既是因为探测到重铬酸盐又是因为探测到橙色物质。[1]

---

[1] Bernstein, S., "Overdetermination Underdetermined", *Erkenntnis*, Vol. 81, No. 1, 2016, pp. 17–40.

上文提到过决定的两层含义，从技术层面来看，过决定在本质上是要说明存在两条不同的因果途径，所以造成了因果冗余。所谓不同的因果途径是指，两个原因对结果分别造成不同的因果力。就好比上述事例中，重铬酸盐作为一种化学成分和它作为橙色物质对警报响起施加了两种不同的因果力。而这一事实不会因为两者在模态上有关联而被抹杀。同样，只要非还原的物理主义还想证明心灵属性有着作为心灵的独特的因果力，就要承认心灵和物理属性造成了因果冗余，这一状况与两者是否存在随附关系无关。

而从贬义层面来看，因果冗余所带来的不适感并没有因为两个原因之间的紧密关系而消散。班尼特的相容论只是告诉我们心灵属性和物理属性在模态上存在依赖关系，两者有一种必然的共存关系。然而，两者在技术层面依然造成了因果的冗余，而相容论并不能为我们提供一个解释，说明为什么在模态上联系紧密的两个原因所造成的因果冗余不会造成不适感。就好比重铬酸盐的化学成分和颜色同时导致警报器响起所造成的不适感与张三、李四同时扔石头砸碎玻璃所造成的不适感并无二致，二者都让我们认为过决定是极其个别的现象，不应该是普遍现象。

综上所述，针对与模态化相关联的两个属性，相容论无法消除过决定状况所带来的不适感，继而还是无法帮助非还原的物理主义走出困境，无法让我们接受这种过决定状况的普遍化。在接下来的一节中，笔者将通过对过决定概念的澄清来说明，有两种过决定的状况，其中一种所带来的不适感的确让我们认为该种过决定不应该普遍存在，而另一种情况则有可能不给我们造成不适感，从而其普遍存在是可以被接受的。

三 两种过决定的区分

在上一小节中，我们提到，非还原的物理主义者无论接受还是否定心灵因果性造成过决定的状况，其本质上都是想要说明心灵属性和物理属性所造成的过决定状况与传统意义上的过决定状况有所区别，因此，前者不会像后者那样造成不适感，即便具有普遍性也是可以接受的。这些非还原的物理主义者多数是从心灵属性和物理属性的随附关系入手，以此证明他们想要展示的与传统过决定的区别。

然而，正如上一节所示，两个原因之间的相互关系与它们是否造成令人不适的过决定状况并无关联。因此，笔者将试图将讨论的焦点从心灵属性和物理属性的关系转移到对过决定概念的澄清之上，从而说明有一种过决定是可以普遍存在的，而且的确普遍存在着。

让我们重新理解一下学者们对过决定的描述：

> 原因 c_1 和 c_2 因果地过决定结果 e 当且仅当 c_1 和 c_2 是有区别的、实际发生的，且它们分别是 e 得以发生的充分原因。

这一描述有两个重点，一是 c_1 和 c_2 是不同的、有区别的；二是两者都是 e 的充分原因。此前的学者倾向于在第一点上做文章，比如相容论就提出，所谓的有区别必须是模态上的相互独立，其他非还原的物理主义也是想说明心灵属性和物理属性的"不同"与张三和李四的"不同"是不一样的。然而，上文已经说明，两个原因无论在多大程度上有所不同和区别，并不影响两者通过各自的因果路径对结果造成同时的、有区别的因果作用力。因此，笔者认为，非还原的物理主义不妨在第二点上寻找解决问题的突破口。

通过张三和李四扔石头的经典案例，学者们往往将过决定状况中的两个原因描述为"充分地导致结果的发生"。然而，充分原因实际上存在两种状况。一种充分原因是恰当的（appropriate）；一种充分原因是过度的。这里的恰当充分可以理解为充分且必要原因，过度充分可以理解为充分不必要原因。

> c 是 e 的恰当充分的原因当且仅当 c 发生时，e 发生；c 不发生时，e 不发生。

c 是 e 的过度充分的原因当且仅当 c 发生时，e 发生；c 不发生时，e 不一定不发生。

举例说明，苏格拉底在狱中饮下的是剧毒，一滴致命。然而他喝了一杯，结果死亡。在这个事例中，饮毒药是苏格拉底死亡的恰当的充分原因，而饮一杯毒药是苏格拉底死亡的过度的充分原因。换句话说，饮一杯毒药绝对可以充分地导致苏格拉底的死亡，可是，它的充分性过强，是一种没有必要的过度充分。即便不饮一杯毒药，苏格拉底依然会死亡。再比如，史蒂夫·亚布罗（Stephen Yablo）有关鸽子的著名案例。假设，一只鸽子被训练成看见红色的东西就会用身体去碰它。此时，在鸽子面前放一个猩红色（红色的一种色度）的球，于是鸽子碰了球一下。猩红色的球充分地导致鸽子碰球，然而，和上述例子一样，猩红色作为原因过于充分，并不像红色那样恰当。

这样的例子不胜枚举，它们的共同之处在于这些过度充分的原因往往多重可实现恰当充分的原因。比如，喝一杯毒药、喝一口毒药、喝一碗毒药等都多重可实现了喝毒药这件事；猩红色、玫红色、桃红色等都多重可实现了红色。在这种情况下，虽然两个原因都可以被称作结果的充分原因，虽然两个原因是不同的，对结果造成了不同的因果力，然而，这样的过决定状况并没有给我们带来不适感，因此，即便这样的过决定普遍存在，也并无不妥之处。

事实上，这样的过决定的确是普遍存在的。首先，多重可实现关系是普遍存在的。根据上述分析，当被实现的元素是一个结果的恰当的充分原因时，必然存在一个实现它的元素，而这个元素是这一结果的过度的充分原因。如此一来，便构成了过决定的状况。

在这里需要强调的是，笔者并非想要说明，一个恰当的充分原因和一个过度的充分原因所造成的过决定状况一定没有不适感。比方说，假定重铬酸盐是浅橙色的（而非橙色），但浅橙色作为橙色的一种依然可以使警报响起。此时警报的响起就是由一个恰当的充原因（重铬酸盐这一化学元素）和一个过度的充分原因（浅橙色而非橙色）所造成的。然而，我们的不适感并没有因为这一过决定状况存在过度的充分原因而削减。因而，仅仅说一个充分原因恰当，另一个充分原因过度，并不能直接消解这份不适感，还需要两个原因之间存在着实现与被实现的关系。

归根到底，之所以被实现的属性和实现它的属性所带来的过决定状况不会给人带来不适感是因为两者的因果力具有相同的来源，只不过是程度上不同。这便和令人不适的过决定状况有本质区别，因为在后者中，造成过决定状况的两个原因的因果力具有截然不同的来源。比如在张三和李四扔石头砸玻璃的事例中，两块石头对玻璃所产生的因果力分别来自这两块石头，分别来自扔石头的张三和李四。

然而，具有随附或者多重可实现关系的两个属性所具有的因果力并非来自完全不同的源头。休梅克（Sydney Shoemaker）曾论述过，被实现的属性所具有的因果力是实现它的属性所具有的因果力的子集，也就是说，心灵属性产生的因果力是物理属性产生的因果力的子集。[①] 当然，这一说法受到很多非还原的物理主义者的质疑。他们提出，如果心灵属性具有的因果力仅仅是物理属性的子集的话，那无异于直接承认心灵属性并不具有额外于物理属性的因果力，这是非还原的物理主义最不想面临的结果。

这一质疑存在一定的道理，将心灵属性的因果力量化地理解为物理属性因果力的子集的确过于简化，而且不够准确。笔者认为休梅克想要传达的意思是，心灵属性的因果力来源于物理属性所提供的基础，所以心灵属性并不存在任何非物理的因果力。然而这并不意味着心灵属性的因果力是物理属性因果力的子集。如果真是子集，就意味着，心灵属性所产生的结果是物理属性所产生结果的子集，即，心灵属性所产生的结果，物理属性都可以产生，反之则不然。

[①] 参见 Shoemaker, S., *Physical Realization*, Oxford University Press, 2007。

而非还原的物理主义想要得到的结果是，即心灵属性所产生的结果是物理属性产生不了的，因而我们可以说心灵属性具有不同于物理属性的因果力，并且这种不同在本体论上是不可还原的，即心灵属性对其产生的结果的因果解释无法被物理属性所替代。

但是，心灵属性的因果力并非子集，并不意味着心灵属性不源于物理属性。而这一点足以展示心灵属性和物理属性所造成的过决定状况与传统意义上的过决定状况有本质区别。加之两者一个是恰当的充分原因，一个是过度的充分原因，分属充分性的两个层次，这些因素都减轻了传统过决定所带来的不适感，使得心灵属性和物理属性造成的过决定成为一个中性词，其普遍性是可以被接受的。同理，被实现的属性与实现它的属性所造成的过决定的状况也都不再具有贬义色彩，其普遍性是可以被接受的。

据此，非过决定的前提应该更改如下：

> （5a）非过决定论：如果一个结果有两个充分原因，便是过决定状况（overdetermination）。我们不接受系统性的过决定状况，除非造成过决定状况的两个因素之间具有多重可实现关系。

如此一来，金在权之前所论证的五个前提之间的相互不兼容便不复存在。

在这里需要再次强调的是，之所以论述过决定普遍存在的可能性，并不是要证明心灵属性和物理属性一定会造成过决定的状况，而是要说明，即便二者造成过决定的状况，也不是不可接受的事情。换句话说，金在权提出的非过决定的前提并不适用于心灵属性和物理属性，我们不能先天地从理论上的不兼容来否定心灵因果性的存在。

鉴于此，笔者认为，如果还原的物理主义者想要否定独特的心灵因果性，他们必须用合理的因果理论来证明心灵属性无法对其他心灵属性或物理属性产生因果作用力，或者心灵属性对两者造成的因果影响都能够用物理属性来解释。而非还原的物理主义者想要维护独特的心灵因果性，也必须用合理的因果理论来证明心灵属性的确和其他心灵属性或物理属性之间存在因果联系，而且这种因果联系是独一无二的，无法被物理属性替代或超越。

第四节　小结

通过这一章，笔者旨在阐明两个问题。第一，金在权对心灵因果性的讨论实际上分为两个部分——"心—心"因果性和"心—物"因果性。他认为前者的有效性建立在后者的有效性之上，后者是前者的必要条件。然而，经过分析，我们发现，这两个因果关系是相互独立的，即"心—心"因果性存在而"心—物"因果性不存在是可能的，反之亦然。所以，在今后的讨论中，笔者不会通过否定"心—物"因果性来否定"心—心"因果性，也不会通过肯定"心—心"因果性来肯定"心—物"因果性，对两者的因果考察会分开进行。

第二，金在权想要通过排斥论证说明，非还原的物理主义者所接受的五个前提之间无法兼容，所以他们必须放弃心灵因果性或不可还原性。然而，经过对过决定状况的概念，即充分原因中的充分性的仔细分析，我们发现，有一种过决定状况的确普遍存在，而且这种过决定并没有给我们造成不适感，因此，它的普遍性是可以被接受的。在这种过决定状况中，造成过决定的两个原因是多重可实现的关系。被实现的属性和实现它的属性共同因果作用于同一结果之所以不会造成不适感是因为：一方面，被实现的属性所具有的因果力来源于实现它的属性；另一方面，两者虽都是充分原因，但一个是适当的充分原因，一个是过度的充分原因。两者是具有不同程度的充分原因，加之是同源的因果作用力，因而，这种过决定状况的出现是合理且普遍存在的。

据此，如果造成过决定状况的两个原因分别是心灵属性和物理属性，那么，即便这样的过决定状况是普遍存在的也可以被接受。如此一来，非还原的物理主义者所接受的五个前提便可以相互兼容。然而，五个前提的相互兼容并不能直接证明心灵属性具有独特的因果性，只能说明心灵因果性如果真的存在并不会造成理论上的困难和问题。换句话说，我们不能先天地否定独特的心灵因果性。非还原的物理主义者完全有空间来为独特的、不可还原的心灵因果性做出辩护。

然而，对这种心灵因果性的成功辩护还需要一个合理的因果理论，非还原的物理主义者需要用它来证明"心—心"因果性或"心—物"因果性的存在。因而，在接下来的两章中，笔者将首先介绍三个著名的因果理论并说明它们的重要性及不合理之处，并以此为基础，引入一个崭新的因果理论——干涉主义因果论，并讨论其自身特点和独特优势。

第 三 章
因果理论研究的历史脉络

在讨论干涉主义因果论之前,笔者想要着重阐述三个与之相关的因果理论——律则主义因果论、个体主义因果论和反事实因果论。虽然干涉主义因果论并非缘起于这三个因果理论,但是,自因果理论被当作研究对象以来,这三个理论在因果研究的历史上都具有举足轻重的地位,且这三个理论所潜藏的因果观对干涉主义因果论都有或多或少的影响。

其中,律则主义因果论作为最初的、比较完善的因果理论,几乎影响了后世的每一个因果理论。它对因果关系的理解非常朴素,也非常符合我们的日常直观。后来的因果理论研究基本沿袭律则主义因果论所采用的研究方法,如分析因果概念、找寻判断因果关系的充分和必要条件、通过反例来补充理论缺陷等。此外更重要的是,律则主义因果论所关注的理论难题,以及它所提出的有关因果关系的核心问题是后续因果理论不懈努力的研究方向。换句话说,基本上所有的因果理论,自然包括干涉主义因果论,都在试图为这些难题提供解决方案和合理解释。鉴于此,笔者将相对翔实地重构以休谟为代表的律则主义因果论。

另外,个体主义因果论作为律则主义因果论和反事实因果论的过渡也将被说明。但由于篇幅有限,笔者将其和反事实因果论归并在一起,作为反事实因果论的一个引入。由于个体主义因果论和律则主义因果论在本质上有很多共通之处，因而笔者也未对个体主义因果论多加赘述。相比之下，反事实因果论是更加崭新的理论，也和干涉主义因果论的关联最为密切，因而，笔者也着重展开了对该理论的论述。

第一节 律则主义因果论

一 休谟的因果论

在因果理论的早期研究中，律则主义因果论无疑占据了重要地位，而对于该因果论影响最深的莫过于大卫·休谟（David Hume）。休谟作为18世纪英国著名的哲学家，可以说是自亚里士多德以来第一个对因果关系理论做详细论证的学者。时至今日，休谟的因果观依旧是学者们讨论的热点，其思想内核依旧影响着我们对因果概念的理解和研究。鉴于此，笔者将在这一节中详细陈述休谟的因果理论，为后续对比干涉主义因果论和律则主义因果论打下基础。

总体而言，律则主义因果论的主张如下：

> c 是 e 的原因当且仅当：
> （1）c 在时空上与 e 邻近；
> （2）在时间上，e 在 c 之后；
> （3）所有 C 类型的事件（和 c 类似的事件）都律则性地伴随着（或者恒常地联结着）类型 E 的事件。

对于律则主义因果论而言，因果概念是可还原的。也就是说，我们可以将因果还原至一些非因果的因素，如上述提到的时空邻近性、连续性和律则性。另外，因果概念中并不包含必然性（necessity），这一点需要在后面详细阐述。很多重量级的哲学家都拥护律则主义因果论，并认为休谟的因果观是律则主义因果论的典型代表。

例如，密尔（Mill）提出"因果的法则其实是我们熟知的一个真相，即我们能观察到自然中的每个事实和其他一些先于它的事实之间存在一些不变的连续性"[1]。罗素（Russell）评论道："我们必须扪心自问，当我们设想因果时，我们设想的是一种特定的因果关系还是仅仅设想了一个不变序列？也就是说，当我断言'A类的每一个事件引起了B类的每一个事件'，我是否只是想说'A类的每一个事件都伴随着B类的每一个事件'，抑或是我还想说更多的东西？在休谟之前，后者是更多被采纳的，而在休谟之后，大部分经验论者都采纳前者。"[2] 蒯因（Quine）和卡尔纳普则提出"正如休谟所指出的，因果的麻烦在于，我们没有明显的方法区分它和仅仅不变的连续性"[3]，"关于因果关系的陈述刻画了自然中可观察的律则，再无其他"[4]。克里普克则述及"根据休谟的学说，说一个特定的事件a是另一个事件b的原因相当于将这两个事件归于A和B两个类型之中，我们所期待的是，A和B在未来能够恒常地联结在一起，就像它们过去联结在一起一样"[5]。

让我们先来通过休谟这段有名的例证简要地了解一下他对于因果关系的整体思想：

> 桌子上有一个台球，另一个台球急速向它移动。它们发生了撞击，接着，原先静止的那个球得到了一个位移。这是关于

---

[1] Mill, J. S., *A System of Logic: Ratiocinative and Inductive*, London: Longmans, Green and Co, 1911, p. 213.

[2] Russell, B., *Human Knowledge: Its Scope and Limits*, London: Routledge, 1948, p. 472.

[3] Quine, W. V., *The Roots of Reference*, La Salle, IL: Open Court, 1974, p. 5.

[4] Carnap, R., *An Introduction to the Philosophy of Science*, New York: Basic Books, 1974, p. 201.

[5] Kripke, S., *Wittgenstein on Rules and Private Language*, Oxford: Blackwell, 1982, p. 67.

原因和结果的关系的一个完美事例，无论我们通过知觉还是反思所知的。因而让我们检测一下。显然，两个球的相互接触发生在移动被传递之前，而且，碰撞和移动之间没有间隔。因此，时间和空间上的临近（contiguity）是所有原因得以发挥作用的必备条件。同样明显的是，作为原因的移动先于作为结果的移动。因此，时间的在先性（priority）是每个因果关系的另一必备条件。但这不是全部。让我们在相同的场景下再试试其他台球，我们发现一个台球的推动总能引发另一个球的移动。因此，在原因和结果之间存在第三个条件，也就是恒常的联结（constant conjunction）。每一个和原因相似的对象总是能产生和结果相似的对象。除了临近、在先和恒常联结这三个条件，我在这一因果中发现不了更多东西。第一个球在运动，触碰第二个球，紧接着第二个球也运动了；而且当我在同样的或相似的球上进行实验时，在同等或相似条件下，我发现一个球的运动和触碰总伴随着另一个球的运动。①

通过这一段对于因果关系的刻画，我们不难发现，休谟的因果观基本和律则主义因果论相一致。除去强调因果关系所需要的三个条件之外，休谟的潜台词中还有对其他条件的否定。也就是说，因果关系中并不存在更内在的性质，原因和结果就是我们可以观察到的一系列有律则性的事件，再无其他。

这里，休谟所要否定的其实就是前文中提到的必然性，即原因和结果之间存在着必然关联。他之所以特别强调这一点是因为，当时的英国经验论者，从培根到洛克都将因果规律看成一种必然规律。众所周知，培根一直主张，我们能从经验中归纳出知识这一真理是毋庸置疑的。而洛克也提出，凡事必有原因，我们的经验完全可以

---

① Hume, D. 1740, *An Abstract of A Treatise of Human Nature*, Selby-Bigge, L. A. and Nidditch, P. H., eds., Oxford: Clarendon Press, 1978, pp. 649-650.

证实这一点。

虽然贝克莱对因果关系的普遍必然性提出质疑,认为因果关系不是必然的、不可改变的。但他的理由在于,因果关系依照上帝的意志而存在,而上帝的意志是绝对自由不受任何限制的。因而,如果因果关系是一种必然存在,就意味着上帝的自由意志受到了必然性的限制,据此,因果关系不可具有必然性。

当然,休谟既不认同培根和洛克等人的观点,也不赞成贝克莱的反驳理由。在他看来,他们的观点都反映了经验论哲学中的唯理论倾向。因为在经验观察中,我们无法得到原因与结果之间的这种产生和被产生的关系,也无法得到上帝的观念。这一结论源自休谟的经验主义认识论。

根据他的认识论,"我们所有的观念或弱感觉都源于我们的印象或强感觉。而且我们永远不可能思考我们从未见过,或在心灵中从未感知到的东西"[1]。鉴于此,我们是无法形成如下观念的,即原因和结果之间存在必然联系。例如,当我们看到"太阳晒,石头热"这种日常现象时,太阳晒是原因,石头热是结果,这是通过我们观察到的两者之间的联结所得出的。我们所感知的只是两个简单观念,即太阳晒和石头热,而非感知到两者之间的必然联系。此外,从这些简单观念中,我们也无法逻辑地推出它们之间存在必然联系。同理,上帝的观念更是无从得出。

这也是为什么休谟曾强调"整个说来,必然性是存在于心中,而不是存在于对象中的一种东西;我们永远不可能对它形成任何哪怕是极其渺茫的观念,如果它被看作是物体中的一种性质的话。或者我们根本没有必然性观念,或者必然性只是依照被经验过的结合而由因及果和由果及因进行推移的那种思想倾向"[2]。

---

[1] Hume, D. 1740, *An Abstract of A Treatise of Human Nature*, Selby-Bigge, L. A. and Nidditch, P. H., eds., Oxford: Clarendon Press, 1978, pp. 647–648.

[2] [英]休谟:《人性论》,关文运译,商务印书馆2008年版,第190—191页。

正是由于休谟对于必然性的否定，当代很多学者将休谟称作"怀疑的实在论者"。说他是一位因果的实在论者是因为他认可自然界中存在真实的因果，也就是说因果关系是客观存在的必然联系。但是，休谟却认为我们是无法理解这种必然联系也无法获取相关知识的，这就是为什么将他称作怀疑的实在论者。[①] 在近期的讨论休谟思想的论文集中，克雷格（Craig）提出：

> 现如今，以下观点不应在议程之中，即，休谟教授给我们严格的律则理论——事实上除了有规律的序列别无他物；相应地，因果性就相当于此，无论是在我们的概念中，或是在事物和事件自身之中。诚然，认为律则理论是休谟主义的趋势持续不断，但是除非这种用法不过是没有历史内涵的一个标签，否则它只能表达出对于休谟作品的局限认识。[②]

关于休谟因果观的争论还有很多，在此，笔者并非想要论证哪一个观点是正确的。笔者想要着重阐明的是由休谟发展出来的律则因果论所具备的特征和性质，并将其与干涉主义因果论进行相应的对比。至于休谟的因果论该如何解读并不是本书可以涵盖的内容，此处不予冗赘。至此我们需要统一的是，休谟将因果关系还原为律则，其中并不存在必然性，而律则是真实客观的、独立于心灵之外的。

为什么休谟对因果关系如此感兴趣？用他自己的话说是因为："很显然，所有的推理论证都有关于在因果关系中找到的事实，除非两个事物直接或间接地联系在一起，否则我们永远无法从其中一个事物的存在推理出另一个事物的存在。因此，为了理解这些推理论

---

① 参见 Wright, J. P., *The Sceptical Realism of David Hume*, Manchester: Manchester University Press, 1973。

② Craig, E., "Hume on Causality: Projectivist and Realist?", in Read, R. and Richman, K. A. eds., *The New Hume Debate*, London: Routledge, 2000, p. 113.

证，我们必须完美掌握因果的观念。"①

在详细阐述休谟对于因果观念的探索之前，我们需要明确的一点是，休谟实际上要考察的是因果观念的两个维度——哲学维度和自然维度。从哲学维度来说，他认为有三种哲学关系是不由观念所决定的，即同一关系、时空中间的位置和因果关系。而在这三种关系中，因果关系又是更为特殊的。原因如下：

> 我们就不应当把我们关于同一关系及时间和空间关系所作的任何观察看作推理，因为在这两种关系的任何一种关系中间，心灵都不能超出了直接呈现于感官之前的对象，去发现对象的真实存在或关系。只有因果关系才产生了那样一种联系，使我们由于一个对象的存在或活动而相信在这以后或以前有任何其他的存在或活动；其他两种关系也只有在它们影响这种关系或被这种关系所影响的范围之内，才能在推理中被应用……由此看来，在不单是由观念所决定的那三种关系中，唯一能够推溯到我们感官以外，并把我们看不见、触不着的存在和对象报告于我们的，就是因果关系。②

然而，对于休谟而言，因果关系不仅是一种哲学关系，即在世界或印象中所获得的物体之间的关系还是一种"自然的关系"，即，心灵可以操作的关系。他提道："因果关系虽然是涵摄着接近、接续和恒常结合的一种哲学的关系，可是只有当它是一个自然的关系，而在我们观念之间产生了一种结合的时候，我们才能对它进行推理，或是根据它推得任何结论。"③

在其后的定义中我们便能看出，这两个维度的因果观念所要阐

---

① Hume, D. 1740, *An Abstract of A Treatise of Human Nature*, Selby-Bigge, L. A. and Nidditch, P. H., eds., Oxford: Clarendon Press, 1978, p. 649.
② [英]休谟:《人性论》，关文运译，商务印书馆2008年版，第89—90页。
③ [英]休谟:《人性论》，关文运译，商务印书馆2008年版，第111—112页。

明的是不同的事项——哲学维度想要说明的是，将因果关系置于对象之中该如何被合法的描述；自然维度想要说明的是，在推理论证中因果关系的特征为何。在后文中，我们将会看到休谟从这两个维度出发，分别给出了关于因果关系的定义。

因果关系为什么如此特殊呢？因为它不是某一个物体所具有的属性，例如颜色和形状等，它是物体之间的某种关系衍生出来的观念。为了掌握这一观念，就必须先了解这种关系的本质特征。如前文所述，休谟认为因果关系至少有两个必要条件：

> 因此，因果关系的观念必然是从对象间的某种关系得来，现在我们必须力求发现那种关系。第一，我发现，凡被认为原因和结果的那些对象总是接近的；任何东西在离开了它存在的时间或地点以外的任何时间或地点中，便不能发生作用。互相远隔的对象虽然有时似乎互相产生，可是一经考察，它们往往会被发现是由一连串原因联系起来的，这些原因本身是互相接近的，并和那些远隔的对象也是接近的；而当在任何特殊例子中我们发现不出这种联系的时候，我们仍然假设有这种联系存在。因此，我们可以把接近关系认为是因果关系的必要条件。[①]
>
> 我将认为原因与结果的必要条件的第二种关系，不是那样的被普遍认为的，而是有可能引起某种争论的。那就是在时间上因先于果的关系。有些人主张，原因并不是绝对必然地先于它的结果；任何对象或活动在它存在的最初一刹那，就可以发挥它的产生性质（productive quality），产生与它完全同时的另一个对象或活动。不过，在大多数的例子中，经验似乎反驳了这种意见；除此以外，我们还可以借一种推论或推理来建立因先于果的这个关系。在自然哲学和精神哲学中，有一个确立的原理，即一个对象如在充分完善的状态下存在了一个时期，而

---

① [英]休谟：《人性论》，关文运译，商务印书馆2008年版，第91页。

却没有产生另一个对象，那它便不是那另一个对象的唯一原因；它就需要其他的原则加以协助，把它从不活动状态中推动起来，使它发挥它所秘密含有的那种能力。①

接近关系自不必多说。时间上的在先性基本成为此后因果讨论中的重要话题。当然，休谟给出的理由如今看来是非常朴素的，他认为："如果有任何原因可以和它的结果完全同时的话，那么根据这个原理就可以确定一切原因和结果都是如此；因为其中任何一个只要在一刹那间延缓它的作用，那么它在原该活动的那个刹那并不曾发挥它的作用，因而就不是一个恰当的原因……因为，如果一个原因和它的结果是同时的，这个结果又和它的结果是同时的，这样一直推下去。那么显然就不会有接续这样一个现象，而一切对象必然就都是同时存在的了。"② 关于时间上的在先性自然还有诸多讨论，但大家基本认可因果关系的一个必要条件便是原因发生在结果之前。

但是，休谟立马指出，这两个关系还远远构不成因果的充分原因，"我们是否就该满足于接近和接续这两种关系，以为它们可以提供一个完善的原因作用的观念呢？完全不是这样。一个对象可以和另一个对象接近、并且是先在的，而仍不被认为是另一个对象的原因。这里有一种必然的联系应当考虑。这种关系比上述两种关系的任何一种都重要得多"③。

诚然，休谟同样意识到，在鉴别因果关系的过程中，我们最主要的任务是将其和偶然发生的事件序列相区分。而要想区别因果序列和偶然序列，就必须找出两者所具有的必然关系。换句话说，这种必然关系才是因果观念的核心要素，这也就是为什么休谟说这种必然关系比接近和接续关系更为重要。

---

① ［英］休谟：《人性论》，关文运译，商务印书馆2008年版，第92页。
② ［英］休谟：《人性论》，关文运译，商务印书馆2008年版，第92页。
③ ［英］休谟：《人性论》，关文运译，商务印书馆2008年版，第93页。

有些学者据此提出休谟的观点与律则因果论相悖，甚至与其自身的学术不融贯。因为此前我们也已经提到，休谟（或律则主义因果论）恰恰是要剔除因果关系中的必然性。肯普（Kemp）论证道："对于休谟而言，因果不仅仅是序列，也不仅仅是不变的序列。我们会区别单纯的序列和因果序列，而两者的不同就在于必然性（或决定性）是后者的本质要素。"①

笔者认为，肯普的这一指责在一定程度上存在着对休谟的误解。为了说明 c 是 e 的原因，或 c 引起了 e，而不是 c 恰巧发生在 e 之前，与 e 邻近，其中的区别自然是 c 和 e 之间的联结关系绝非仅仅是观察到的"c 与 e 邻近且 c 发生在先"这一单独的事件序列。简单地说，c 是 e 的原因还要求我们每次观察到 c 发生时都伴随着 e 的发生，从而消除 c 和 e 之间的巧合关联。这就需要必然性的介入。

休谟也认同因果关系之间的这层必然联系，他想要反对的是，我们可以在事物的性质中或事物之间的关系中感知到这份必然性。换句话说，根据前文提到的他的认识论原则"没有印象就没有观念"，休谟的困惑在于，如果我们无法在事物中感知到这种必然性，那么，它将无法出现在我们的观念之中。这也是为什么他在《人类理解研究》中坚持说道："在单个的事例中，我们永远无法发现任何必然的联系；也无法发现任何一种性质能将结果绑定在原因之上，并且保障结果之于原因的绝对正确。"②

因而，休谟所要反对的是我们可以从感知到的事件序列中逻辑地推出其中的必然性。换句话说，如果我们承认休谟的认识论原则，就意味着我们确实需要合理地解释必然性的观念从何而来，或者说，该观念如何进入我们的心灵之中。这也是为什么休谟需要从哲学维度转变到自然维度来研究因果关系，因为他认为我们很难从哲学维

---

① Kemp, S. N., *The Philosophy of David Hume*, London: Macmillan, 1941, pp. 91-92.

② Hume, D., *Enquiries Concerning Human Understanding and Concerning the Principle of Moral*, Edited by L. A. Selby-Bigge; Third Edition Revised by P. H. Nidditch, Oxford: Clarendon Press, 1975, p. 63.

度来找寻必然联系的观念的起源，只能借助自然维度得出答案。

据此，休谟考察到了一种因果观念中的新关系，即，恒常的联结。这种关系不是发生在单一序列之中，而是发生在序列与序列之间。举例来说，我们在观察到一个台球的碰撞使另一个台球发生运动之后，又发现无数次类似的运动序列。而且无论我们重复多少次这种碰撞，另一个台球都发生了相应的运动。正是这样的规律，使我们产生了碰撞是台球运动的原因的观念。

然而，我们依旧不能将这种恒常联结与必然联系等同起来。面对恒常联结，我们的印象也不过是增加了很多相似的或同类型的事件序列，这种重复叠加并不能生发出有关必然联系的观念。如休谟所述：

> 单是把任何过去的印象即使重复无数次，也永不能产生任何新的原始观念，如像必然联系的观念那样；在这里，许多的印象比我们单限于一个印象时并没有更大的影响……这种推理虽然似乎是正确而明显的，可是如果我们失望得太早，那也未免愚蠢；所以我们还是把讨论的线索继续下去。我们既然知道，在发现了任何一些对象的恒常结合以后，我们总是要由一个对象推断另一个对象，所以我们现在就可以考察那种推断的本性，以及由印象向观念的那种推移过程的本性。最后我们也许会看到，那个必然的联系依靠于那种推断，而不是那种推断依靠于必然的联系。①

可见，休谟虽然进一步展现了形成因果观念所需要的新关系，但仍未能回答他先前的问题，即，如果必然联系的观念不是建立在印象之上，我们是如何获得这一观念的。但是，休谟并未放弃，而是试图从对推断的本质的研究中发掘必然联系的观念。

那么，接下来的问题便是："我们为什么断言，那样一些特定的

---

① ［英］休谟：《人性论》，关文运译，商务印书馆2008年版，第106页。

原因必然要有那样一些特定的结果呢？我们因果互推的那种推论的本性如何？"① 换句话说，当我们看到了无数次的"撞击伴随着运动"的事件序列后，为何能够得到相应的因果推理（causal inference）。

休谟反对这种因果推理来自于理性（reason）自身。因为因果推理并不是一种证明性推理（demonstrative inference），我们不可以依靠理性，先天地从原因中推理出结果。"没有任何对象涵摄其他任何对象的存在，如果我们只考究这些对象本身，而不看到我们对它们所形成的观念以外。这样一个推断就等于是知识，并且意味着：想象任何与此差异的东西是绝对矛盾的、不可能的。但是由于一切个别的观念都是可以分离的，所以显然不会有这类的不可能性。"② 换句话说，由于我们总能观察到或设想出原因出现而结果不出现的情况，因此，我们不能单纯从理性出发，便得出因果推理。

继而，休谟提出，或许理性加上经验便可以得出相应的因果推理。但我们的经验都是关于过去和现在的事件序列，而因果推理需要我们对将来也作出判断，即，如果在未来某一时刻，一个台球撞击了另一个台球，那么后者依然会如往常一般，发生移动。据此，休谟提出了一个更为基础的问题，即，如果超过了我们过去和现在的观察，我们如何才能正当地进行因果推理呢？

要想回答这一问题，就需要说明过去发生的经验如何可以保证将来发生类似的经验。休谟认为，如果我们想要在过去和未来之间搭建因果推理所需的联系，就必须承认一个前提，即"我们所没有经验过的例子必然类似于我们所经验过的例子，而自然的进程是永远一致地继续同一不变的"③。

这一前提至关重要，因为仅仅通过理性加上有关过去的经验仍然不足以让我们得到有力的因果推理，只有再加上这一前提，也就

---

① ［英］休谟：《人性论》，关文运译，商务印书馆2008年版，第94页。
② ［英］休谟：《人性论》，关文运译，商务印书馆2008年版，第104页。
③ ［英］休谟：《人性论》，关文运译，商务印书馆2008年版，第106页。

是通过观察到的经验和未观察到的经验之间所存在的相似性，我们才能安全地获取有效的因果推理。休谟继而提出，这一前提又源自何处呢？他认为，这一前提要么来自理性，要么来自概然推理。

但休谟明确指出，这一原则显然不可能来自理性，更无法来自概然推理。不来自理性仍然是由于这一前提并非证明性的。我们的自然千变万化，未来可能发生过去所未发生的事情是再明显不过的了，因此，这一前提绝对不是先天得出的。而针对这一前提是否来自概然推理，休谟给出的说明如下：

> 原因和结果的观念是由经验得来的，经验报道我们那样一些特定的对象在过去的一切例子中都是经常结合在一处的。当我们假设一个和这些对象之一类似的对象直接呈现于它的印象中的时候，我们因此就推测一个和它的通常伴随物相似的对象也存在着。根据这个说明，概然推断是建立于我们经验过的那些对象与我们没有经历过的那些对象互相类似的那样一个假设。所以，这种假设决不能来自概然推断。同一个原则不能既是另一个原则的原因，又是它的结果。①

除此之外，他还在《人类理解研究》中补充道："因此，为了尽力而为，通过概然推理或有关存在的推理对最后一个假说（未来与过去相一致）所进行的证明很显然陷入了循环论证，而把它当作理所当然的，就更成问题了。"②

有人提出，是否可以将过去的经验和先验的或然性关系相结合，从而导出一套一般原理来避免循环论证。休谟在讨论"机会的概然性"时便对这种观点提出了否定答案。

---

① ［英］休谟：《人性论》，关文运译，商务印书馆2008年版，第107—108页。
② Hume, D., *Enquiries Concerning Human Understanding and Concerning the Principle of Moral*, Edited by L. A. Selby Bigge; Third Edition Revised by P. H. Nidditch, Oxford University Press, 1975, pp. 35 – 36.

如果有人说，在两种机会对立的时候，我们虽然不能确实断定结果将落在哪一方面，可是我们可以确实断言，它大概并很可能地要落在机会占多数的那一面，而不落在机会占少数的那一面：如果有人这样说，那么我要问，这里所谓大概和有可能是什么意思？机会的大概出现和很可能出现，就意味着相等机会在一方面占着多数，因此，当我们说，结果大概落到占优势的那一面，而不落到占劣势的那一面时，那我们也只不过是说，在机会占多数的一面，实际上有一个优势，在机会占少数的一面，实际上有一个劣势；这只是一些同一命题，没有什么重要性。问题在于：多数的相等机会借着什么方法作用于心灵，并产生信念或同意，因为它看来既非借着根据于理证的论证，也非借着根据于概然推断的论证。①

休谟提出的这一质疑自然就是最为人熟知的对归纳法的怀疑论态度。在他看来，过去已发生的经验和将来还未发生的经验之间始终存在着断裂，它们之间的相似性只能在将来的相似经验确实发生之时才能得到确证，在此之前，一切的推理都是值得推敲的，都含有不确定性。这也是为什么休谟会得出如此这般的结论：

由此看来，不但我们的理性不能帮助我们发现原因和结果的最终联系，而且即便在经验给我们指出它们的恒常结合以后，我们也不能凭自己的理性使自己相信，我们为什么把那种经验扩大到我们所曾观察过的那些特殊事例之外。我们只是假设，却永不能证明，我们所经验过的那些对象必然类似于我们所未曾发现的那些对象。②

---

① ［英］休谟：《人性论》，关文运译，商务印书馆2008年版，第149页。
② ［英］休谟：《人性论》，关文运译，商务印书馆2008年版，第109页。

> 这里有两个原则，第一就是任何对象单就自身而论，都不含有任何东西，能够给予我们以一个理由去推得一个超出它本身以外的结论；第二，即使在我们观察到一些对象的常见的或恒常的结合以后，我们也没有理由得出超过我们所经验到的那些对象以外的有关任何对象的任何推论。我说，只要人们彻底相信了这两条原则，那就会使他们那样地摆脱一切通常的系统，以致他们不难接受一个显得非常奇特的系统。[①]

在这里，仍然需要强调的是，休谟并非想要单纯地否定必然性的存在，而是说明，如果利用归纳的方法，如果依据以往的经验，那么我们无法从中得到牢靠的必然性，也无法说明将来和过去的相似性是必然存在的。至此，即便考察到恒常联结这一新的关系，休谟依旧无法回答人们为何会产生有关必然联系的观念。

暂且总结一下。起初，休谟从单一的事件序列中寻找必然性，试图说明必然性是区分因果和非因果关系的一个内在特征，未果。后来，休谟从一系列的事件序列中寻找必然性，也就是将必然性与恒常联结相等同，试图退一步说明必然性至少是区分因果和非因果关系的一个外在特征，仍然未果。鉴于此，休谟开始转换思路，不再从理性层面出发，也不再寻求理性推理来解答我们产生因果观念的根源。

这一次，休谟寻求帮助的对象不再是理性，而是依靠想象力原则形成的"观念的结合（union of ideas）"，用以解释我们为何可以形成有关因果的观念。在休谟看来，存在着结合各个观念的三个一般原则，即类似关系、接近关系和因果关系。根据休谟的描述，"当心灵由一个对象的观念或印象推到另一个对象的观念或信念的时候，它并不是被理性所决定的，而是被联结这些对象的观念并在想象中加以结合的某些原则所决定的。如果观念在想象中也像知性所看到

[①] ［英］休谟：《人性论》，关文运译，商务印书馆2008年版，第161页。

它们那样没有任何结合的话,那么我们就不可能由原因推导结果,也不会对于任何事实具有信念。因此,这种推断是单独地决定于观念的结合的"①。

如此一来,我们便更容易理解,为什么休谟认为因果观念不光存在于哲学维度,也存在于自然维度。因为对因果的研究不仅要依赖哲学分析,还需要我们挖掘心灵在这一过程中所起的作用。据休谟所言,想象的两个原则有助于解释因果观念的形成。一是产生类别感。我们观察到的恒常联结都是有关个别序列的,是关于个体的,但这些个体通过想象可以被联系成一个类型,将单独出现的事件序列类别化。二是在现有的印象和相关的观念之间搭建一个勾连。

> 我们所有的因果概念只是未来永远结合在一起并在过去一切例子中都发现为不可分离的那些对象的概念,此外再无其他的因果概念。我们不能洞察这种结合的理由。我们只观察到这件事情自身,并且总是发现对象由于恒常结合就在想象中得到一种结合。当一个对象的印象呈现于我们的时候,我们立刻形成它的通常伴随物的观念;因而我们可以给意见或信念下一个部分的定义说:它是与现前一个印象关联着或联结着的观念。②

在这一过程中,休谟强调的一点在于,这种因果信念的产生是自动的,或者说无意识的。当 c 发生之后,我们关于 e 紧接着会发生的信念不经任何推理便会出现在脑海之中。而导致这一切发生的是"习惯"。这种习惯致使我们仅仅由于过去反复发生的事件序列,便直接在心灵中得出有关因果的结论。这一结论不再建立于之前提到的"过去与未来相似"的原则之上,或任何其他的原则之上,而是直接被心灵获取。

---

① [英]休谟:《人性论》,关文运译,商务印书馆2008年版,第110页。
② [英]休谟:《人性论》,关文运译,商务印书馆2008年版,第111页。

根据休谟的描述，在我们还没来得及反省时，这种习惯就已经开始发挥作用了。"知性或想象无须反省过去的经验，就能从它得出推断，更无须形成有关这种经验的任何原则，或根据那个原则去进行推理了。"① 至于习惯究竟是什么，休谟并未作出太细致的分析，在《人类理解研究》中，休谟只是说到这是一种人性（human nature）的原则。对于他而言，这是一种终极原则，是被普遍接受的一种原则，因而无须多言。

　　至此，休谟认为他成功地解答了一直以来的问题，即必然联系是怎样由推理得出的。其中的关键点并不再是理性主义的推理，而是习惯。

> 　　在我们信服这个学说之前，我们必须反复思维下列各点：一点是，单纯观察任何两个不论如何关联着的对象或行动，决不能给予我们以任何能力观念，或两者的联系观念；一点是，这个观念是由它们的结合一再反复而发生的；一点是，那种重复在对象中既不显现也不引生任何东西，而只是凭其所产生的那种习惯性的推移对心灵有一种影响；一点是，这种习惯性的推移因此是和那种能力与必然性是同一的；因此，能力和必然性乃是知觉的性质，不是对象的性质，只是在内心被人感觉到，而不是被人知觉到存在于外界物体中的。②

在这里，休谟澄清了必然联系的观念究竟从何而来。并非我们要研究的对象之中存在必然联系，然后通过某种来自理性或经验的推理，我们得出有关必然联系的观念。这条路是行不通的。必然联系的观念其实存在于我们的心灵当中，是由习惯直接得出的一种观念。"在这些对象之一出现的时候，心灵就被习惯所决定了去

---

① ［英］休谟：《人性论》，关文运译，商务印书馆2008年版，第124页。
② ［英］休谟：《人性论》，关文运译，商务印书馆2008年版，第191页。

考虑它的通常伴随物,并因为这个伴随物与第一个对象的关系,而在较强的观点下来考虑它。给我以必然观念的就是这个印象或这种决定"①。

鉴于此,我们可以看出,休谟将对必然联系的考察由哲学维度转换到了自然维度。他的思想主旨便是"必然性是存在于心中,而不是存在于对象中的一种东西"②。必然性中存在一定的哲学分析,例如事件序列的恒常联结,但是归根结底,必然性并不能归于外在世界,而是心灵的一个内在印象。

更近一步来说,因果观念也同样来自我们的心灵,因为在休谟看来,他的因果理论其实就是在研究我们如何产生必然联系的观念。"因果的必然联系是我们在因果之间进行推断的基础。我们推断的基础就是发生于习惯性的结合的推移过程。因此,它们两者是一回事"③。因而,因果观念同样存在哲学维度和自然维度,在前一个维度中,我们观察到了外在世界中存在着的时空接续和恒常联结。在后一个维度中,无须经过内省的习惯从这些经验中直接推移出必然联系的观念,同时也便产生了因果的观念。

在《人类理解研究》中,休谟对这一观点进行了总结:

> 当人们第一次看到冲击带来的运动交换时,正如被两个台球所震惊一样,他不会宣称这一事件是有联系的;而会说它和其他时间联结在一起。当他观察到这一种类的很多事例时,他才会宣称这些事例是有联系的。当新的相连观念产生时,到底发生了什么改变呢?其实仅仅是他在想象中感受到了这些事件的相互联系,而且可以轻松预言其中一个的出现会伴随另一个的出现。因此,当我们说一个对象和另一个相联系时,我们的

---

① [英]休谟:《人性论》,关文运译,商务印书馆2008年版,第179页。
② [英]休谟:《人性论》,关文运译,商务印书馆2008年版,第190页。
③ [英]休谟:《人性论》,关文运译,商务印书馆2008年版,第190页。

*意思只是它们在思想中获取了相连性，并且产生了一个推理，用以证明彼此的存在。*①

这里值得强调的一点，是将必然联系或因果的观念从外在对象转移到心灵之中并非易事。这也是为什么休谟要先从哲学维度来考察我们是否能够从自然界中直接获取有关因果观念的经验和知觉，再通过理性进行加工和推理。因为心灵自身便具有一种倾向，这种倾向就使得我们容易将与外在世界相关联的观念归功于外在世界本身，认为其是外在世界所具有的本质特征或本性。然而，休谟正是要澄清这种倾向所带来的错误。他指出："我们平时观察到，任何内心印象如果被外界对象所引起，而且在这些对象呈现于感官的同时，这些内心印象总是出现：心灵便有一种很大的倾向对这些外界对象加以考虑，并将这些内心印象与外界对象结合起来……这种倾向就是我们所以假设必然和能力都存在于我们所考察的对象之中，而不存在于考察它们的心灵中的缘故。"②

有些学者或许会指出，如果因果观念或必然联系观念根源于我们的心灵，是否说明因果观念是依赖于心灵的（mind-dependent）或主观的。休谟对于这一问题的答案是否定的。笔者在前文曾提到，休谟始终认为因果观念是不依赖于心灵的、客观的存在。心灵中的想象力原则和习惯在形成因果观念中所起的作用不能说明因果观念就是依赖于心灵或主观的。休谟曾明确提出：

> *自然的作用是独立于人类思想和推理以外的，我也承认这一点；因而我已经说过，对象之间彼此有接近关系和接续关系；相似的一些对象可以在若干例子中被观察到有相似的关系，所*

---

① Hume, D., *Enquiries Concerning Human Understanding and Concerning the Principle of Moral*, Edited by L. A. Selby Bigge; Third Edition Revised by P. H. Nidditch, Oxford University Press, 1975, pp. 75–76.

② ［英］休谟：《人性论》，关文运译，商务印书馆2008年版，第192页。

有这些都是独立于知性的活动以外，并且是在这种活动之先发生的。但是我们如果再进一步，而以一种能力或必然联系归之于这些对象；这是我们绝不能在它们身上发现的；而必须从我们思维它们时内心的感觉得到这个能力观念。①

可见，在休谟看来，我们获取因果观念的素材依然都来自外在世界所带来的印象。我们始终需要观察到时空接续的、恒常联结的事件序列，才有可能产生因果观念。这就是为什么因果观念在休谟这里依旧是客观的、独立于心灵的。只不过，休谟并非认为外在世界本身就存有因果关系的印象，可以被我们观察或推理得出。我们最终产生因果观念或必然联系的观念是习惯在处理这些客观素材时自然而然提供给我们的。

当然，也可以说，休谟的因果理论始终存在两个方面，一方面是关于客观的外在世界；而另一方面则关于我们心灵的能力和作用。这也是为什么休谟需要从哲学维度和自然维度出发，对因果观念作出两种定义。他明确提出，我们可以将因果关系定义为哲学的关系或自然的关系：

> 我们可以给一个原因下定义说："它是先行于、接近于另一个对象的一个对象，而且在这里凡与前一个对象类似的一切对象都和与后一个对象类似的那些对象处在类似的先行关系和接近关系中。"如果因为这个定义是由原因以外的对象得来的，而被认为有缺陷，那么我们可以用另一个定义来代替它，即"一个原因是先行于、接近于另一个对象的一个对象，它和另一个对象那样地结合起来，以致一个对象的观念就决定心灵去形成另一个对象的概念，一个对象的印象就决定心灵去形成另一个对象的较为生动的观念……"当我考察这种恒常结合的影响时，

---

① ［英］休谟：《人性论》，关文运译，商务印书馆2008年版，第194页。

> 我看到，除了凭借习惯以外，那样一种关系永远不能成为推理的对象，永远不能在心灵上发生作用；只有习惯才能决定想象由一个对象的观念推移到它的通常伴随物的观念，并由一个对象的印象转到另一个对象的较为生动的观念。①

休谟在《人类理解研究》中给出的定义非常相似，但是更加简洁。从自然的角度来说，原因被说成"一个对象被另一个对象所跟随，凡与第一个对象类似的对象都被类似于第二个对象的对象所跟随"。此外，还有一个解释："如果第一个对象不曾存在，那么第二个对象也必不曾存在"；而当心灵的贡献被引入时，原因就成了"一个对象被另一个对象所跟随，它的出现总是把思想传递给另一个对象"。②

不难看出，哲学维度的因果观念基本就符合律则主义因果论的描述。但休谟的定义还远非于此。他还需要从自然维度来加以补充。对于休谟而言，两个维度是相辅相成的关系。这一点在前文中已经述及，此处不再赘述。此处值得强调的是，无论是第一个定义还是第二个定义，因果关系都包含了某些外在于事件序列本身的要素，前者中外在的是相似事件序列的恒常联结，后者中外在的是心灵里的习惯推移。恰恰是这两个外在的要素补充了彼此，即，第一个定义中的恒常联结（律则）是心灵得以产生必然联系观念的基石，第二个定义中的心灵特征恰恰回应了外在世界中的一些客观条件。

除此之外，休谟还特别论述了这两个定义的和谐之处，也就是为什么对象中的因果关系和心灵中的因果关系可以形成系统的勾连。当然，这并不是说我们永远不会得出错误的因果推论，而是在说这

---

① ［英］休谟：《人性论》，关文运译，商务印书馆2008年版，第195—196页。
② Hume, D., *Enquiries Concerning Human Understanding and Concerning the Principle of Moral*, Edited by L. A. Selby Bigge; Third Edition Revised by P. H. Nidditch, Oxford University Press, 1975, pp. 76–77.

两个定义总是相伴而来的。

> 在自然的道路和我们观念的接续之间存在着预定的和谐。虽然我们完全不清楚统治前者的那些力量，但我们发现，我们的思想和概念依旧和自然保持在同一轨道上运转。习惯就是使这一一致性得以实现的原则。因此，它是我们这个物种得以生存的必需品，也是人类生活的每个场景中所实施的律则的必需品……正如自然教会了我们如何使用我们的四肢，却没有给我们让其活动起来的、神经和肌肉的相关知识。因而，她给我们嵌入了一种本能，该本能驱使思想在和它建立起来的外物一致的轨道上行驶，虽然我们并不知晓律则和物体的连续性所依赖的那些力量。①

当然，休谟的这种观点备受争议，在此笔者并不想多作评价。我们只需要了解到，休谟的因果论有两个方面，而他之所以必须借助两个方面来完善我们的因果观念的原因在于，他认为必然性无法被我们的知觉所接收，我们无法获取相应的印象及观念，因而无法在外部世界寻找必然性，必须依靠心灵的某种能力。

至此，笔者已经详细地梳理了休谟因果论的框架。总结来说，休谟点明了律则主义因果论的核心，即，因果概念来源于如下观察：存在时空接续的邻近事件，且相似的事件之间存在恒常不变的规律。当然，休谟并不满足于此，他苦心思索的问题在于，因果概念中的必然性究竟来自何处。经过他的推论，这种能够帮助我们预测未来的必然性来自心灵，即习惯。

在此，笔者并不想过多探讨休谟理论的不足之处，而是想指出

---

① Hume, D., *Enquiries Concerning Human Understanding and Concerning the Principle of Moral*, Edited by L. A. Selby Bigge; Third Edition Revised by P. H. Nidditch, Oxford University Press, 1975, pp. 54 – 55.

他对律则主义因果论的精准把控。律则主义因果论所依赖的的确是我们观察到的那些重复出现的事件序列，然而，很多相关关系也都符合如此这般的规律，那么，因果关系不同于相关关系之处该如何体现出来呢？在休谟看来，必然性便是因果关系与众不同的地方，而必然性只能来源于我们的习惯。

笔者并不认同必然性所依靠的是我们的心灵能力，但笔者认为，休谟对于必然性的理解与挖掘是值得肯定的。在休谟看来，因果关系所需的必然性不是所谓的先天必然，也不是逻辑上的必然，而是被判定为因果序列的事件在未来必然地发生。这在指导方向上是正确的，后续的律则主义者们实际上也是沿着这一思路，不断地探讨这种必然性的来源之处。接下来，笔者将简要说明另外一位著名的律则主义者的理论，由此进一步探讨律则主义因果论对这种必然性的挖掘。

二　密尔的因果论

19世纪英国哲学家约翰·斯图尔特·密尔（John Stuart Mill）同样是一位律则主义者。和休谟不同的是，他进一步完善了律则主义因果论，也就是用更加精确的方法探索归纳出来的因果关系。在他的理论中，不变性（invariance）和无条件性（unconditionality）是两个核心要素。

与休谟相似的是，密尔同样把因果关系视作现象之间的"不变的连续"（invariable succession）。他认为："因果律——被公认为归纳科学的主要支柱——不过是人们熟悉的真理，即连续的不变性是通过对自然中的每一个事实和另一个先于它出现的事实之间的观察而发现的；此发现独立于所有关于现象的衍生物的终极模态的考虑，也独立于任何关于'物自体'的本质的考虑。"[①]

---

① Mill, J. S., *A System of Logic Ratiocinative and Inductive*, Book Ⅰ-Ⅲ, Toronto and Buffalo University of Toronto Press, 1973, pp. 326–327.

与休谟非常不同的一点是,密尔格外强调原因具有多个因素,而非仅此一个。"很少出现一个后件和一个单独的前件可以组成一个不变的序列。通常情况下,一个后件和很多前件的总和才可以做到这一点。这些前件的共同发生是产生后件的必备条件,即能够确保后件伴随出现。"①

密尔将这些因素称为"积极条件"(positive condition)和"消极条件"(negative condition)。其中的消极条件意味着,当这些条件不在场(absent)时,结果的出现才能具有一定的不变性。他认为,只有积极条件和消极条件的合取才能导致结果的发生。例如,电路短路致使房子着火。在这一因果关系中,房子着火其实是由许多积极条件和消极条件引发的,积极条件有电路短路、氧气存在、易燃物品的存在;消极条件有房中没有灭火喷水系统、住户没有发现最初的火势,没有及早扑灭等。如果上述积极条件中有的因素没有发生,或者上述消极条件中有的因素发生了,那么房子都不会着火。据此,密尔论证道:"从哲学角度来说,原因是积极条件和消极条件的总和。当所有的偶发事件都实现时,结果就能不变地伴随其后。"②

当然,密尔的这一说法也遭受到很多质疑,其中比较典型的便是,如果他将这些条件均视作结果的原因集,那么很有可能忽视了原因和条件的区别,使得有些相关因素可以被视作琐碎的原因。比如,房子着火的原因集中是否也包含"短路前的房子并没有在着火",一个人中毒身亡的原因是否也包含"他或她是一个人而非植物"或"他或她是活着的人"?如果这些因素都能被视作积极条件或消极条件,那么密尔的原因集将变得过于琐碎,缺乏说服力。

对于这种质疑,很多学者也提出了解决方案。如麦基(Mackie)

---

① Mill, J. S., *A System of Logic: Ratiocinative and Inductive*, London: Longman, Green and Co., 1911, p. 214.

② Mill, J. S., *A System of Logic: Ratiocinative and Inductive*, London: Longman, Green and Co., 1911, p. 217.

提出的"因果场"① 概念便能将这些琐碎的因素排除在外。所谓"因果场"就是让产生结果的那些条件得以发生的语境，或者说，是因果事件所处的背景。这些语境和背景不应包含在足以使结果发生的条件之中，因为即便这些条件没有发生，当时的语境和背景依然在那里，并不会有任何变化。比如，即便当时没有发生短路、即便房子有灭火系统，原先的房子依然处于没有着火的状态。关于密尔提出的原因集理论，笔者不想过多讨论，此处，笔者只是想要说明，密尔对律则主义的因果体系作了更加精细的阐明和讨论，不再像休谟那样仅仅讨论一对一的因果关系。

此外，密尔对于律则主义因果论的修改还体现在他对所谓必然性的重新界定。在上文中，笔者已经说明，对于必然性根源的寻找几乎贯穿了整个律则主义因果论，甚至各个因果论的建立和发展。想要对因果关系作出合理解释，我们就需要说明，为何基于已有的观察结果，我们能够得出在未来的某一时刻，只要原因出现，结果就必然（或者必然以一定的概率）出现。

和休谟在心灵的习惯中寻找必然性不同的是，密尔提出了一条规律，即"普遍因果律"（the law of universal causation）。简单地说，普遍因果律的意思就是万事皆有原因。而且密尔认为这一规律是与人类经验共存的。有时他又将此规律称作"相继现象的普遍律"（the universal law of successive phenomena）。他提出：

> 如果我们假设某个概括的对象是如此的广泛以至于没有时间、没有地点和没有情况的组合，只是必须提供一个关于它真或假的事例，并且如果它从未被发现是假的，那么，它的真不能依赖于任何事件的排列，除非这个排列出现在所有的时间和地点；它也不能被任何对抗者挫败，除非它从来没有实际出现，

---

① Mackie, J. L., *The Cement of the Universe: A Study of Causation*, Oxford: Clarendon Press, 1974, p. 63.

因此，它是一个与所有人类经验共存的经验律。正是在这一点上，经验律与自然律的区别消失了，并且这个命题可以取得如下地位，即成为科学最坚实的基础且具有最广泛的真理。①

在密尔看来，"普遍因果律的概括是如此之广泛，以至于它既不可能被经验证实也不可能被经验证伪，但人们的经验却离不开它，因此它与人类经验是共存的，因而是可靠的……密尔把普遍因果律看作一个全称存在命题，即对于任何现象，至少有一先行现象是它的原因……特殊规律都是有时空限制的，因而它们可以被经验证伪；与之不同，普遍因果律是没有时空限制的，因而它不能被经验证伪"②。

如此这般的普遍因果律为我们提供了将恒常联结视作因果关系的保障，正是因为普遍因果律的存在，我们才会将恒常联结中出现的前件视作后件的原因，并自信地认为在未来时刻，前件的发生依然会伴随着后件的出现。这是密尔对于必然性来源的一种尝试性解释。这一解释不再依赖人类心灵内部的思维能力，而是试图将休谟所谓的习惯外在化，用规律来为我们对因果关系的知觉辩护。

除此之外，密尔的律则主义因果论与休谟的律则主义因果论之间更本质的区别在于，他并没有将事件序列之间的恒常联结视作因果关系的充分原因（虽然可以说是因果关系的必要原因）。这样一来，他便能成功地解决针对律则主义因果论的诸多质疑，例如"白天恒常地发生在黑夜之后，因而黑夜是白天的原因"。密尔的方案是，在恒常联结的基础上外加了一个条件，那就是"自然规律"（laws of nature）。更准确地说，密尔在因果关系的定义中加入了一个限定，那就是无条件，也即"自然的终极规律"（the ultimate laws of nature）。密尔提出："恒常联结和因果性不是同义的，除非这个联结

---

① Mill, J. S., *A System of Logic Ratiocinative and Inductive*, Book Ⅰ- Ⅲ, Toronto and Buffalo University of Toronto Press, 1973, p. 569.

② 陈晓平：《评密尔的因果理论》，《自然辩证法研究》2008 年第 6 期。

不仅是恒常的，还是无条件的。"① "我们可以把一个现象的原因定义为前件，或者并发者的先行，即它被该现象恒常地无条件地伴随着。"②

这样一来，他便可以解释，为何黑夜不是白天的原因。对比一下黑夜和白天的接续及太阳和日光之间的关系。黑夜作为白天的先行者，却并不提供白天跟随它的条件，要解释白天出现在黑夜之后，我们需要除黑夜以外的某些条件，比如，太阳从地平线升起并发光，因此，这个接续是以其他因素为条件的，不是无条件的。但与此截然不同的是，日光的出现是因为太阳自身，而无须再有除太阳以外的因素作为条件，因而，日光和太阳的接续是无条件的。

密尔在这里提出的"无条件"看似解决了针对律则主义的质疑，但实际上带来更多的问题。事件之间的因果关系很难达到他所谓无条件的状况，即便是太阳，当其引力足够大的时候，光也无法达到外界，从而形成黑洞。如此一来，太阳也无法被称作日光的原因。无怪乎有些学者提出，"对于探寻因果关系而言，无条件要求及与之密切相关的'自然的终极规律'不仅含混，而且是多余的……不仅抹杀了因果关系的一个重要特征即先因后果的时间顺序，而且改变了因果关系的载体，即由两种现象或事件之间的关系改变为实体与其属性之间的关系"③。

相比之下，密尔提出的归纳推理法更加合理科学，通过这种方法，律则主义因果论的确呈现出更精细的版本，并且为因果关系的确立提供了更多依据和标准。密尔的推理法一共有五条：1. 求同法（the Method of Agreement）；2. 求异法（the Method of Difference）；3. 求同求异并用法（the Joint Method of Agreement and Difference）；4. 剩余法（the Method

---

① Mill, J. S., *A System of Logic: Ratiocinative and Inductive*, London: Longman, Green and Co., 1911, p. 222.

② Mill, J. S., *A System of Logic: Ratiocinative and Inductive*, London: Longman, Green and Co., 1911, p. 222.

③ 陈晓平：《评密尔的因果理论》，《自然辩证法研究》2008年第6期。

of Residues）； 5. 共变法（the Method of Concomitant Variation）。

简单地说，密尔的这些寻找因果关系的方法反映出很多后来的因果论所潜藏的因果观。笔者在这里将对五个方法作一个简单梳理。首先是求同法，它的基本思路是，如果我们能在众多事例中找出共同点，那么这一共同点很有可能就是所要考察的结果的原因。比如，学校里的一批学生都发生了食物中毒，那么，为了找到引发中毒的食物为何，我们需要调查学生们的饮食，找出他们共同食用的那一个。求同法如图 3－1 所示。

A、B、C、D 与 w、x、y、z 一起发生
A、E、F、G 与 w、t、u、v 一起发生
因而 A 是 w 的原因（或结果）

图 3－1

注：大写字母表示事态；小写字母表示现象。①

这里的现象对应密尔所提到的被研究的对象，事态则是我们需要考察的、与现象存在因果关系的对象。密尔的求同法是科学界普遍使用的一个工具，它从侧面揭示出原因和结果的恒常联结，换句话说，同样的原因才能产生同样的结果。当然，求同法有很严重的局限性，因为在多数情况下，面对多个事态，我们无法得知应该考察哪个事态作为待检验的原因。更有很多情况会出现几个可能的原因，这时便无法进一步筛查。

尽管存在局限性，求同法依旧是因果研究中非常重要的方法之一，因为它至少可以帮助我们排除很多干扰因素，换句话说，如果某一事态不能成为共同事态，起码说明这一事态不是我们所需要研究的可能原因。

---

① ［美］欧文·柯匹、［美］卡尔·科恩：《逻辑学导论》，张建军、潘天群等译，中国人民大学出版社 2007 年版。第 522 页。

接下来是求异法。这一方法非常重要，它所展现出来的寻找差别以求得原因的思想被很多因果理论所采纳，比如对比因果论、反事实因果论，还有本书重点阐述的干涉主义因果论等。密尔提出："如果在一个事例中被研究现象发生，在另外一个事例中该现象不发生，两个事例中的事态除了这一事态不同外（该事态仅在现象发生的过程中），其他均相同，该事态（它使两个事例产生区别）便是该现象的结果或原因，或者为原因中的一个不可缺少的部分。"①

求异法最关注的点在于，结果发生和结果没有发生所对应的事态究竟有什么区别。依然拿食物中毒来举例，如果食物中毒的学生吃了豆角，没有食物中毒的学生没吃豆角，而是吃了土豆，那我们基本可以判定豆角是导致食物中毒的原因。我们可以用图3-2对求异法进行刻画：

A、B、C 与 w、x、y、z 一起发生
B、C、D 与 x、y、z 一起发生
因而 A 是 w 的原因（或结果），或 w 的原因中不可缺少的一部分

图 3-2

注：大写字母表示事态；小写字母表示现象。②

求异法在科学界尤其是医学界得到广泛运用。其中一个著名的案例便是对黄热病的真实原因的考察。黄热病作为困扰人类已久的瘟疫，其真正原因一直未被发现。直到美国医生瓦尔特·雷德（Walter Reed）等人在1900年11月进行了周密的实验之后，黄热病的难题才被解决。在该实验中，医生将没有免疫力的被试进行了分类，一

---

① Mill, J. S., *A System of Logic: Ratiocinative and Inductive*, London: Longman, Green and Co., 1911, p. 256.
② [美] 欧文·柯匹、[美] 卡尔·科恩：《逻辑学导论》，张建军、潘天群等译，中国人民大学出版社2007年版。第528页。

类和叮咬过黄热病病人的蚊子共处一室，一类则住在没有蚊子的房间。结果第一类被试被传染了黄热病，第二类被试没有得黄热病。继而，他们又进行了一次实验，让被试住在没有蚊子，但放置了黄热病病人的衣服、餐具、床上用品等物件的房间，结果发现被试依然没有得黄热病。通过这一实验，我们基本可以断定，黄热病是靠血液直接传播的，而非其他途径。可见，求异法在寻找原因的过程中是有效且有力的。

当然，求异法只是一种主旨思路，在具体操作上还需要有其他规范性的要求才可以使求异法的作用发挥得更加淋漓尽致。笔者将在后文中通过比较对比因果论和干涉主义因果论，进一步澄清这一点，此处不予赘述。

接下来便是求同求异并用法。顾名思义，这一方法是将求同法和求异法结合起来使用，如图 3-3 所示。

| A、B、C 与 x、y、z 一起发生； | A、B、C 与 x、y、z 一起发生； |
| A、D、E 与 x、t、w 一起发生； | B、C 与 y、z 一起发生； |

因而　A 或是 w 的原因（或结果），或是 w 的原因中不可缺少的一部分

图 3-3

注：大写字母表示事态；小写字母表示现象。①

这种方法在医学界同样非常常见。比如，在医院研制新药的时候，医生不光采用求异法，即将被试随机分组，一组使用新药，一组使用安慰剂，从而观察使用新药的患者的病情是否得以改善。同时，医生会再次进行实验，对原先使用安慰剂的被试进行治疗，并对原先使用新药的被试停止治疗。如此一来，新药对该疾病是否具有治愈功效将更加确定。关于该方法无须多言，让我们继续展示密尔的

---

① ［美］欧文·柯匹、［美］卡尔·科恩：《逻辑学导论》，张建军、潘天群等译，中国人民大学出版社 2007 年版，第 533 页。

五个方法中剩下的两个方法。

其中一个是剩余法。示意如图 3-4 所示。

$$
\begin{array}{l}
A、B、C 与 x、y、z 一起发生 \\
已知\ B\ 是\ y\ 的原因 \\
\underline{C\ 是\ z\ 的原因\qquad\qquad} \\
因而\quad A\ 是\ x\ 的原因
\end{array}
$$

图 3-4

注：大写字母表示事态；小写字母表示现象。①

剩余法的思想非常直观，是一种很朴素的排除可能性的想法。如上图所示，A、B 和 C 是三个可能的原因，其中 B 是 y 的原因，便多半不会是 x 的原因，同理可证 C 也基本不会是 x 的原因，那么剩下的只有 A 会是 x 的原因了。

天文学史上的重大事件——海王星的发现便得益于剩余法。当时，人们对天王星的运动已经大体了解，天王星的观察数据也和计算的轨道基本吻合，然而，它们之间的差值始终得不到合理的解释。此时，根据剩余法，我们有理由相信，一定存在着某个附加因素能够对该差值作出解释。1845 年，勒维烈（Le Verrier）提出这一附加因素极有可能是另一个可以对天王星进行干扰的行星，它产生的引力能够对上述差值做出解释。据此，海王星被发现。

当然，剩余法的使用是需要一定基础的，它需要我们对有待研究的现象有一定程度的掌握，并且需要我们所得出的其他因果关系是可靠的，而且需要我们确定已掌控的其他原因都没有对该现象产生因果影响。总体来说，剩余法很难在研究的初期就被使用，而且依赖已有的因果关系，如果这些因果关系存在错误判断的话，那么

---

① ［美］欧文·柯匹、［美］卡尔·科恩：《逻辑学导论》，张建军、潘天群等译，中国人民大学出版社 2007 年版，第 537 页。

剩余法所推断出的因果关系必然会受到影响。

最后一个方法便是共变法。共变法和求异法相当类似,都是要比较有待考察的现象所处的不同状态是否对应于某些事态的不同状态,如果有这种对应关系,则可以称后者是前者的原因。求异法是比较定性的方法,探索有待考察的现象出现与否及与其相应的事态出现与否。但共变法是比较定量的方法,它探索现象和事态的变化过程。有关共变法如图3-5:

A、B、C 与 x、y、z 一起发生
A+、B、C 与 x+、y、z 一起发生
———————————————————
因而 A 与 x 因果地连接在一起

图 3-5

注:大写字母表示事态;小写字母表示现象;加号或减号表示一个变化的现象出现在一个给定情况中较高或较低的程度。

共变法在现在看来是非常好理解的,一个事态的增加(或减少)伴随着另一个现象的增加(或减少),我们便可以说前者是后者的原因。当然,如果它们之间发生负相关也是可以的。比如在市场经济中,随着商品供应量的降低,价格会相应的升高,这同样说明供应量和价格之间存在共变关系。

此处值得说明的是,共变法有一个需要注意的地方,那就是共同变化的现象之间很有可能不是因果关系,只是相关关系。例如它们有共同的原因。这就是为什么示意图中需要 B 和 C 及 y 和 z 照常出现,以表明 x 的增加不是来自其他原因,而是 A 造成的。有关这一点,笔者将在阐述干涉主义因果论时详细说明,此处不予冗赘。

以上是对密尔的五个方法的简要梳理,通过对这五个方法的分析,我们不难看出,密尔虽然也是一个律则主义者,但是他的因果论与休谟提出的因果论存在很多差异。首先是在必然性的根源问题上,休谟最终在心灵能力上找到了答案,而密尔则试图在更加客观

和外在的领域寻找答案。除此之外，虽然密尔也肯定了因果关系来自事件序列的恒常联结，但是他对怎样的联结进行了更加精细的划分。他所提出的这五个方法虽然也都是比较朴素和粗糙的版本，但其中蕴含的因果观却是和后文中要涉及的诸多因果理论是共通的。

总结来说，律则主义因果论在因果理论的研究中始终占据着举足轻重的地位。我们最初对因果关系有所察觉就在于，通过观察，我们发现有些事件总是发生在另一些事件之后，从而开始探索其中是否蕴含了因果关系。根据对休谟和密尔的因果论的分析，我们可以看出律则主义仍然有很多不尽如人意的地方，除去时空相连和恒常联结，律则主义者们还需要寻找更多的条件以确保对于因果关系的准确判断。在后文中，笔者还将通过对律则主义因果论和干涉主义因果论进行比较，进一步说明律则主义需要改进的地方，以及干涉主义的优势何在。

第二节　反事实因果论

在上一节中，笔者着重阐释了律则主义因果论，尤其详细地重构了休谟的因果论。从中，我们看出，律则主义因果论的产生虽然时代久远，但它所潜藏的因果观依然影响着当下的因果理论，包括本书要重点论述的干涉主义因果论。接下来要阐述的因果理论——反事实因果论更是和干涉主义因果论有着千丝万缕的联系，该理论也是当今因果研究中不可缺少的一部分，被更多从事因果研究的学者所熟识。

在进入反事实因果论的讨论之前，笔者想要简要地引入另一个因果理论，即个体主义因果论。这一理论是律则主义因果论走向反事实因果论的一个桥梁。

个体主义因果论和律则主义因果论截然不同，后者认为因果关系来自一系列的事件序列的恒常联结，这就需要事件序列反复出现。

而个体主义因果论认为因果关系就是对单个的事件序列的考察，无须如休谟所言，需要类似的事件序列总是如此这般地恒常联结。例如，休谟提出的台球案例，我们发现第一个滚动的台球是第二个台球运动的原因是因为，每一次相似的情形下，第二个台球都会在被第一个台球撞击之后位移。据此恒常联结的状况，我们才说第一个台球的撞击导致了第二个台球的运动。而对于个体因果论而言，仅仅是这一次的台球撞击事件就足以说明第一个台球的撞击是第二个台球运动的原因，并不需要再考察相似的场景。当然，摒弃了恒常联结这一条件的个体主义因果论肯定需要别的条件或规则来区分因果的相连事件和非因果的相连事件。同样，个体主义因果论也需要探寻休谟所谓的必然性来源，即，我们为何可以肯定，在未发生的某个时间点，当原因发生时，结果一定相伴随而出现。

杜卡斯（Ducasse）曾指出，密尔错误地认为"单独的差异（single difference）只是我们迂回确认某些其他事物，如不变序列的'方法'，但是，准确地说，我们应该将它理解为因果的定义本身"①。在他看来，"对于不变性的要求可以被抛到九霄云外去，因为我们不再需要它了……因果性直接关心单独的情况，而不是恒常联结"②。

杜卡斯的因果理论是比较典型的个体主义因果论，他认为，以休谟为代表的律则主义仍然是想从外在于因果链条的地方为因果性辩护，比如从恒常联结入手。但他的主张是从因果链条，即单个的因果事件中定义因果概念。当然，这并不妨碍杜卡斯是一个还原主义者，他依然试图用非因果的术语来定义和分析因果概念。

杜卡斯与休谟还有一个截然不同的地方，那便是，休谟总是将因果关系中的关系项（原因和结果）称作"物体"（object）。但杜卡斯明确表示，物体或者实体并不能作为因果关系项，我们其实不是在说第一个台球是第二个台球的原因，而是说第一个台球的撞击

---

① Ducasse, C. J., *Truth, Knowledge and Causation*, London: RKP, 1968, p. 7.
② Ducasse, C. J., *Causation and Types of Necessity*, New York: Dover, 1969, p. 21.

是第二个台球滚动的原因。因而，因果中的关系项应该是事件。简而言之，在杜卡斯看来，事件就是物体的一个变化或情况（state），有时，事件也包含了物体的属性的变化。① 当然，事件也可以有个例—类型之分。房子起火就是一个类型化的事件，而某个特定的房子的某一次起火就是一个个例化的事件。

基于这样一些预设，我们便可以简要地考察一下杜卡斯的因果定义了。他提出：

> 考虑两个变化 C 和 K（两者可以是相同物体或不同物体的变化），变化 C 对于变化 K 来说是充足的，或者说变化 C 可以导致变化 K，当：
>
> （1）在一段时间一定空间内发生的变化 C，在一个瞬间 I 终止于表面 S；
>
> （2）在一段时间一定空间内发生的变化 K，在一个瞬间 I 开始于表面 S；
>
> （3）在 C 所处的时空中，除了 C 之外没有其他变化发生，在 K 所处的时空中，除了 K 之外没有其他变化发生。
>
> 更加粗略点说，个别变化 K 的原因正是这样的个别变化 C，C 单独发生在 K 发生之前的即刻环境中。②

不难看出，杜卡斯的定义所描述的就是个体主义因果论。在这个定义中，我们无须律则主义因果论所要求的恒常联结，而是只需要 C 和 K 的发生。值得强调的是，杜卡斯并不否认世界上存在律则，类型化的事件之间的因果关系就是一种律则，但律则只是因果关系的一个衍生物，而非因果关系的根源。

---

① Ducasse, C. J., *Causation and Types of Necessity*, New York: Dover, 1969, pp. 52–53.

② Ducasse, C. J., *Causation and Types of Necessity*, New York: Dover, 1969, pp. 54–57.

很多人都对杜卡斯的定义提出了质疑，他本人也明白这一定义的诸多问题。由于笔者在此处提及他的个体主义因果论是为了引出反事实因果论，因而，有关杜卡斯理论的争议和辩护此处不予详谈。其中对他最大的质疑仍然是，他的定义没有给出必要条件只给出了充分条件，而且连合格的充分条件都不算。这样的定义无法区分因果关系和偶然的接续关系，我们非常容易设想出满足定义的 C 和 K 变化，但两个变化只是恰巧紧接着发生（且没有其他变化在此期间发生），并没有因果关系。

换句话说，杜卡斯的定义完全不能解决必然性问题，我们无法保证在未来某一时刻，当 C 变化发生时，K 仍然会紧接着发生变化。要想解决这个问题，杜卡斯必须在他的定义中加入某些别的因素，又要避免循环论证。比如，杜卡斯可以借用反事实语句来区分因果关系和偶然相连的关系，如果 C 和 K 变化只是偶然相连，那么"如果 C 没有发生，那么 K 依然会发生"。至于怎样的反事实描述更为精确，笔者将在后文中加以论证，此处只是想要说明，个体主义因果论为了保障必然性问题，为了避免错误地将偶然相连的关系判断为因果关系，在不退回律则主义因果论的前提下，出路之一就是借助反事实的因素。

在阐述反事实因果论之前，有关杜卡斯的个体主义因果论还有一点值得探讨，因为在后文分析干涉主义因果论时，这一点至关重要。那就是"观察"在寻找因果关系中的作用和地位。前文提到，杜卡斯的定义并未涉及必然性的根源问题，这并不是因为他不认为原因和结果之间存在着某种必然联系，恰恰相反，他承认这种必然联系的存在，并认为这种关系是被直接观察到的（observable）[1]，所以无须多加定义。

杜卡斯提出："它出现在事件之间这一点是每天都可以观察到的。每当我们知觉到某一改变单独发生在另一改变发生之前的即刻

---

[1] Ducasse, C. J., *Causation and Types of Necessity*, New York: Dover, 1969, pp. 58–59.

环境中，我们都能观察到它。"① 很多人不接受杜卡斯所说的可观察性，因为我们通常观察到的都是一些个例化事件，比如一个台球的撞击和另一个台球的滚动，但是我们很难直接观察到两个事件之间的关系。换句话说，关系项被观察到是无法推导出关系被观察到的。

但杜卡斯似乎并不认为这种可观察性有任何理解上的困难。他的理由是，我们可以直接知觉到因果，因而这种必然联系也是可以被直接观察到的。还是以台球为例，当我们知觉到一个台球撞击到另一个台球而第二个台球开始滚动时，便直接观察到第二个台球的移动是由第一个台球的碰撞引发的。但是这一说法依然无法让我们信服，因为我们倾向于认为，观察到的这两个事件之间的因果关系是通过某种观察之外的推理得出的。不论推理的依据是什么，反正仅仅通过事件很难直接观察到它们之间的因果关系。就好比我们可以直接观察到面前有一杯水，从而推断出我们面前有一杯 H_2O，但是我们无法直接观察到面前的杯子里盛放的是 H_2O。

然而，安斯科姆（G. E. M. Anscombe）为杜卡斯所说的可观察性进行了辩护。她从因果动词或概念入手论证了因果关系和必然性联系之间的紧密关系。她让我们思考一下，因果的一般概念是如何进入我们的语言体系之中的。

> 词语"原因"被加入到语言之中，而这一语言中已经有很多因果概念了。选一小部分：刮掉、推、弄湿、搬运、吃掉、烧掉、撞倒、避开、压扁、制造（如噪音、纸船）、弄伤。但是，如果我们用心地想象一下，语言中没有特殊的因果概念，那么，在这样的语言中就没有一个词语的使用可以描述原因的含义。②

---

① Ducasse, C. J., *Truth, Knowledge and Causation*, London: RKP, 1968, p. 9.
② Anscombe, G. E. M., "Causality and Determination", in Sosa, E. and Tooley, M., eds., Causation, Oxford University Press, 1993, p. 93.

在安斯科姆看来，因果关系并不神秘和特殊，既然我们可以用语言中的这些动词来表达我们观察到的动作，自然也可以语言中的"原因"一词来表达我们观察到的因果关系。这些动作能被观察到，因果关系同样可以被观察到。

卡特莱特（Cartwright）同样为杜卡斯的可观察性进行了辩护。她指出，原因概念和特定的因果概念之间的关系就好比抽象和具体的关系一样。当我们谈论锤子的打击是花瓶破碎的原因时，我们其实就是在谈论花瓶被打碎。这里的被打碎就是安斯科姆所提到的那些具体的、特定的因果概念（或动词）。只不过"被打碎"是更加具体的概念，而对于原因的表述是更加抽象的，但两者形容的是同一个事件序列。她特别强调的地方便是，当我们观察到花瓶被打碎时，我们同时观察到了因果关系。对于因果关系的观察并非推理而来，而是直接获得的。[①]

但是，安斯科姆和卡特莱特试图从语言将可观察到的表现（act）和因果关系相类比很难具有说服力。因果概念总是要比这些特定的、具体的动词多了某些含义。当我们谈论花瓶被打碎时，我们仅仅是谈论当下发生的一个事件序列，但当我们说锤子的打击是花瓶破碎的原因时，我们除了描述当下的场景，还想说明锤子的打击（在其他条件不变的情况下）必然可以打碎花瓶，无论是此时，还是将来。

换句话说，正如前文所述，对于因果的讨论总会涉及一定的反事实条件，而这一点并不是那些具体动词所具备的特点。我们可以观察到的是现实世界中花瓶被打碎，但是我们并不能同时观察到，如果锤子没有打击，那么花瓶就不会破碎。这一反事实条件句一定是通过某种推理得来的，而不是直接通过观察所得。因此，因果关

[①] Cartwright, N., "In Defence of 'This Worldly' Causality: Comments on van Fraassen's Laws and Symmetry", *Philosophy and Phenomenological Research*, Vol. 53, 1993, pp. 423–429.

系所具有的必然联系很难如杜卡斯所言被我们直接观察到。

综上所述，杜卡斯的个体主义因果论虽然将因果讨论从休谟所倡导的律则主义转向个体主义，开始着重讨论处于因果关系中的单个事件所具备的特征。这一转变使我们不必再关注恒常联结这种外在要素，而是更加关注一些更为内在的、本质的因果特征。接下来，让我们考察一下，反事实因素是如何进入因果讨论之中的。

较早在因果讨论中涉及反事实元素的哲学家是麦基。在谈及他对反事实元素的引入之前，我们需要简单阐述一下他主张的因果理论。麦基承接了密尔关于复杂原因集的思想，即，一个结果是由一堆要素（条件）导致的，或者说一个结果有复合型的、复杂的原因集。在此基础上，麦基提出了"inus 条件"的概念。

根据麦基的定义，"inus"是以下描述的缩写，一个充分不必要的条件的非充分且不多余的部分（an insufficient, but non-redundant part of an unnecessary but sufficient condition）。一方面，麦基认为，一个结果可以分别由多个原因集导致，因而，每一个原因集都是充分不必要的。另一方面，在一个原因集中，每一个能称为原因的要素都无法独自引发结果，但每一个原因又并非可有可无。

举个例子，通过手牵手的方式来为一个蹒跚学步的婴儿提供支撑就符合"inus 条件"的定义。首先，手牵手是充分非必要条件的一部分，充分在于此举确实可以使得婴儿向前行走，非必要在于我们完全可以提供其他方式的支撑，比如使用学步车或者扶着栏杆。其次，手牵手是这个充分非必要条件的一个非充分且不多余的部分，非充分是因为独立行走还需要其自身的平衡机制，光靠手牵手是不够的，但婴儿确实需要支撑来向前行走，所以手牵手也并不多余。[①]

据此，麦基提出，原因至少要满足"inus 条件"。让我们考察如下形式：

[①] 参见 Peruzzi, A. ed., *Mind and Causality*, John Benjamins Publishing Company, 2004.

(a) A ↔ E
(b) AX ↔ E
(c) A or Y ↔ E
(d) AX or Y ↔ E

在这四种情况中,(a)中 A 是 E 的充分必要条件;(b)中 A 是 E 的充分必要条件中的必要非充分部分;(c)中 A 是 E 的充分不必要条件;(d)是最标准的、符合"inus 条件"的情况,AX 和 Y 分别都是 E 的充分非必要条件,而 A 又是 AX 中充分且不多余的部分。麦基认为,称一个要素是原因就等于说它要不符合"inus 条件"[如(d)],要不比"inus 条件"还要好[如(a)-(c)]。①

麦基的理论虽然比密尔的更加精细,但仍然面临很严峻的质疑。这一点他自己也能意识到,那就是,似乎我们还是有可能无法区分真正的原因和简单的相关(尤其是共同原因所导致的两个相关结果)。用麦基自己的例子来说。假设在伦敦的工人在下午五点听到工厂的警笛声后下班,曼彻斯特的工人亦如此。这两个事件有一个共同原因,那就是下午五点的时候工人下班。但是,对于伦敦工人的下班而言,曼彻斯特的警笛声似乎符合"inus 条件",继而我们便可以说后者是前者的原因,但这显然是不正确的。

让我们设定 A 为曼彻斯特的警笛声,而 E 为伦敦工人下班。我们再令 X 为能够确保伦敦工人下班的一些其他要素的合取,如警笛的机械零件正常运转或工人可以听到警笛声等;Y 则是另外一组能够充分使得伦敦工人下班的要素的合取,比如在停电时警笛声无法响起,工厂经理会亲自通知工人们在下午五点停工下班。这样一来,我们便构造出了"AX or Y ↔ E"的形式。其中的 AX 是 E 的充分不

---

① Mackie, J. L., *The Cement of the Universe: A Study of Causation*, Oxford: Clarendon Press, 1974, p.71.

必要条件，而 A 是其中非充分且不多余的部分，说 A 不多余是因为，当 A 发生时，说明下午五点到来了。然而，A（曼彻斯特的警笛声）并不是 E（伦敦工人下班）的原因，真正的原因是下午五点的到来。① 这样一来就说明，符合"inus 条件"的事件有可能不是真正的原因。

麦基承认，共同原因所造成的这种连接很容易被误判成因果关系。在这里，他采用的解决方案是引入因果优先性（causal priority）的概念。的确，根据麦基自己的公式，共同原因所引发的两个结果符合彼此的"inus 条件"，但是，这两个结果对于彼此来说都不具有因果优先性。② 换句话说，当我们把它们的共同原因固定住之后，这两个结果就同时被固定住了。

当然，因果优先性本身存在着诸多问题，此处不再展开讨论。通过对麦基的因果理论进行简要的介绍，笔者想要说明的是，麦基试图建立的因果关系并不来自于律则，而更多地来自于对单个事件之间关系的讨论。在他看来，律则主义并不能为我们解释个体因果命题的意义，也无法让我们获取那份必然性。鉴于此，除了讨论上述的"inus 条件"之外，麦基还着重引入了一个崭新的因果观，即反事实概念，反事实概念在因果关系中起着决定性的作用。

简要地说，在因果关系中引入反事实的断言需要两个步骤。首先，当我们说 c 是 e 的原因时，我们其实在说，对于 e 所产生的环境而言，c 是必需的。这里的 c 和 e 都是一些个体事件。其次，何为必需呢？意思就是，如果 c 没有发生，那么 e 就不会发生。③

显而易见，在因果关系的判断和研究中，反事实条件句的断言

---

① Mackie, J. L., *The Cement of the Universe: A Study of Causation*, Oxford: Clarendon Press, 1974, p. 84.

② Mackie, J. L., *The Cement of the Universe: A Study of Causation*, Oxford: Clarendon Press, 1974, p. 85.

③ Mackie, J. L., *The Cement of the Universe: A Study of Causation*, Oxford: Clarendon Press, 1974, p. 31.

是我们得以理解因果含义的关键之处。因而，我们需要着重分析在什么情况下我们可以得出反事实条件句。

麦基曾多次强调，我们首先应该明确一点，我们不能说反事实条件句描述（或者没能描述）客观现实，重点在于，反事实条件句就不是一种描述，没有所谓的对和错，而是一种断言（assertion）。因而，我们要说一个反事实条件句是否合理，而合理性的依据则来源于那些可以支撑它们的归纳性证据。①

例如，如果我们想要判断"如果这根火柴被划着，它就能点火"这句反事实条件句是否合理，就需要寻找一些证据，并在可能世界中加以讨论。因为在现实世界中，这一根火柴可能已经不复存在了，永远不可能被点燃，所以我们要构想出一个可能世界②，在那个世界里，火柴依然存在，并且被划着了，而我们要判断的就是，在这个可能世界中，被划着的火柴是否能点火。

在麦基看来，决定合理性的根源在于"此次旅程的行囊"里放了哪些东西。这当然是一个比喻，意思就是，我们要决定可能世界是什么样子的。而决定的依据就在于我们拥有的证据。如果现实世界的证据表明，被划着的火柴都能点火，那么，我们就应该将此证据装进"行囊"，带到"这根火柴被划着"的可能世界。此时，我们作出断言"如果这根火柴被划着，它就能点火"，该断言便是合理的。

换句话说，当我们获得强有力的证据时，我们便会得到一个归纳性的规律。当我们再把这个规律投射到可能世界中时，便会认为根据这一规律得来的反事实条件句更加合理可靠。此时，可能世界就好比是现实世界的延伸，在现实世界中成立的普遍规律，在可能

---

① Mackie, J. L., *The Cement of the Universe: A Study of Causation*, Oxford: Clarendon Press, 1974, pp. 229–230.

② 麦基并不是一个关于可能世界的实在论者，他不认为可能世界真实存在，或者说如现实世界一般真实。在他看来，"可能世界"只是一种托词（facon de parler）。我们只是出于方便才借助"可能世界"这一术语来讨论反事实条件句。

世界中同样是成立的。

麦基有关反事实条件句的理论存在很大问题,其中最大的问题就是,反事实条件句是否合理是一个认识论的问题,取决于我们找到的证据是否足以支撑相关的反事实条件句。如此一来,当我们判断事件之间是因果关系还是非因果关系时,判断的基石便不是客观的。所谓因果关系所需的必然性也成为某些基于认识论的事实。这一点从本质来说,和休谟所谓的"习惯"并没有实质的差别。

另外,麦基宣称他的理论和以休谟为代表的律则主义不同的地方在于,他试图找到事件序列之间的内在特征来说明为何该序列是因果序列。然而,最终他所借助的依旧是通过归纳而得来的规律性的陈述,例如"所有 F 都伴随着 G"这类陈述。他对于可能世界和反事实条件句的引入更像是对恒常联结的精细刻画,从现实世界到可能世界的延伸相当于从过去到未来的延伸。鉴于此,事实上,麦基对因果的描述依然源自某些外在特征,即我们是否有证据来支撑反事实条件句的合理性。

然而,这些责难并不能磨灭麦基的理论贡献,他提出的反事实条件句的确为我们寻求因果关系的必然性打开了一扇新的大门。在律则主义因果论部分,笔者就反复提及,我们对于因果关系最大的困惑就在于,为什么我们可以确信过去发生过的事件序列在未来同样可以发生。换句话说,当我们根据一个因果判断对未曾发生过的事件做出预测时,应当如何为这一预测的合理性与可靠性寻找依据。反事实条件句确实能为我们更好地回答这些问题提供一个恰当的语境。这也是为什么当代越来越多的因果理论家愿意使用反事实条件句的原因。在后文中,笔者在对干涉主义因果论进行剖析时也会谈及此点。

鉴于此,笔者认为有必要详细介绍一下大卫·刘易斯(David Lewis)构建的反事实因果论。但在此之前,我们有必要再说一点麦基所面临的理论难题,因为这一问题同样是刘易斯需要解决的问题。

麦基曾提到过一个案例。① 一个男人要穿越沙漠，然而他不知道他的仇家在他的水壶中投了毒。他的另一个仇家对投毒的事情毫不知情，因而偷偷地在水壶的底部钻了一个小孔。在这种情况下，男人开始了沙漠之旅，并且在他喝第一口水之前，水壶里的水就漏光了。最终他饥渴而亡。那么，问题来了，我们认为这个男人的死亡原因是什么呢？自然是第二个仇家钻的小孔导致了他的死亡。

但是，根据麦基的描述，小孔并不是死亡的原因，因为即便在一个可能世界中，第二个仇家并没有钻孔，这个男人还是会死亡。在这个故事中，其实两个仇家做的事情都能充分地导致这个男人的死亡，但这两件事情都不是必要的。在可能世界中，无论这两个仇家哪一个没有出手，这个男人都依然难逃死亡的命运。因而，根据反事实条件句，这两个原因都不能算作男人死亡的原因。

针对这一理论难题，麦基的解决方案是将结果碎片化。也就是说，将这个男人的死亡细分为饥渴而亡和中毒而亡。而这两种结局显然是不一样的。如此一来，问题应该就是这个男人饥渴而亡的原因是什么。显而易见，在一个可能世界中，如果第二个仇家没有钻孔，那么这个男人就不会饥渴而亡。因而，第二个仇家钻的小孔是他饥渴而亡的原因。尽管第一个仇家的投毒行为依然是导致男人死亡的充分原因，但已不再是饥渴而亡的充分原因了。

但是这样的解决方案有一个问题，那就是容易导致因果倒置。因为按照麦基的理论，这种碎片化的结果对于其相应的原因而言也是必不可少的。我们可以设想，在一个可能世界中，如果这个男人没有饥渴而亡，那么说明他的水壶没有被第二个仇家钻孔，这一点同样符合反事实条件句，说明饥渴而亡是水壶被钻孔的原因。这显然是荒谬的。当原因愈加被碎片化的时候，越会出现因果倒置，因为如此这般以特定形式出现的结果和与之对应的原因之间更容易形

---

① Mackie, J. L., *The Cement of the Universe: A Study of Causation*, Oxford: Clarendon Press, 1974, p. 44.

成反事实条件句。

这种因果倒置的局面就是所谓的"回溯反事实"（backtracking counterfactuals）。麦基面对这样的困境再次求助于因果优先性，但是如前文所述，因果优先性并不具有时间上的在先性判断。因而同样很难恰当地解决当下的问题。鉴于麦基的因果优先性概念本身具有很多问题①，笔者在此处不予赘述。

另外，刘易斯还曾提出过碎片化结果所导致的一个更加严峻的问题。在1986年的文章中，刘易斯首先使用了碎片化这一术语，他认为将结果碎片化会带来很多虚假的因果依赖关系。在他的案例中，博迪（Boddie）在吃了一顿大餐之后又吃了一块有毒的巧克力。由于胃里的食物太多，毒液进入血液的速度便变得很慢。这势必会导致博迪的死亡方式和死亡时间产生些许的变化。如果我们将死亡结果极端碎片化，即将时间上存在微小差异的死亡算作不同的死亡结果，那么，博迪吃了一顿大餐显然是他以如此这般方式死亡的原因之一。但事实上，我们不会认为吃大餐是博迪死亡的原因，只会认同有毒的巧克力导致他死亡。②

由此可见，麦基提出的方案远不能解决他的反事实理论所造成的因果困境，如果想要借助反事实条件句来探索因果关系还需要更加精细的理论。接下来，笔者将介绍的便是最为精细也最具代表性的反事实因果论。虽然该理论同样面临很多因果难题的困境，但相比于麦基对于反事实条件句的运用，该理论的运用方式和刻画描述更加复杂，也更好地阐释了因果关系。

在分析刘易斯的反事实因果论之前，有两点需要澄清。第一，和麦基不同的是，刘易斯所刻画的可能世界是真实存在的，并非只是我们为了方便研究而在语言上创造出来的术语。在这些可能世界

---

① Beauchamp, T. L. and A. Rosenberg, "Critical Notice of J. L. Mackie's The Cement of the Universe", *Canadian Journal of Philosophy*, 7, 1977, pp. 371-404.

② 参见 Lewis, D., *Philosophical papers*, vol. II, Oxford: Oxford University Press, 1986, pp. 214-240。

中，很有可能水是从下向上流淌的，也有可能猫可以在天上飞，甚至可能存在天使。因此，当我们说起金子有可能不是黄色的就意味着，在某一个可能世界中，金子不是黄色的。这样的一个可能世界和我们现实的世界在真实性上是一样的。换句话说，我们所在的现实世界只是无数个可能世界中的一个。

第二，在刘易斯研究的因果关系中，关系项都是一些事件，这一点和个体主义因果论非常相似，而且他所感兴趣的是个案中的因果，也就是个体化的事件之间是否具有因果关系。这一点和金在权存在很大差别，后者认为因果关系中的关系项是属性。鉴于本书的主旨是回应金在权所提出的排斥论证，因而，在后文使用干涉主义因果论讨论心灵因果性时，笔者也多采用心灵和物理属性而非心灵和物理事件。

在了解了刘易斯的理论预设之后，让我们来看看他是如何构造反事实条件句在因果判断过程中所起的作用的。换句话说，刘易斯依然要回答休谟所提出的最基础的问题，即因果关系的必然性是如何体现出来的，而他所借助的工具是反事实条件句。

上文提到，刘易斯认为存在着无数的可能世界，那么，这些世界之间就一定有着或多或少的相似性，也有着或多或少的差异性。差异性让我们分辨出不同的可能世界，而相似性能让我们对可能世界的等级进行一个排序。后者就是刘易斯所谓的远近之分。以我们的现实世界为例，其他可能世界与现实世界的距离有远有近，而判断远近的依据就是与现实世界的相似性的多少。"我们或许会说一个可能世界比另一个离现实世界更近，如果综合考虑并权衡它们之间所有的相似性和差异性之后，第一个可能世界和第二个相比和我们的世界更加类似。"①

这种对相似性和距离远近的运用是刘易斯的反事实因果论的核

---

① Lewis, D., *Philosophical papers*, vol. Ⅱ, Oxford: Oxford University Press, 1986, p. 163.

心要素，但同时也为它带来了很多理论困境，这一点在后文再加以论述。让我们先来看看距离远近在构造反事实因果中所起的作用。在 1973 年的文章中，刘易斯首先引入了反事实依赖（counterfactual dependence）的概念，进而用它来定义因果依赖。

概括地说，刘易斯将因果关系建立在反事实依赖关系之上，他对因果概念的定义如下：

> c 和 e 是两个不同的可能事件。那么，e 因果地依赖于 c 当且仅当事件族 O（e），~O（e）反事实地依赖于事件族 O（c），~O（c）……所谓依赖包含了两个反事实为真：O（c）□→O（e）和 ~O（c）□→~O（e）。[1]

而其中提到的反事实为真是指"A□→C 为真（□→代表刘易斯理解中的反事实依赖）当且仅当或者（1）没有发生 A 的可能世界，或者（2）某个发生 A 且存在 C 的世界（A&C – world）比任何一个发生 A 但不存在 C 的可能世界（A&~C – world）都要离现实世界更近"[2]。

总结起来，c 是 e 的原因当且仅当：

（D1）e 的发生反事实地依赖于 c 的发生；
（D2）e 的不发生反事实地依赖于 c 的不发生。

其中值得强调的是，刘易斯针对这两个条件特别说明，"如果 c 和 e 在现实中没有发生，那么第二个条件便自动为真，因为它的前件和后件均为真：因此，c 是 e 的原因当且仅当第一个反事实成立，即当

---

[1] Lewis, D., "Causation", *Journal of Philosophy*, Vol. 70, No. 1, 1973, pp. 556–567, 552–563.

[2] Lewis, D., "Causation", *Journal of Philosophy*, Vol. 70, No. 1, 1973, pp. 560–561.

且仅当如果 c 发生则 e 也发生。但是，如果 c 和 e 都是在现实中发生的事件，那么第一个反事实条件自动为真，因此 c 是 e 的原因当且仅当如果 c 没有发生，e 永远都不会存在"①。这一说明非常重要，我们在今后的讨论中还会用到，这里不予赘述。我们需要记住的是，根据刘易斯的因果理论，我们往往只需要考虑（D1）和（D2）中的其中一个便可，因为根据现实中的情况，总有一个是自动为真的。而学者们往往将（D1）设为现实中发生的状况，所以将反事实因果论简化为"c 是 e 的原因当且仅当 e 的不发生反事实地依赖于 c 的不发生"。

然而，刘易斯的反事实因果论还存在着一个明显的问题，那就是他对相似性，或者说世界距离远近的判断标准还是很笼统和模糊的，而这一概念又是至关重要的。通过反事实因果论的定义，我们可以看出，c 是 e 的原因就在于 e 的发生与否反事实地依赖于 c 的发生与否。而反事实依赖的判断依据在于讨论与现实世界最近的可能世界所发生的状况，而其中"最近"的概念则依赖于对"相似世界"的判断标准。

刘易斯在此前提到的对于相似性和差异性的权衡太过宽泛，让我们在判断哪些反事实条件句为真时出现了很多争议。举一个典型案例，考察以下反事实条件句：如果总统按下了按钮，那么核战争会接踵而来。② 我们希望说明这个反事实条件句是真的，但是根据刘易斯的标准，这句话是不对的。设想可能世界 W1，在其中总统按下了按钮且核战争爆发了，再设想可能世界 W2，在其中总统按下了按钮，但出于某种原因或奇迹，核战争没有爆发。从相似性来讲，W2 比 W1 离我们的现实世界（总统没有按下按钮，且没有核战争爆发）反而更近一些。

---

① Lewis, D., "Causation", *Journal of Philosophy*, Vol. 70, No. 1, 1973, pp. 556–567, 564.

② Horwich, P., *Asymmetries in Time*, Cambridge, MA: MIT Press, 1987, p. 172.

为了避免这个问题，刘易斯在《反事实依赖与时间箭头》一文中明确地讨论了"相似性"概念。他试图为相似性的判断提供一个标准，由此来说明在发生变化的可能世界里，哪一个世界算作离现实世界更近的可能世界。他提出的四条原则如下：

（1）最重要的事情是避免大范围地、高程度地、多种多样地违反法则；

（2）其次重要的事情是将完美符合个别事实的时空范围最大化；

（3）第三重要的事情是避免违反即便是小的、局部的、简单的法则；

（4）不太重要的事情是确保个别事实的近似相似性，即便是我们非常关心的事情。①

刘易斯通过这四条原则的重要性排序来判定可能世界与现实世界的相似程度，重要性越高的原则是离现实世界越近的，可能世界所需维护的。比如，如果可能世界 W1 在维护了原则（2）的情况下却破坏了原则（1），可能世界 W2 的情况相反，即在维护了原则（1）的情况下却破坏了原则（2），则我们认为 W2 比 W1 更接近现实世界，或者说，W2 和现实世界的相似程度更高。以此类推。

当然，刘易斯也指出，他列出的标准仍然是一个语境敏感的标准，即，相似性程度的判断并非放之四海而皆准的铁律，在不同的背景之下可以有不同的解读。但是，对语境敏感并不构成相似性判断的主要问题，因为即便对语境不敏感，刘易斯给出的判断依据也过于粗糙。其结果是，在面对众多可能世界时，有时无法判断哪个世界离现实世界更近，也就进而无法作出准确的反事实依赖判断。

---

① Lewis, D., "Counterfactual Dependence and Time's Arrow", *Noûs*, Vol. 13, No. 4, 1979, pp. 455–476, 472.

即便刘易斯对于可能世界的距离的判断不存在争议，他的反事实因果论依旧存在问题。在此前对于刘易斯理论的阐述中，有一步是一蹴而就的，那就是笔者将因果关系简单地等同于因果依赖，然后重点说明了因果依赖和反事实依赖之间的关联。然而，因果关系和因果依赖是两个不同的概念，存在不同的性质。刘易斯曾明确说明现实事件之间的因果依赖对于因果关系的判断是充分的。也就是说，如果两个事件 c 和 e 都是实际发生的，e 又是反事实地依赖于 c 的，那么我们便可以得出 c 是 e 的原因。但是反之则不然。

因果依赖对于因果关系来说并不是必然的。也就是说，因果关系的存在并不能推导出因果依赖的存在。其中最主要的原因就是，因果关系具有传递性，而因果依赖并不具有传递性，因为反事实依赖不具有传递性。举例来说，电路短路是房子着火的原因，房子着火是房子主人获得了保险赔偿金的原因，那么，我们可以说，电路短路是房子主人获得了保险赔偿金的原因。但是，房子主人获得了保险赔偿金反事实地依赖于房子着火，房子着火反事实地依赖于电路短路，而房子主人获得了保险赔偿金并不反事实地依赖于电路短路。因为即便电路没有短路，房子依然有可能出于其他原因着火从而使房子主人获得保险赔偿金。

因果关系和因果依赖之间存在的这种断裂使得刘易斯的反事实因果论在面对很多因果难题时无法提供令人满意的答案。比如面对过决定的状况。例如一个人同时被两个杀手射杀，我们倾向于认为两个杀手的射杀都是这个人死亡的原因。但根据刘易斯的理论，显然，这个人的死亡并不反事实地依赖于其中任何一个杀手的射杀。毕竟，即便其中任何一个杀手的射杀都没有发生，这个人依然会死亡。这个案例说明因果关系的判断可以脱离反事实依赖。

刘易斯本人并不认为这个问题会影响到他对因果概念的分析，因为他觉得过决定的状况很难算是一种因果术语。然而，还是有学者提出，这一案例的存在依然说明刘易斯的因果理论存在问题，不管过决定状况是否合理，我们还是无法通过刘易斯的反事实依赖来判断这两个杀手的射杀是否算作这个人死亡的原因。①

虽然在过决定状况中,刘易斯的理论不尽理想,但是他提出,他对于因果的刻画可以很好地解决前抢占的问题。在此前我们讨论麦基的理论缺陷时,曾提到过男人横穿沙漠最终饥渴而亡的例子,这便是一个前抢占的案例,由于第二个仇家的钻孔,第一个仇家投毒的行为并没有发生作用。也就是说,一个原因导致另一个本可以成为原因的原因被阻隔了。

刘易斯使用了另一个案例,白先生和粉先生都被派去射杀怀特先生。但白先生抢先射出了子弹并击中了怀特先生。粉先生也做好了所有的准备,以他的技术和当时的情况,如果没有白先生出手,他也能成功射杀怀特先生。但是白先生这一枪吓跑了粉先生,使他放弃了行动。据此,粉先生的射杀行为成了一个潜在的备选原因,却没有真的发生。

按照此前所提到的反事实因果论,怀特先生的死亡并不反事实地依赖于白先生的射杀,因为如果白先生没有射杀,那么粉先生就不会被吓跑,而是会完成射杀,这样一来,怀特先生依然会死亡。如此看来,白先生的射杀不是怀特先生死亡的原因,这一结论是荒谬且违反常理的。

为了回应这一质疑,刘易斯提出了因果链条(causal chain)的概念。② 刘易斯承认,怀特先生的死亡既不反事实地依赖于白先生的射杀也不反事实地依赖于粉先生的射杀。但是,在怀特先生的死亡和白先生的射杀之间存在着一条由现实事件组成的因果链条,而怀特先生的死亡和粉先生的射杀之间却不存在这样一条因果链条。因而,我们仍然可以说白先生的射杀是怀特先生死亡的原因。具体做法就是我们在白先生的射杀 c 和怀特先生的死亡 e 之间再寻找一个

---

① Horwich, P., *Asymmetries in Time*, Cambridge, MA: MIT Press, 1987, p. 169.
② 参见 Lewis, D., *Philosophical papers*, vol. II, Oxford: Oxford University Press, 1986。

事件 d，使得 e 反事实地依赖于 d，而 d 反事实地依赖于 c。又由于 c、d、e 都是真实发生的事件，我们便可以构造出从 c 到 e 的因果链条。而这一链条是粉先生的射杀 c' 所不具备的。

虽然也有一些学者质疑刘易斯的解决方案存在问题①②，但是，大部分学者还是认为刘易斯的理论可以应对前抢占的难题。但是，在面对后抢占的难题时，刘易斯的理论仍然无法给出令人满意的答案。在前文中，笔者已经简要地描述过后抢占难题的特点，此处我们再来看看刘易斯本人对后抢占案例的刻画：

> 比利和苏西朝一个瓶子扔石头。苏西先扔或用力更猛。她的石头先到达。瓶子碎了。当比利的石头到达瓶子原先所在的位置时，只剩下飞溅的玻璃碎片。如果苏西没有扔石头，比利的石头对完好无损的瓶子的冲击将是比利投石和瓶子破碎之间的因果链条的最后环节。但由于苏西抢先扔了石头，这一冲击永远不会发生。③

后抢占和前抢占的情况完全不同，因为在后抢占中，潜在的那个后备原因是现实发生的。在后备原因即比利投石和真实发生的结果之间存在着一条现实发生了的潜在因果链条。此时，如果我们还像前抢占的处理方案那样寻找一个中间点，便无法构成因果链条了。比如我们依旧在苏西投石 c 和瓶子破裂 e 之间找一个中间点 d，此时，不同于前抢占，e 并不反事实地依赖于 d。因为即便 d 不发生，比利投石 c' 还是可以让 e 照样发生。

比后抢占更棘手的就是胜出状况。笔者在前文已经提及谢弗

---

① 参见 Hausmann, D. M., *Causal Asymmetries*, Cambridge：Cambridge University Press, 1998。
② 参见 Scriven, M., "Causation as Explanation", *Noûs*, Vol. 9, 1975, pp. 3 – 16。
③ Lewis, D., "Causation as Influence", *Journal of Philosophy*, Vol. 97, 2000, pp. 182 – 197, 184.

(Schaffer)在 2000 年提到的经典案例：将军和中尉同时给出"稍息"的命令，但我们认为将军的命令才是士兵稍息的真正原因。这个案例更加棘手的地方在于，在后抢占的案例中，刘易斯的支持者还可以想办法说明比利投出的石头毕竟没有击打到瓶子，所以和苏西投出的石头有本质差别。或者说，如果苏西没有投石，比利投出的石头所造成的瓶子破碎 e' 也和原本苏西造成的瓶子破碎 e 是两个不同的事件，有时间的差异、方式的差异，等等。但是，在胜出状况中，这些可能的方案均不成立。连刘易斯本人也承认，在面对胜出状况时，反事实因果论需要进行彻底的调整以给出合理的因果解释。

综合上述应对因果难题的四个方案，我们可以看出，刘易斯的反事实因果论的确存在很多问题。但是，我们并不能抹杀该理论对分析因果概念作出的贡献。它用反事实条件句来对因果概念进行刻画，试图将因果性还原为反事实依赖，用反事实条件句的成立来解释因果关系中所包含的必然性，这些研究都为后续的学术探索提供了思路。

笔者在本书中要着重阐述的干涉主义因果论就不可避免地使用了反事实条件句，那就是，该理论用反事实的方式对干涉过程及干涉结果进行了描述。虽然伍德沃德一再强调他的理论和刘易斯的反事实因果论存在诸多差异，但是，这种用反事实条件句来描述因果关系的方式是两个因果理论所共通的。针对这一点，笔者会在后文中详细展开，此处不予赘述。

总结来说，在这一章中，笔者主要介绍了三种因果理论，以此为干涉主义因果论的讨论打下一个坚实的历史基础。当然，由于本书的重点依旧是干涉主义因果论，尤其是将该理论运用在对心灵因果性的讨论之上，所以，关于这三种因果理论的讨论并未详细展开，尤其是对这三种因果理论的质疑和辩护。毕竟，在此讨论这三种因果理论的目的并非增强对它们自身的研究和改进，而是为了铺陈出干涉主义因果论所处的历史背景。

在接下来的一章中，笔者将正式开始对干涉主义因果论的剖析。在剖析的过程中，为了更好地展示该理论的优势，笔者还会将这一章所提及的三个因果理论与干涉主义因果论进行对比，以此来阐明在何种方面何种意义上，干涉主义因果论弥补了这三个因果理论的不足之处，以及它如何更好地解决这三个因果理论无法解决的因果难题。

第 四 章

对干涉主义因果论的探讨

第一节 导言

干涉主义因果论作为最新的关于因果概念的理论，自2003年起得到学界的广泛关注。学者们很快便开始运用这一理论对心灵因果性进行激烈的讨论，尤其是非还原的物理主义者，试图用该理论为独特的、不可还原的心灵属性辩护，证明其拥有不同于物理属性的因果效力。伍德沃德作为干涉主义因果论的引入者，在最初的阐发中，并未提及对心灵因果性的讨论，只是想构建一套完整的因果解释理论。然而，随着讨论走向的变化，伍德沃德也加入非还原物理主义者的阵营，通过越来越多的文章[1][2][3][4]为心灵因果性进行辩护。

---

[1] 参见 Woodward, J., "Explanation and Invariance in the Special Science", *British Journal for the Philosophy of Science*, Vol. 51, No. 2, 2000。

[2] 参见 Woodward, J., "Interventionist Theories of Causation in Psychological Perspective", in Gopnik, A. and Schulz, L. eds., *Causal Learning: Psychology, Philosophy, and Computation*, Oxford: Oxford University Press, 2007。

[3] 参见 Woodward, J., "Causation in Biology: Stability, Specificity, and the Choice of Levels of Explanation", *Biology and Philosophy*, Vol. 25, No. 3, 2010。

[4] 参见 Woodward, J., "Interventionism and Causal Exclusion", *Philosophy and Phenomenological Research*, Vol. 91, No. 2, 2015a。

可见，干涉主义因果论为心灵因果性的讨论注入了新的活力，提供了新的讨论框架。

干涉主义因果论为我们展示了全新的有关因果性的理论图景。在该图景下，一方面，我们不再像过去那样，将因果解读为法则充分（nomologically sufficient），即，X 是 Y 的原因当且仅当 X 引起、产生、决定 Y 的出现，且 X 是 Y 的充分原因。这种因果解读与卫斯理·萨尔蒙（Wesley Salmon）和菲尔·德欧（Phil Dowe）的机制因果理论[1][2]密切相关，即，认为因果链条是通过能量传递实现的，X 是 Y 的原因当且仅当 X 和 Y 之间存在能量传输与互动。

笔者在上一章梳理因果理论的历史脉络时并没有提及机制因果论，这是因为机制因果论和干涉主义因果论并无传承关系。但是，作为一个因果理论本身，机制因果论在因果理论研究中绝对占有一席之地。鉴于此，笔者将在这里略加说明机制因果论的来龙去脉，以展示该理论和干涉主义因果论在因果观上存在的巨大差别。

机制因果论所要解决的问题其实和休谟以来的因果探索一脉相承。上文已经提到，休谟在构建律则主义因果论时提出了一个理论上的难题，那就是如何解释因果关系中的必然性。休谟最终的解决方案是必然性在我们的心灵当中，而不在物体之中，因为我们虽然能够感知到作为原因和结果的事件本身，却无法感知其中的因果链条，也就是原因和结果之间的必然联系。面对律则主义因果论的诸多问题，机制因果论试图另辟蹊径来为因果关系中的必然性作出合理解释，这一途径不再诉诸心灵要素，而是回归到物体之中。

麦基首先提出，原因和结果之间也许存在着某种纽带，这种纽带存在于一种因果机制（causal mechanism）之中。而这个机制存在

---

[1] 参见 Salmon, W., *Causality and Explanation*, Oxford: Oxford University Press, 1998.

[2] 参见 Dowe, P., "Wesley Salmon's Process Theory of Causality and the Conserved Quantity Theory", *Philosophy of Science*, Vol. 59, No. 2, 1992.

于作为因果的特定过程的质的或结构的连续或持续中。以牛顿的第一运动定律为例，即，任何物体都要保持匀速直线运动或静止状态，直到外力迫使它改变运动状态为止。

假设一个粒子就像牛顿第一定律那样呈直线运动，不受干扰。根据麦基的分析：

> 如果这个粒子不间断地从 A 点移到 B 点，从 B 点移到 C 点，从 C 点移到 D 点，其间所用时间和途径距离都是相同的，那么很显然，它会保持这个状态。当然，从逻辑或数学上来说这并不是必然的……但我们似乎可以预期它会继续做基本上完全相同的事情……如果没有什么事情介入迫使它做别的事情……假设现在和将来确实没有任何干扰……从 A 到 B 的移动产生了从 B 到 C 的移动，但从 B 到 C 的移动恰恰就和从 A 到 B 的移动一样，所以，就好比原因产生了结果一样，从 B 到 C 的移动也会产生一个和自身一样的事情，那就是从 C 到 D 的移动。①

麦基的这一陈述漏洞百出，尤其是最后的推理完全经不住推敲。而且我们有非常简单的反例可以驳斥麦基的理论，那就是很多过程都不是因果过程，对机制的说明还需要更加具体。例如汽车前进的过程中，汽车投射在地面上的影子也在前进，这和麦基提出的粒子的移动过程非常相似，但是我们不能说地面上影子的移动是一个因果过程。

虽然麦基的理论有很多问题，但他提出的因果机制确实非常吸引人，使得很多学者开始了这方面的研究和探索。1984 年，萨尔蒙在《科学解释和世界的因果结构》中提出了更加完备的因果过程理

---

① Mackie, J. L., *The Cement of the Universe: A Study of Causation*, Oxford: Clarendon Press, 1974, p. 218.

论。他提出，因果过程和相互作用是最基本的因果机制，因此在我们研究因果关系时，其实就是在研究其中的关系项被引起的因果过程和相互作用。其中，因果过程能够在时空中连续地传递记号（mark），这种记号类似于一个过程结构的变体。萨尔蒙对记号传递的定义如下：

> 令 P 为一个过程，在没有其他过程相互作用时，在时空点 A 和 B（A≠B）间隔中一直保持其特征 Q。然后记号（把 Q 变成 Q'）在时空点 A 被引入过程 P，记号被传递到时空点 B，如果 P 在时空点 B 表现为 Q'并且从 A 到 B 过程中的所有阶段都没有外加的相互作用。①

在他看来，因果过程有两项标准：能够传递自身的结构；能够传递结构的变化。② 萨尔蒙经常提到的例子是运动中的球将它上面的刮痕从一个地方传递到了另一个地方，或者是，行驶的货车可以将货物从一个地方传递到另一个地方。

根据萨尔蒙的论证，因果过程和虚假过程（pseudo process）的区分就在于能否连续地传递记号。例如，我们将手电筒冲着墙壁打开，那么从手电筒到墙壁之间就出现了一道光，这道光脉冲就是一个因果过程。但是，如果我们在光束中间放一个有色的过滤器，那么，从过滤器到墙壁之间的光就会变色，或者我们伸手挡在手电筒和墙壁之间，那么墙上的光点就会被遮挡，或出现不同的形状。在这个案例中，变色的光或变形的光都是一个虚假过程，因为记号的传递被中断了，遭到了另一个相互作用的干预。如果取消这些干预的话，光点依然是白色的，换句话说，光点真正依托的来源是手电

---

① Salmon, W. , *Scientific Explanation and the Causal Structure of the World*, Princeton, NJ: Princeton University Press, 1984, p. 148.
② 王巍：《因果机制与定律说明》，《自然辩证法研究》2009 年第 9 期。

筒的光源。

而因果相互作用指的是两个因果过程在时空中的交叉点，而交叉点就会为双方带来一些特点，当这个相互作用消失时，特点也会随即消失。萨尔蒙给出的定义如下：

> 令 P1、P2 为两个过程，在时空点 S 相互作用，时空点 S 同时属于这两个过程。令 Q 为过程 P1 在整个间隔都会保持的特征，如果没有和 P2 的相互作用的话。令 R 为过程 P2 在整个间隔（包括在 P2 的历史中 S 点的两边间隔）如果 P1 不发生的话。那么 P1 和 P2 在时空点 S 的相互作用构成了一个因果相互作用，如果：(1) P1 在 S 之前表现出特征 Q，但在 S 之后的间隔立刻表现为改变了的特征 Q′；并且 (2) P2 在 S 之前表现特征 R，但在 S 之后的间隔立刻表现为改变了的特征 R。[1]

比如，两辆汽车相撞会使得交通拥堵、司机受伤等。但是这里存在一个问题，相互作用的定义中需要"记号"概念，而"记号"概念本身是一个因果概念。这就有可能造成循环定义。除此之外，萨尔蒙的理论还受到很多学者的批评，例如南希·卡尔莱特[2]（Nancy Cartwright）和菲利普·凯切尔[3]（Philip Kitcher）。但由于机制因果论和干涉主义因果论并无太多相比较之处，仅作简要说明，笔者不再展开有关机制因果论的质疑和辩护。

还需要提到的是机制因果论的另一个重要贡献者德欧。他提出，

---

[1] Salmon W., "Causality and Explanation: A Replay to Two Critiques", *Philosophy of Science*, No. 64, 1997, pp. 461–477, p. 171.

[2] 参见 Salmon, W., "Causality without Counterfactuals", *Philosophy of Science Association*, No. 61, 1994。

[3] Kitch, P., "Explanatory Unification and Causal Structure of the World", in P. Kitcher and W. Salmon, eds., *Scientific Explanation*, Minneapolis: University of Minnesota Press, 1989.

所有的过程，不管是因果的还是非因果的，都是客体的世界线（world-lines），世界线是时空中的一些点的集合，代表了客体的历史。而因果过程的特征在于传递了守恒量（conserved quantities），诸如质能、动量、电荷等。①

根据德欧的定义，萨尔蒙后来又对他自己的因果理论进行了重新定义，试图借助守恒量概念来完善因果过程和因果相互作用。

> 定义1：因果相互作用就是守恒量交换的两个世界线的交叉。
>
> 定义2：因果过程是指一个客体的世界线，这个客体在它历史上的每一个时刻都传递着非空的守恒量。
>
> 定义3：一个过程在A、B之间传递守恒量指的是这个过程在A点和B点都拥有固定数量的守恒量，并且在A和B之间任何一个阶段都没有发生涉及守恒量交换的相互作用。②

在最新的定义中，我们不难看出，机制因果论依旧需要因果过程和因果相互作用的概念，而这两个概念都隐藏着一个因果观，即，原因和结果之间是存在着某种实体化的链条，这个链条在因果之间传递着记号也好，能量也罢，都不能为空。

在这种因果观之下，我们的确很难理解心灵如何具有因果效力，因为心灵具有其特殊的属性，比如不占据空间，无法像物质那样包含能量，无法产生其他物质。因此，如果我们需要心灵属性作为原因或结果加以讨论时，很难想象它和其他属性之间如何建立这样的一个实在的因果链条。如果采纳机制因果论的话，我们恐怕更难接受心灵因果性，无论是还原的还是非还原的。

---

① 李珍：《反事实与因果机制》，《自然辩证法研究》2009年第9期。
② Salmon W., "Causality and Explanation: A Replay to Two Critiques", *Philosophy of Science*, No. 64, 1997, pp. 461–477, 462, 468.

相比之下，干涉主义因果论不在这种层面上理解因果性，它并不要求原因和结果之间存在时空连续的能量链条，也无须因果被解释为"产生"关系。在干涉主义因果论的解读阐释之下，因果关系是一种"可控"关系，即，如果 X 是 Y 的原因，那么，我们便可以通过控制 X 的变化来控制 Y 的变化。这里的共变关系并非纯然外在的，因为我们需要研究对 X 进行怎样的控制，或让 X 产生怎样的变化才会导致我们预期的 Y 的变化。这种需要"知道怎样做"（knowing-how）的做法为 X 和 Y 的共变关系注入了内在的内容，从而提供 X 和 Y 之间的因果解释。基于此，干涉主义因果论可以为我们提供全新的因果视角，帮助我们理解心灵属性何以具有独特的、不可还原的、有别于物理属性的因果效力。

另一方面，根据干涉主义因果论，我们也不必按照传统模式理解因果解释，即在"D－N"（deductive-nomological）模型下才可给出因果解释。如果遵照该模型，我们的确很难对心灵因果性甚至特殊科学（包括化学、生物学、经济学、人类学等）的因果性作出解释，因为该模型要求构成解释的说明句中至少包含一条演绎中需要用到的普遍法则（general law）。然而，在特殊科学和心灵因果性中的法则往往是"其他条件不变"（ceteris paribus）式的法则，不是普遍的、没有例外的法则。这一点毋庸置疑。相比之下，干涉主义因果论提供的因果解释并不需要普遍法则的存在，所以极大地扩展了因果解释的讨论范围，同时更加符合我们对因果解释的直观，即很多不包含普遍法则的语句都能被当作合理的因果解释。除此之外，干涉主义因果论还将因果关系解读为有程度之分的规律（generalization）。这样一来，使得因果解释更加摆脱了法则对其施加的束缚和限制，特殊科学中的因果解释得到了更广泛的辩护。

在这一章中，笔者将简要说明干涉主义因果论的缘起——操控主义（manipulationism），以及干涉主义如何避免操控主义所面临的两大问题。在此基础上，笔者将着重阐明伍德沃德所论述的干涉主义因果论中的两大要素——干涉变量和不变性。对这两个要素的理解能帮助我们更清晰地描绘出伍德沃德所持有的、和以往因果论不同的因果图景。除此之外，笔者还要将干涉主义因果论与反事实因果论和对比因果论进行比较，从而说明干涉主义因果论与后两者的异同，以及它的优势所在。正如前文所述，非还原的物理主义如果想要通过某一因果理论来为心灵属性的不可还原性进行辩护，首先需要说明该因果理论的合理之处，以及为什么诉诸该因果理论，而非其他。只有在合理自洽的因果理论框架之下，我们才能有效地对心灵因果性进行探讨和辩护。

第二节　理论背景

　　干涉主义因果论从根本上来源于操控主义因果论，后者认为，我们应该将原因理解为操控结果的工具或手段。这一想法非常符合我们对因果关系的直观感受，在社会科学家和统计学家中非常流行，得到广泛认同。一般来说，我们通常认为，因果关系是在描述一种以操控和控制为目的的、潜在可探索的关系。换句话说，如果 X 是 Y 的真实原因，那么，如果我们可以用正确的方式操控 X，便可以此来操控或改变 Y。也因此，人们对因果关系的最基础预期在于，因果关系可以为我们提供预测性，即，根据 X 和 Y 之间的因果关系，我们可以预测出，当 X 处于某种状态时，Y 则处于相应的状态。换句话说，我们可以预先判断出，如果我们对 X 进行如此这般的调整，Y 可以达到如此那般的结果。

　　举例来说，电灯旋钮的指向是电灯亮着的原因，因为我们可以通过操控旋钮的位置来决定是否让电灯亮着。再比如，气压计上面的读数不是下雨的原因，因为我们无法通过操控气压计的读数来改变下雨与否的状态。概括而言，操控主义因果论的核心思想就是"X 是 Y 的原因当且仅当操控 X 可以改变 Y"。在这一思想的指导下，操控主义因果论比很多其他的因果论都更能作出正确的因果判断。以律则主义因果论为例。让我们设想以下场景，将 X 设定为"一个男人服用避孕药"，将 Y 设定为"这个男人没有怀孕"。根据律则主义因果论，X 是 Y 的原因，因为当 X 发生之后 Y 一定发生。而根据操控主义因果论，X 不是 Y 的原因，因为我们不可能通过操控 X 来改变 Y 的状况。因为即便我们不让这个男人服用避孕药，他依然不会怀孕。换句话说，"这个男人没有怀孕"这一状况，并不是我们通过让他不服用避孕药达到的。不管我们是否让这个男人服用避孕药，我们都可以预测出，这个男人不会怀孕。显然，针对这一事例，操控主义的因果判断是更加正确的。

通过是否可控来进行因果判断这一思想作为操控主义因果论的基石，先后被众多哲学家相继发展[1][2][3][4][5]。此外，这一思想还被很多非哲学家提倡。举例来说，托马斯·库克（Thomas Cook）和唐纳德·坎贝尔（Donald Campbell）曾经在非常有影响力的关于实验设计的教科书中写道：

> 因果关系中的范例式断言是这样的，即，对原因的操控会引发对结果的操控……因果性意味着我能通过改变一个要素来改变另一个要素。[6]

---

[1] 参见 Gasking, D., "Causation and Recipes", *Mind*, Vol. 64, 1955。

[2] 参见 Collingwood, R., *An Essay on Metaphyscis*, Oxford: Clarendon Press, 1940。

[3] 参见 Wright, D., *Explanation and Understanding*, Ithaca, New York: Cornell University Press, 1971。

[4] 参见 Menzies, P. and Price, H., "Causation as a Secondary Quality", *British Journal for the Philosophy of Science*, Vol. 44, 1993。

[5] 参见 Woodward, J., *Making Things Happen: A Theory of Causal Explanation*, Oxford: Oxford University Press, 2003。

[6] Cook, T. & Campbell, D., *Quasi-Experimentation: Design and Analysis Issues for Field Settings*, Boston: Houghton Miflin Company, 1979, p. 36.

类似的想法在计量经济学和结构方程式或因果模型的文献中也非常常见。①② 最近，计算机科学家朱迪亚·玻尔（Judea Pearl，中文名也译为朱迪亚·珀尔）也在他关于因果性的著作③中特别强调了这一点，并反复强调干涉过程对于因果判断的重要性。

在这里，需要暂时对玻尔的理论稍加展开，在后文中笔者还将详细阐述，因为玻尔在 2000 年出版的《因果性：模型、推理和推论》一书中对因果模型的阐述和伍德沃德的干涉主义因果论关系甚密，有很多相通之处。玻尔在书中结合概率因果论和贝叶斯网络理论对因果图示与因果模型进行了非常详尽的阐释与证明。④ 其中，和本书关联最大的，便是玻尔对干涉这一因素的反复强调和说明。玻尔明确地提出观察变量与干涉变量的不同之处。在他的区分之下，一个函数模型（functional model）和一个因果贝叶斯网络（causal Bayesian network）的不同之处就在于，我们对前者的要求在于预测，而对后者的要求在于干涉。⑤

用玻尔最常使用的案例加以说明，如果模型中有两个变量，一个是 X_1（代表喷水器的开关情况，数值可以取"开"或者

---

① 参见 Halpern, J. and Pearl, J., "Causes and Explanations A Structural-Model Approach. Part I Cause", *British Journal for the Philosophy of Science*, Vol. 56, No. 4, 2005。

② 参见 Halpern, J. and Pearl, J., "Causes and Explanations A Structural-Model Approach. Part II Explanation", *British Journal for the Philosophy of Science*, Vol. 56, No. 4, 2005。

③ 参见 Pearl, J., *Causality: Models, Reasoning and Inference*, New York: Cambridge University Press, 2000。

④ 由于玻尔是计算机科学家，所以他在书中撰写了大量的公式演算与建模证明。此处，我们并不涉及这些科学性的内容，而更多关心哲学性的思想，即，玻尔持有怎样的因果图景，如何理解因果性概念，如何界定因果关系等。对技术性的内容有浓厚兴趣的读者可以详细阅读《因果性：模型、推理和推论》一书，其中有大量的建模程序、统计算法、概率推演和具体案例等。

⑤ 前文提到过，因果关系的一大作用在于为人们提供预测能力。这里需要澄清的是，虽然因果关系可以用于预测，但仅仅可以预测是构不成因果关系的。这也是为什么玻尔在对非因果和因果模型作出区分时，指出前者仅仅能达到预测的效果，未能达到干涉的效果，因而，还不构成因果模型。

"关"），一个是 X2（代表道路是否湿滑，数值可以取"湿滑"或者"不湿滑"）。如果我们现在只是想建立一个函数模型，那么我们便可以将这两个变量处理为观察变量，然后列举出两个变量的数值变化关系。例如，在观察过程中，如果我们发现喷水器是关闭的，那么我们会发现道路并不湿滑。相反，如果我们发现喷水器是打开的，那么我们会发现道路湿滑。通过观察到的数据，我们可以说明 X1 和 X2 之间存在着函数关系，X1 取"开"时，往往对应 X2 取"道路湿滑"。这一函数关系可以为我们提供预测功能，即，每当我们发现喷水器是打开的时候，我们大体可以推断出道路是湿滑的。[①]

但是，这样的预测功能还停留在观察层面，并没有建立 X1 和 X2 之间的因果关系。如果我们想针对这两个变量建立一个因果贝叶斯网络，那么，便不能再将二者视作观察变量，而应该将 X1 设为可干涉变量。这就是"X1 = 开"和"令 X1 = 开（do（X1 = on））"的区别。而后者恰恰是构造因果网络，判断因果关系的核心步骤。玻尔指出，恰恰是干涉这一过程的出现，展现出 X1 和 X2 之间的因果关系。和之前的观察预测不同，如今的变量 X1 和 X2 达到了可干涉的要求，也就是说，在操作过程中，如果我们确保喷水器是打开的，那么道路就会变得湿滑。相反，如果我们确保喷水器是关闭的，那么道路多半就不会湿滑。

在玻尔看来，可干涉是进行因果判断的必要条件，因为干涉过程可以帮助我们厘清因果判断中的混淆因素。有关这一点，笔者在

[①] 玻尔的因果理论建立在概率因果的基础之上，因而，原因和结果之间并非存在必然关系，而是一种概率相关。即，如果原因出现（不出现），结果出现的概率会提升（降低）。鉴于此，无论谈及预测还是干涉，我们都不能得出"原因出现，结果便出现"这一结论，而是"原因出现，结果更可能出现"。其实，伍德沃德的干涉主义因果论也是建立在概率因果之上的，因此，他在谈及因果的定义时，都会谈及概率问题。然而，本书并未涉及概率问题，所以，在后文谈及因果关系时，为了方便起见，笔者大多数地方都会省去对概率的引入。

详细阐释伍德沃德的干涉主义因果论时会着重论证,此处不予冗赘。总结来说,玻尔指出,对于干涉的展现使得函数模型提供了更强的适应性与普遍性,因而展示出函数模型中的因果关联。[①]

虽然操控主义因果论得到了科学家的广泛支持,但是,该理论从一开始便面临着两大质疑。第一,操控主义因果论存在很明显的自循环;第二,该理论使得因果概念具有不可接受的人类中心主义倾向,或者说,至少,这一概念与人类操控的实际可能性联系得过于紧密。[②③] 这两点质疑都有其合理之处。先来考察自循环问题。假设 X 是一个变量,可以取数值 1 或者 0,具体取值要取决于相关事件是否发生。此时,要想使一个事件或过程 M 有资格成为对 X 的操控,M 和 X 之间似乎就必须存在一种因果关联:为了操控 X,我们必须通过 M 使它的数值发生变化。这样一来,操控的过程本身就包含着因果关系,那么,我们怎么能用操控的概念来为因果性提供描述呢?

再来看人类中心主义的问题。操控主义受到行动者理论(agent theory)的启发,因此,和人类活动息息相关。然而,如果因果概念和"人类能做哪些事情"联系得过于紧密,便会产生一个很明显的问题。众所周知,因果关系中经常存在以下情形,即人类对因果的操控实际上是不可能实现的。比如,月球的引力和潮汐运动之间存在因果联系。再比如,在宇宙初期或前人类时代,存在着各种各样的因果关系。如果"人类"这一因素在因果关系所占比重过高,那么操控主义因果论在很多情况下便无法被合理运用。

面对这样的质疑,伍德沃德在阐述全新的干涉主义因果论时特

---

① Pearl, J., *Causality: Models, Reasoning and Inference*, New York: Cambridge University Press, 2000, p. 32.

② 参见 Hausman, D., "Causation and Experimentation", *American Philosophical Quarterly*, Vol. 23, 1986。

③ 参见 Hausman, D., *Causal Asymmetries*, Cambridge: Cambridge University Press, 1998。

意说明他的理论可以避免自循环与人类中心主义所带来的问题。针对人类中心主义的问题，伍德沃德表示，他对操控的理解与传统的行动者理论家不同，如乔治·莱特（George Wright）、皮特·孟席斯（Peter Menzies）和休·普莱斯（Huw Price）等。

以孟席斯和普莱斯为例，他们的基本主张是"事件 A 是事件 B 的原因仅当让 A 发生是一个自由的行动者可以让 B 发生的有效手段"①。他们用自由行动者与因果性之间的联系来支持对因果性的概率分析②，在他们看来，这里要借助的概率是一种"行动者概率"（agent probabilities）。

> 可以从条件概率的角度来理解行动者概率，假定前提条件从一开始就被实现了，且这一假定与行动者的自由行动有关，条件概率是从行动者的角度被评估的。因此，我们应该将 A 归结为 B 的条件的行动者概率就是，B 可能出现的概率取决于某人选择实现 A。③

抛开二者对概率的运用不谈，他们实际上是将对人类行动者的操控的理解独立于因果概念。当然，他们这样做是为了更好地规避自循环带来的问题，但是否真能规避，我们过后讨论。这样理解行动者首先会带来两个问题，因为他们认为行动者概念是先于或独立于因果的，这就使人类行为或人类的操控具有了一种特殊地位，不再是普通的因果事务。一方面，这种想法与任何一个版本的自然主义都会产生冲突。因为它使得行动者成为这个世界之中的不可还原的基

---

① Menzies, P. and Price, H., "Causation as a Secondary Quality", *British Journal for the Philosophy of Science*, Vol. 44, 1993, pp. 187–203, 187.

② 简要地说，根据概率因果性（probability causation）的定义，"A 是 B 的原因"当且仅当"A 的发生可以提高 B 发生的概率"。

③ Menzies, P. and Price, H., "Causation as a Secondary Quality", *British Journal for the Philosophy of Science*, Vol. 44, 1993, pp. 187–203, 190.

础特征，不再仅仅是众多因果事物中的一个种类。另一方面，这将导致一种关于因果的人类中心主义或主观主义。因为如果我们了解因果的唯一途径是先要掌握行动者经验（或概念），那么，和上文中提到的一样，我们就要面临一个很明显的问题，即，如果人类的操控无法实现时，或者人类的相关经验是难以获得的，在这种状况下，我们该如何把握因果概念。

伍德沃德指出，为了避免人类中心主义的问题，他在操控这一环节中引入干涉的概念，定义如下：

> 假定 I 取某个值 z_i，相对于 Y 来说，I 是 X 的干涉当且仅当相对于 Y 来说，I 是 X 的一个干涉变量，而且 $I = z_i$ 是 X 取值的现实原因。[①]

关于干涉变量的种种要求，笔者会在后文详细阐述。这里主要关注的依然是伍德沃德的干涉主义因果论与操控主义因果论或者说行动者理论有何不同之处，为何他的理论可以避免人类中心主义带来的问题。

通过伍德沃德关于干涉的定义，我们不难看出，成为干涉的条件中并不涉及人类活动或者人类能做或不能做什么。虽然在现实情况中，人类实行的操控是可以符合干涉定义的，足以被称作干涉，但是，人类的操控并不是我们理解干涉的基础。"人类行动者"和"自由选择的行动"并不是干涉定义的前提和条件。

> 干涉定义的条件的特点纯粹依照"因果"之类的概念。一个完全不涉及人类活动的事件或过程只要满足干涉的定义，便可以被称为 X 的一个干涉。（当科学家们提到"自然实验"时，

[①] Woodward, J., *Making Things Happen: A Theory of Causal Explanation*, Oxford: Oxford University Press, 2003, p. 98.

他们正是在说这种可能性。）从这个角度来说，诉诸干涉定义的操控理论和传统的行动者理论非常不一样。①

根据干涉定义，人类活动或行动并没有任何特殊性。人类的干涉和其他干涉一样，都是自然世界中的事件，它们能或不能被称作干涉完全取决于他们所拥有的因果特征，而不取决于它们是否是人类施行的活动。

布拉德·韦斯莱克（Brad Weslake）同样认为伍德沃德的干涉主义因果论可以避免人类中心主义。②但是，他认为这是由于伍德沃德的理论是一种非还原的因果论，所以因果概念自然不会被还原为其他概念，比如行动者。而提到因果的非还原性则要涉及循环问题，换句话说，韦斯莱克认为伍德沃德对循环问题的解决直接保障了对人类中心主义的规避。接下来，就让我们探讨一下伍德沃德是如何解决自循环的问题的。

在讨论自循环的问题之前，我们需要再次厘清两个概念，即可还原的因果论与不可还原的因果论。一个因果理论是可还原的，即是说，它用非因果的概念定义因果概念。一个因果理论是不可还原的，即是说，它用因果概念来定义因果概念。换句话说，可还原的因果论会用因果之外的因素来判定和确认因果关系。比如，之前提到的律则主义因果论便是典型的可还原的因果论，因为它用"相继出现"或"伴随"这类概念来定义因果概念。最早期的操控主义便是不可还原的因果论，因为讨论因果时涉及的操控概念依然是一种因果关系。这也是为什么操控主义会被质疑存在自循环的问题。

有些操控主义者为了避免自循环的问题，便试图将操控主义解

---

① Woodward, J., *Making Things Happen: A Theory of Causal Explanation*, Oxford: Oxford University Press, 2003, p. 103.

② 参见 Weslake, B., "Review of Making Things Happen", *Australasian Journal of Philosophy*, Vol. 84, No. 1, 2006, pp. 136–140。

释为可还原的因果理论。比如之前提到的孟席斯和普莱斯,他们用人类行动者概念来解释因果概念,提供了一套非循环的、可还原的因果分析。他们提出,由于我们对因果概念的理解独立于我们对行动者经验的理解,所以自循环问题得以解决。

> 一个基本前提是,在很小的时候,我们就都拥有行动的直接经验,并成为一个个行动者。也就是说,我们不光是对外在世界的休谟式的连续事件具有直接经验,还对这种连续事件的一个很特殊的类型具有直接经验:这种类型就是那些早先的事件是我们自己的行动,这种行动在如下状况中被实施出来——我们欲求后续事件的发生,并相信相比于其他的事件,早先的那个事件让后续事件更有可能发生。更简单点说,我们对于做一件事从而实现另一件事都有直接的个人经验。我们或许会说,因果概念并不像休谟所说的那样,来自我们所经验到的那些仅仅是连续的事件,而是来自我们成功的经验,即,在日常事务中,通过用某种方式而非其他方式的行动来实现自己的目的。正是这种普遍的共同的经验许可了我们对"引起"概念的明确定义。换句话说,这些实例让我们对"引起一个事件"的概念有一种直接的、非语言的习得,这种习得并不依赖于对任何因果概念的先天习得。因此,行动者理论躲过了循环问题的威胁。[①]

当然,孟席斯和普莱斯也承认,如此引入行动者的经验会造成一个很明显的困难,即如何解释那些无关操控的因果关系。比如他们自己曾经用过的例子,1989 年美国旧金山发生地震的原因是两个大洋板块相互碰撞。假设,没有任何人能经验到通过两个板块的碰撞可

---

① Menzies, P. and Price, H., "Causation as a Secondary Quality", *British Journal for the Philosophy of Science*, Vol. 44, 1993, pp. 187 – 203, 194 – 195.

以引发地震,那么,我们又该如何用这种行动者理论来解释这一毋庸置疑的因果关系呢?

孟席斯和普莱斯给出的解决方案非常复杂,在这里不予冗赘。简单地说,他们提出,当行动者实现"通过手段达到目的"时,这一情况具有一些本质特征(intrinsic features)。而这些本质特征与是否有行动者参与操控并无关联,而且是非因果性的特征,因为如果这些特征本身又和因果性相关,理论将面临再度陷入自循环的危险之中。接下来,根据这些本质特征,我们可以展示出相类似的,但是有行动者参与其中的操控过程。比如,我们可以通过模拟技术,将地震过程在实验室中呈现出来,然后由行动者对板块进行操控,从而实现"行动者通过这一手段达到地震这一目的"。凭借这种"手段—目的"的模式,我们依然可以对这个模拟过程进行因果判断,从而声明和模拟情景类似的现实情景也存在同样的因果关联。

孟席斯和普莱斯想借助本质特征和相似性来解决无关操控所带来的问题。然而,这种解决方案依然存在问题。简要地说,问题在于,要想维持因果理论的可还原性,本质特征和相似性的概念就必须是非因果的,否则就变成变相地用因果概念来讨论因果概念。但是,两者似乎都无法是非因果的。上文提到的实际地震和模拟地震之所以相似,可以拿来类比,说到底是因为它们都展示了相同的因果过程。

而本质特征作为有人类行动者参与和没有人类行动者参与的两个因果关联的共同之处,似乎也很难想象是一个非因果的概念。更严重的问题是,这一本质特征不能是非因果的概念。因为,如果一个因果过程可以具有一个完全独立于行动者活动,同时又是非因果的本质特征,那么,行动者概念在对因果理论的讨论中还有什么存在的必要性呢?如此看来,本质特征的概念将会让孟席斯和普莱斯面临一个两难困境,如果本质特征是非因果的,那么行动者理论本身就将受到威胁,行动者经验在因果判断中成为无关痛痒的因素;

如果本质特征是因果的，那么行动者理论便无法保持其可还原性，从而陷入自循环的老问题中。

以孟席斯和普莱斯的行动者理论作为代表是因为在操控主义中，该理论比较成熟和系统。但是，他们想用理论的可还原性来规避自循环问题所面临的困境并不说明这个思路从根本上是错的，或者从理论上不可行。换句话说，操控主义的因果论依然有可能通过对可还原性的分析来解决自循环问题。只不过，将操控过程解释为非因果的过程（直接解释或引入其他概念，比如行动者或行动者经验等），反而容易拉远操控概念与因果概念之间的距离，比方说出现无关操控的因果过程，而操控主义因果论的本质恰恰是要将这两个概念牢牢地绑定在一起。由此看来，持还原论观点的操控主义者面临着严峻的困难。

相比之下，伍德沃德是坚定的非还原因果论者。他主张，我们不应该用非因果的概念来解释因果概念。比如在他的干涉主义因果观中，作为核心思想的干涉概念就是一个因果概念，因为它描述的是干涉变量 I 与 X 之间的因果关联，它所提供的信息是有关 I 与 X 的因果信息。鉴于此，依赖于干涉概念之上的因果定义就无法实现用非因果的概念解读因果概念的设想。

然而，伍德沃德特别提出，这里涉及的循环并非不好的（vicious）循环，因为

> 相对于 Y 的施加于 X 上的干涉的特点和 X 与 Y 之间是否存在因果关系并不相干。刻画相对于 Y 的施加于 X 上的干涉所需要的因果信息是关于干涉变量 I 和 X 的因果关系的那些信息，而非关于 X 与 Y 是否存在因果关系的信息。我们可以捕捉到关于干涉的融贯概念，而且以下事实强烈说明关于干涉概念的某些理解可以造成好的循环这一状况是有可能的，即，我们有时似乎需要适当地操控 X 来看 Y 是否有相应的变化，以此来揭示 X 与 Y 是否存在因果关系。这一事实本身似乎就说明，我们一

定有关于操控 X 的某些概念,而且这个概念适用于找出 X 是否因果地和 Y 连接在一起,以及关于这一概念的描画无须假定以下前提,即 X 与 Y 存在因果关联。①

由于干涉概念并非坏的循环,所以以此为基础的干涉主义的因果概念也不存在坏的循环。伍德沃德表示,"我提出的多个概念和论点都存在一个基本想法,即,当我们解释 X 与 Y 之间是否存在因果关系时,我们可以借助于包含着 I、X 和 Y 的其他因果关系,也可以借助于以下反事实主张,即 X 被干涉后 Y 会是怎样的状况"②。这里值得注意的是,反事实主张中由于包含了干涉变量 I 对 X 的因果作用,所以也算是和因果有关的反事实关联。

比如,在讨论因果的充分必要条件时,伍德沃德提出以操控为目的的关系可以作为因果的充分必要条件,其中,对充分条件的描述如下:

(充分条件)如果(1)存在一个可以改变 X 数值的可能干涉,且(2)实施这个干涉(且没有其他干涉)可以改变 Y 的数值,或 Y 的概率分布,那么 X 是 Y 的原因。③

对这一描述的概括便是,如果一定的反事实为真(即,如果将干涉实施于 X,那么 Y 或者 Y 的发生概率就会变化),那么因果声明便为真。作为前提的反事实条件是和某些因果声明相关的,因为干涉概念本身是因果概念。然而,后者并非是有关 X 与 Y 是否存在因果关

---

① Woodward, J., *Making Things Happen: A Theory of Causal Explanation*, Oxford: Oxford University Press, 2003, p. 105.

② Woodward, J., *Making Things Happen: A Theory of Causal Explanation*, Oxford: Oxford University Press, 2003, p. 105.

③ Woodward, J., *Making Things Happen: A Theory of Causal Explanation*, Oxford: Oxford University Press, 2003, p. 45.

系的因果声明。所以，这里涉及的循环，并不是坏的循环，而是充满了丰富信息的循环。

综上所述，伍德沃德的干涉主义因果论虽然缘起于操控主义，却避免了操控主义所面临的两大问题——来自人类中心主义和自循环的质疑。伍德沃德的理论并没有像行动者理论那样，将因果概念还原为行动者概念（非因果的），而是通过含有因果性的干涉概念来解释或判断因果关系。这样一来，他首先摆脱了人类中心主义带来的困扰，因为干涉概念并不依赖于行动者或行动者行为，只要达到干涉的效果，是否人为并不是关键元素。其次便是，这种用因果概念解释因果概念的方式在伍德沃德看来并非坏的循环，因为前面的因果概念是关于干涉变量 I 与 X 之间的因果关系，而后面的因果概念才是我们需要评判和探讨的 X 与 Y 之间的因果关系，且前者并不依赖于后者的存在。

接下来，笔者将详细阐述伍德沃德的干涉主义因果论，以及其背后隐藏的因果图景。通过分析，笔者将指出其因果论与传统的因果论和因果解释有何本质区别，并说明该区别能为心灵因果性的讨论带来怎样的好处。

第三节　干涉主义的理论框架

根据伍德沃德阐述的干涉主义因果论[1][2][3]，所有因果的显著特征在于，对它们的挖掘和探索是以控制和操控为目的的。换句话说，X 与 Y 之间的因果关系就是向我们展现如何可以通过对 X 的

---

[1] 参见 Woodward, J., *Making Things Happen: A Theory of Causal Explanation*, Oxford: Oxford University Press, 2003。

[2] Woodward, J., "Response to Strevens", *Philosophy and Phenomenological Research*, Vol. 77, No. 1, 2008b.

[3] Woodward, J., "Mechanisms Revisited", *Synthese*, Vol. 183, No. 3, 2011.

操控来使 Y 达到我们预期的状态。对此，伍德沃德给出了详细的理论描述：

> 相对于变量集 V，X 是 Y（类型层面上）的直接原因的充分且必要条件是：存在一个对 X 的可能的干涉，当 V 中的其他变量 Z 的数值都被固定时，该干涉能改变 Y 或 Y 的概率分布。相对于变量集 V，X 是 Y（类型层面上）的起作用的原因（contributing cause）的充分且必要条件是：（1）从 X 到 Y 有一条路径，在这个路径的每一个链条都是直接的因果关系，即，变量集合 Z_1……Z_n 使得 X 是 Z_1 的直接原因，Z_1 又是 Z_2 的直接原因……Z_{n-1} 是 Z_n 的直接原因，Z_n 又是 Y 的直接原因；（2）当 V 中所有的不在这个路径上的变量都被固定为某数值时，对 X 的某个干涉可以改变 Y。如果从 X 到 Y 只有一个路径 P，或者如果除了 P 之外，X 到 Y 只有一个可供选择的路径，而这个路径没有中间变量（比如，是直接的），那么 X 是 Y 的起作用的原因，只要当 V 中的其他变量取某值时，对 X 的一个干涉可以改变 Y 的数值。[①]

由于在心灵因果性的问题中，我们只需要涉及直接原因的概念，因而，我们在这里不再展开直接原因与起作用的原因的区别，也不再使用理论的后半部分。通过伍德沃德对因果理论的详细定义，我们可以清晰地看出的是，他的理论是一种与"对比"紧密相关的因果论。也就是说，X 与 Y 之间的因果关系体现在 X 的取值由 x_1 变为 x_2 时，Y 的取值是否能相应地由 y_1 变为 y_2。伍德沃德要进行对比的是当 X 的数值分别取 x_1 和 x_2 时，Y 的取值是否会相对应地取 y_1 和 y_2。值得说明的是，虽然伍德沃德的因果论中包含着"对比"的思想，

---

① Woodward, J., *Making Things Happen: A Theory of Causal Explanation*, Oxford: Oxford University Press, 2003, p.59.

但是他和作为理论的对比因果论并不相同，两者的差异在后文会有所涉及。

除了"对比"的思想，伍德沃德的干涉主义因果论还包含着"反事实"的思想。他在书中反复提到，因果解释就是一系列对反事实问题的回答，即被解释项在什么条件下会有所不同。他将这些问题称为"W-问题"，是"假设事情不同将会怎样"（what-if-things-had-been-different）的缩写。伍德沃德的理论之所以涉及反事实的思想，或者说需要运用反事实条件句，因为在他对原因和结果的对比过程中，必定涉及反事实的状况。他引入干涉变量时的隐藏含义便是，如果 X 并非取现在的数值 x_1，而是在干涉下变成 x_2，Y 的取值是否跟着发生变化。被干涉改变后的状况实则为反事实的情景。

但是，就如同伍德沃德的理论与对比因果论不同一样，该理论和反事实因果论也不相同。伍德沃德反复强调他与刘易斯的不同，他的理论只是涉及反事实条件句，并不像刘易斯那样，将因果关系建立在反事实依赖的基础之上。具体差异依然是在后文中详述，这里只是简单提及。

在大致了解了干涉主义因果论的基本框架之后，笔者将首先阐述该理论的优势所在，即，面对因果问题中的传统困难，干涉主义因果论是如何解决的。因为对这些问题的恰当处理，提供合理的、符合直觉的因果判断是判断一个因果理论是否可取的基本诉求。

一　干涉主义因果论对因果难题的解决

如前文所说，如果想要选用一个合理的因果理论来讨论心灵因果性问题，那么，这个因果理论本身必须有其合理之处。换句话说，单纯作为一个因果理论来看待的话，干涉主义因果论有何可取的地方呢？在这里，笔者将通过分析干涉主义因果论对四个传统的因果难题的解决来说明该理论本身是一个非常好的因果理论。

在第一章中的注释里，笔者大致介绍了因果理论容易遇到的难题，即，如何合理地解释过决定状况、前抢占状况、后抢占状况和胜出状况。在第三章中，笔者也特别指出了反事实因果论在面对这四个问题时所遇到的难题。在这里，我们先来简要回顾一下。根据反事实因果论，X 是 Y 的原因当且仅当 Y 反事实地依赖于 X。换句话说，X 是 Y 的原因当且仅当如果 X 没有发生，那么 Y 也不会发生。这一理论非常符合我们对因果的直观理解，然而，当我们用它来解释这些比较特殊的因果现象时，便发现问题重重。

在过决定的状况中，A 和 B 同时产生 C，同为 C 的原因。可是根据反事实因果论，如果 A 没有发生，C 依然发生了（因为 B 可以使其发生），所以 A 不是 C 的原因。同理，B 也不是 C 的原因。这样一来，通过反事实因果论得出的因果判断便和现实情况不符，说明反事实因果论存在问题。

在前抢占状况中，B 作为一个后备方案而存在，即，如果 A 发生了，B 便不发生，从而 C 发生；如果 A 没发生，那么 B 将被启动，从而 C 依然发生。而在现实中，A 发生且导致 C 随之发生。根据反事实因果论，A 并不是 C 的原因，因为如果 A 没有发生，C 依然会发生（因为 B 方案会被启动以确保 C 的发生）。理论判断再次与事实不符。在后抢占的状况中，A 和 B 都能产生 C，但是 B 比 A 发生得稍微晚一些，所以 A 是 C 的实际原因。然而根据反事实因果论，A 不能算作 C 的原因，因为即便 A 没有发生，C 依然会发生（因为稍晚一些的 B 仍然可以产生 C）。理论结果与实际情况不符。

在胜出状况中更是如此，A 和 B 都是 C 的原因，但当 A 和 B 同时出现时，C 的出现取决于 A。因此，当现实世界中同时发生了 A 和 B 时，C 得以产生的真实原因是 A，而非 B。然而，根据反事实因果论，A 不能算作 C 的原因，因为就算 A 没有发生，C 依然会发生（当 A 不发生时，B 可以使 C 发生）。反事实因果论所得出的因果判断再次与实际发生冲突。

在第三章中，笔者已经详细说明过，反事实因果论经过修改或许可以尝试解决前抢占的问题，但是对于其他三种状况便显得束手无策。需要重申的是，笔者并不是想要说明反事实因果论具有怎样的缺陷，而是要说明，一个适用性更广、解释性更强的因果理论需要为更多的因果状况提供合理的解释。如果出现了该因果理论无法解释的因果现象，那么，学者们就应该尝试着对该因果理论做出调整和补充，直至问题解决。

例如，针对反事实因果论遇到的诸多困难，学者们一直在努力为其寻求出路，试图完善对于反事实因果论的阐述，从而使其可以为上述因果难题提供合理的因果解释。前文没有展开的是，刘易斯针对后抢占状况所带来的问题，也提出了解决方案，即将反事实因果论中的"事件"概念加以重新解读。① 刘易斯的大致思路是将事件碎片化，即，在后抢占状况中，由于 B 稍晚一些，所以由 B 产生的 C2 和由 A 产生的 C1 在时间上并不相同，应该被视作两个不同的事件。所以，A 的确是 C1 的原因，因为如果 A 不发生，那么 C1 便不会发生（取而代之的是 B 导致的 C2）。然而，将事件碎片化也会遇到一些问题，比如在事件中除了加入时间要素，还应该加入哪些要素，选取要素的标准是什么；再比如，太过碎片化的事件有可能让许多因果描述成为一种很琐碎的描述，因为原因中的任一要素稍微变化后，就将变成一个新的原因，结果也是如此，稍有不同便成为一个新的结果。如此得来的因果关系似乎永远到达不了类型的层面。

关于刘易斯的解决方案和衍生困难，在这里不予赘述。此处，笔者仍然想要强调的是，一个乍看上去合理的因果理论在面对这些特殊的因果状况时，很有可能遇到各种理论困难。为了使这一因果理论更加完善，学者们就要尽可能地让它提供更加合理的因果解释和因果判断。此外，笔者也并非针对反事实因果论，事实上，每一种因果理论都可能面临各种因果困难。因而，每一种因果理论都会经历不断的理论完善和改良。

在展示干涉主义因果论之前，笔者想要再多提及两个因果理论，以此说明因果难题确实是几乎所有因果理论都要面临的一个挑战，

---

① 参见 Lewis, D., "Causation as Influence", *Journal of Philosophy*, Vol. 97, 2000。

非常棘手。首先，简要说明概率因果论，该理论主张 X 是 Y 的原因当且仅当 X 的发生可以使 Y 发生的概率提高（Y 更有可能发生）。这一点同样非常符合直观，而且该理论将概率的概念引入因果判断之中，得到学者们的普遍认同。然而，在面对上述四种因果难题时，概率因果论和反事实因果论一样，同样无法提供令人满意的因果解释。

由于笔者已经较为详细地阐明了反事实因果论为何无法解释因果难题，因而不再逐一说明概率因果论的问题为何，因为两个因果理论之所以会遇到问题的内在原因是一致的。根据这两个理论的阐释，X 和 Y 之间存在因果关系就在于 X 的出现与否会对 Y 的出现产生影响。对于反事实因果论而言，在可能世界中，X 的不出现会导致 Y 的不出现；而对于概率因果论而言，X 的出现会提高 Y 出现的概率。然而，在上述四种因果难题中，都有一个共同之处，即，无论 A 是否发生，C 同样会发生。所以 C 的发生概率并无变化，按照概率因果论的判断，A 在这四种状况中都无法成为 C 的原因，但实际情况并非如此，故有冲突。

上文提到的萨尔蒙和德欧[1][2]的机制因果理论认为因果关系的存在与否取决于是否有能量的传递，或者说是否有完整的因果链条。因此，该理论可以解释过决定、前抢占和后抢占状况中 A 和 C 的因果关系。比如，在过决定中，A 和 B 与 C 之间都存在完整的因果链条，A 和 B 都将能量传递给了 C，因此 A 和 B 都是 C 的原因。而在前抢占状况中，B 并未出现，所以 B 和 C 之间在现实世界中没有能量传递，存在传递的是 A 和 C 之间。在后抢占状况中，实际上存在完整因果链条的依然是 A 和 C，B 由于晚了一些，所以当 B 的能量还没有传递到 C 时，C 就已经被 A 产生了。所以 A，而非 B，是 C

---

[1] 参见 Salmon, W., *Causality and Explanation*, Oxford University Press, 1998。

[2] 参见 Dowe, P., "Wesley Salmon's Process Theory of Causality and the Conserved Quantity Theory", *Philosophy of Science*, Vol. 59, No. 2, 1992。

的原因。

但是，在面对胜出状况时，该理论还是遭遇了困难。因为 A 和 B 与 C 之间确实都存在完整的因果链条，A 和 B 也都有能量传递给 C。只不过是因为 A 的在场，B 的因果链条才无法"胜出"，使得 A 成了 C 实际上的唯一原因。萨尔蒙和德欧面临的问题便是，既然 A 和 B 所产生的两个因果链条都是完整的，为何只有 A 才能被称作 C 的原因。

此处我们不再枚举更多的因果理论，也不再过多说明他们在面对这四种特殊的因果状况时可能遇到的种种问题。接下来，笔者将着重阐明伍德沃德的干涉主义因果论在面对这四种因果状况时，如何给出与事实相符的因果解释。

以干涉主义因果论的核心思想为基础，伍德沃德提出，如果想要证明 X 的某个取值（比如 X = x）是否为 Y 的某个实际取值（比如 Y = y）的实际原因（actual cause），就要判定以下两个条件式是否被满足：

（AC1）实际取值 X = x，且实际取值 Y = y；

（AC2）从 X 到 Y 之间至少存在一个路径 R，使得对 X 的干涉可以改变 Y 的数值，同时确保不在该路径上的其他 Y 的直接原因 Z 被固定为它们实际的数值（假定当 X 被干涉时，Y 的所有不在路径 R 上的直接原因都可以保持实际的数值）；

X = x 是 Y = y 的实际原因当且仅当 AC1 和 AC2 同时被满足。[1]

运用这一判定，我们先来探讨一下前抢占和胜出状况。假设前抢占的场景，杀手 A 和 B 都接到命令暗杀总统 C。杀手 B 是一个后备方

---

[1] Woodward, J., *Making Things Happen: A Theory of Causal Explanation*, Oxford: Oxford University Press, 2003, p. 77.

案，如果 A 成功射杀，则 B 不采取行动；如果 A 没能扣动扳机，则 B 将射杀总统。实际情况是，A 成功地射杀了总统。现在，我们来讨论 A 开枪是否是 C 被射杀的实际原因。A、B 和 C 的实际取值如下，"A = 开枪""B = 没开枪""C = 被射杀"。（AC1）的条件得到满足。A 和 C 之间存在一条路径，且 B 不在这条路径之上。此时，将 B 固定在实际的数值之上，即没有开枪。如果 A 被干涉，由开枪变为没有开枪，那么 C 将会由被暗杀变为没有被暗杀。（AC2）也得到满足。此证，A 开枪的确是 C 被射杀的实际原因。

再来假设胜出的场景。假设士兵既要服从中士的命令也要服从少校的命令，但如果少校和中士同时给出命令，士兵则要服从拥有更高军衔的少校的命令。现实的状况如下：少校和中士同时下达稍息的命令，结果士兵稍息。那么，少校的命令是士兵稍息的实际原因吗？首先，实际取值是这样的，"少校的命令 = 稍息""中士的命令 = 稍息""士兵的行为 = 稍息"。条件式（AC1）得到满足。此时，少校的命令和士兵的行为之间存在一条路径，且中士的命令并不在该路径之上。我们将中士的命令固定在实际取值之上，即稍息。如果此时，我们对少校的命令进行干涉，使其从稍息变为向左转，那么，士兵的行为也将由原本的该有的稍息变为向右转。（AC2）也得到满足。此证，少校的命令是士兵行为的实际原因。

那么再来看看中士的命令是否为士兵稍息的实际原因呢？根据以上分析，（AC1）是可以被满足的。而少校的命令并不在中士的命令与士兵的行为之间的路径之上，所以要被固定为实际的数值，即稍息。如果此时，我们对中士的命令进行干涉，使其从稍息变为向右转，士兵的行为并没有改变，依然遵照少校的命令而稍息。（AC2）没有得到满足。此证，中士的命令并不是士兵行为的实际原因。

虽然在处理前抢占和胜出状况时，伍德沃德的因果理论非常顺利，但在面对过决定和后抢占状况时，该理论同样遇到了一些困难。拿过决定为例，张三和李四同时扔石头砸碎玻璃，那么根据干涉主义因果论，张三扔石头是否算作玻璃破碎的原因呢？实际的取值是，

"张三 = 扔石头""李四 = 扔石头""玻璃 = 破碎"。(AC1) 可以得到满足。李四并不在张三和玻璃之间的路径之上，所以将李四固定在实际取值上。此时，如果干涉张三，使其没有扔石头，但玻璃依旧破碎了（因为李四扔了石头）。(AC2) 没能被满足，所以，张三扔石头无法算作玻璃破碎的原因。同理可得，李四扔石头也无法算作玻璃破碎的原因。这显然是与事实不符的结论。后抢占和过决定一样，遇到类似的问题。

伍德沃德面对这样的困难表示，该理论可做适当调整，调整的部分在于，不在路径上的其他直接原因不一定非要固定成实际的数值，也可以固定成非实际的数值。然而，并不是所有的直接原因都可以固定成非实际的数值，稍有不慎，就可能将假原因误当作真原因。

考虑以下情况，假设一个线路发生短路，但现场是无氧环境，则并不会发生火灾。此时，发生短路与否和发生火灾与否并没有因果关联。然而，如果任意将没有氧气这一数值固定为有氧气，就会发现，干涉线路是否发生短路会改变火灾发生与否。这样一来，就会将本来没有因果关联的事情也算作有因果关联的。所以，我们不可以将不在路径上的其他的直接原因任意固定成非实际的数值。

那么，哪些直接原因可以被固定成非实际的数值呢？伍德沃德引入了约瑟夫·哈尔彭（Joseph Halpern）、玻尔和克里斯托弗·希区柯克（Christopher Hitchcock）关于"冗赘值域"（redundancy range）的概念[1][2]。简要地说，"冗赘值域"是指这样一些变量，它们在变量集 V_i 中，但不在从 X 到 Y 的路径 P 之上。如果给定了 X 的实际取值，当我们将 V_i 中的数值干涉为 v_1、v_2……v_n 时，Y 的实际取值并没有受到影响，发生改变，我们便说 V_i 对于路径 P 来说是

---

[1] 参见 Halpern, J., Pearl, J., *Causes and Explanations: A Structural Model Approach*, Technical report R-266, Cognitive Systems Laboratory, Los Angeles: University of California, 2000。

[2] 参见 Hitchcock, C., "The Intransitivity of Causation Revealed in Equations and Graphs", *Journal of Philosophy*, Vol. 98, No. 6, 2001。

"冗赘值域"。其中，V_i 取实际数值或非实际数值都在这个"冗赘值域"之中。如果引入这一概念，我们便可以将对实际原因的因果判断调整如下：

（AC1*）实际取值 X = x，且实际取值 Y = y；
（AC2*）对于每一个从 X 到 Y 的直接路径 P 来说，将 Y 的所有的不在 P 之上的其他直接原因 Z_i 都通过干涉固定在冗赘值域之中的某些数值组。然后判定，对于从 X 到 Y 的每一条路径和每一组 Y 的直接原因 Z_i 的可能数值，其中，Z_i 不在路径上，且在冗赘值域之中，是否存在一个对 X 的干涉可以带来 Y 的数值变化。如果对于至少一条路径，和冗赘值域中的 Z_i 的一个可能数值组来说，答案是肯定的，那么（AC2*）被满足。

X = x 是 Y = y 的实际原因当且仅当（AC1*）和（AC2*）同时被满足。①

调整后的因果判定过程如下，我们先找出在从 X 到 Y 的路径 P 以外是否存在"冗赘值域"，如果有，我们便可对"冗赘值域"中的数值进行修改，使其成为实际数值或非实际数值，然后再判断 X 和 Y 之间是否存在干涉关联。根据新的判定方案，前抢占和胜出状况依然可以得到令人满意的答案，我们便不再重复论证。接下来，主要运用新的方案来解释一下过决定和后抢占状况。

在过决定状况中，将张三设为实际数值，即扔石头。在此情况之下，无论我们将李四的数值设为扔石头或不扔石头，都对结果没有影响，即玻璃都会破碎。因此得出，李四的行为在"冗赘值域"之中。继而，我们看看在新的因果判定方案之下，张三扔石头是否算作玻璃破碎的实际原因。实际取值为，"张三 = 扔石头""玻璃 =

---

① Woodward, J., *Making Things Happen: A Theory of Causal Explanation*, Oxford: Oxford University Press, 2003, p. 84.

破碎"。(AC1*) 得到满足。李四的行为在张三的行为与玻璃的状态之间的路径之外，且在"冗赘值域"之中。我们将李四的行为通过干涉固定为非实际的取值，即不扔石头。此时，通过干涉张三的行为，玻璃的状态将会随之改变。因此，存在一条张三的行为与玻璃的状态之间的路径，且在"冗赘值域"中有一个可能的数值，使得对张三行为的干涉可以改变玻璃的状态。(AC2*) 得以满足。此证，张三扔石头是玻璃破碎的实际原因。同理可证，李四扔石头也可以算作玻璃破碎的实际原因。据此，这一理论的因果判断与事实相符。

在后抢占的状况中，张三和李四依然都扔了石头，但是张三比李四早扔了一秒钟，所以当李四的石头到达玻璃时，玻璃已经破碎了。根据调整后的因果判定，张三扔石头是否为玻璃破碎的实际原因呢？首先，我们将张三的行为设为实际行为，即扔石头。在此情况下，无论李四是否扔石头，都不会影响玻璃的状态，即玻璃无论如何都会破碎。因此，李四的行为属于"冗赘值域"。此后的论证便和上文中过决定的推理过程一样，不再重复。最终，我们将李四的行为固定为非实际的数值，从而实现了张三扔石头与玻璃破碎之间的干涉关联。后抢占的状况也得到了合理的解释。

反观后抢占状况中的李四，将李四的行为取值为实际数值，即比张三晚一秒扔石头。在此情况下，张三是否扔石头会影响到李四的石头能否击碎玻璃，因此，张三的行为不属于值域。此时使用原先的因果判定来判断李四扔石头是否为玻璃破碎的实际原因。取值情况如下："李四 = 扔石头""玻璃 = 破碎"。AC1 得到满足。由于张三的行为不在"冗赘值域"中，因此，我们仍然将张三的行为固定为实际数值，即扔石头。此时，将李四的行为干涉为不扔石头，玻璃依然会破碎。所以，AC2 没有得到满足。此证，李四扔石头并不是玻璃破碎的实际原因。这一结论与事实也是相符的。

综上所述，通过伍德沃德关于实际原因的判定理论（原先的和调整后的），我们对四种特殊的因果关系所作出的因果判断都与事实相符。凭此点，我们可以得到如下结论：伍德沃德的干涉主义因果论作为一个纯粹的因果理论拥有其充足的合理性，选择这样的因果理论作为讨论心灵因果性的理论框架可以帮助我们免除很多后顾之忧与质疑。在接下来的小节中，笔者将详细澄清伍德沃德的因果理论的两个独有特征——干涉变量与不变性，从而更加清晰地展示出该理论的特殊性与优势。

二 干涉主义因果论的两大特征

（一）干涉变量

在笔者看来，伍德沃德的干涉主义因果论中最显著、最独有的特征当属对干涉变量的规范和详细阐述。这根源于伍德沃德对因果关系的理解，在他看来，因果关系在本质上来说是要提供给我们一些信息，即，结果是通过方式被产生的，或者说，通过怎样的手段，我们可以达到预期的目的。这也是他为何选择操控主义为其理论的根本基石。

既然要为结果的产生过程提供具体信息，除了原因本身之外，干涉主义因果论自然也要对干涉的过程加以详述。换句话说，我们要弄清原因产生了怎样的变化，在什么条件下产生变化，在什么环境中产生变化，才导致了结果的发生，这样，我们才能全面真实地把握原因和结果之间的作用关系。

伍德沃德之所以对"原因被干涉"这一环节格外谨慎和小心，是因为，如果干涉的过程不恰当，或者说，是错误的，我们便很有可能得出一个错误的因果判断。举例来说，在医学界，我们常常需要设计一些实验来检测研发出的药物是否能成功地治疗疾病。在实验中，我们会选择一群患有该疾病的患者，然后将患者分为两拨，一拨服用研发的药品，一拨不服用，从而观察是否服用药品的患者得以康复的概率高一些。这种实验方法所体现的思想就是典型的干涉主义因果观，通过对比服药与否和康复与否的对应关系，得出该药物能否达到治疗疾病的目的。

然而，在实验过程中，有一个环节必不可少，那就是两拨患者不可以知道自己服用的是实验的药品还是普通的营养片。因为如果患者知道自己服用的是什么，很有可能产生不同的心理作用，消极的或积极的，而这些心理作用很有可能影响我们的实验结果。也就是说，最后康复的患者可能并不得益于新开发的药物，而是因为他们知道自己服用了有效药，所以心情舒爽、乐观开心，进而导致病症减弱。相反，那些知道自己不过服用了营养片的人可能始终处于焦虑紧张、悲观恐惧的情绪之中，所以才使得病症依然持续甚至加重。

另外，在对患者分组的时候要根据随机分组的原则，不能将有相同体征或有相近临床症状的患者归为同一组。比如将偏瘦的患者分为一组或将血糖偏低的病人分为一组等。这样做也是为了排除其他因素对实验的干扰，确保患者的康复仅仅是由于服用了药物。

还有一个非常典型的例子值得说明。在社会学中有过一个调查，想要研究私立学校的教学与学生所获成就之间是否存在因果关联。起初，该调查分别在私立学校和公立学校随机抽取一定数量的样本，然后阶段性地追踪访问，最后发现上私立学校的学生更容易在各个领域获得成就。因此，社会学家们得出结论称，私立学校的教学水平更高，更有助于学生获得成就。

然而，后来的学者表示这一结论未必成立。因为他们发现，供孩子上私立学校的家长往往是非常重视教育的，而且通常拥有比较丰厚的财力和更高的社会地位。这些家长对孩子的学业有更高的要求和期待，平时也会花更多的时间培养和督促孩子，并尽可能地创造机会为孩子的发展提供更好的平台。因此，使得孩子获得更高成就的并不一定是私立学校的教学水平，很有可能是家长们对教育的重视程度。换句话说，之前的调查可以说不太周全，因为它在研究因果关系时没有考虑到结果可能受到其他因素的干扰。根据之前的调查，我们很有可能将并非是真实原因的那个因素错当成原因。

为了更准确地研究私立学校的教学与学生所获成就之间是否存在相应的因果关系，我们应该首先随机选出一些愿意参加实验的对象，然后随机选取一半的孩子，让其在私立学校上学，再让另一半在公立学校上学，之后再追踪报道他们的成长历程，看看私立学校毕业的孩子是否更容易获得成就。这样的实验调查才能排除其他因素对孩子获得成就这一结果的影响，从而让我们更清晰地看出私立学校的教学作为原因是否当之无愧。

通过这两个例子，我们不难看出，在判定因果关系时，特别需要注意的是不要让结果受到其他因素的干扰。伍德沃德指出，要想做到这一点，我们就要想办法保证"针对某个变量 Y，施加于变量 X 上的干涉应当是这样一种因果过程，即它通过一种恰当的外生（exogenous）方式来改变 X 的取值。如此一来，如果 Y 的数值发生变化，只能是因为 X 的数值发生了变化，而不会是因为其他的某个因果路径"①。

出于以上考虑，伍德沃德指出，当我们在因果判断中引入一个干涉变量时，需要满足三个条件。首先，这个干涉变量 I 应该切除 X 与变量集 V 中所有其他变量的因果联系，也就是说，X 的变化只可能由 I 引起，变量集 V 中的其他变量都无法再对 X 造成因果影响。伍德沃德将这种干涉变量 I 描述成一个开关，当开关旋转到某一位置时，即 I 取某一数值时，X 便和变量集 V 切断了联系。玻尔和皮特·思博特斯（Peter Spirtes）等人在描述干涉概念时，也曾提到过类似的特征，他们将其称为"斩断箭头"（arrow-breaking）②③④。而所谓"斩断箭头"，就是指 I 的出现，让 X 和变量集 V 中其他变量之

---

① Woodward, J., *Making Things Happen: A Theory of Causal Explanation*, Oxford: Oxford University Press, 2003, p. 94.

② 这里谈论的箭头是指从一个变量到另一个变量之间的因果箭头。现如今，大部分的学者在讨论因果关系时都倾向于使用因果图表（causal graph），X 是 Y 的原因用图表表现为"X→Y"。利用这种因果图表，我们可以更加清晰、直观地阐明各个变量之间的因果关联。

③ 参见 Pearl, J., *Causality: Models, Reasoning and Inference*, New York: Cambridge University Press, 2000。

④ 参见 Spirtes, P., Glymour, C. and Scheines, R. eds., *Causation, Prediction and Search*, Cambridge: MIT Press, 2000。

间的因果关系都不复存在。他们和伍德沃德的想法类似，都试图让 X 的取值仅仅受 I 值的影响，相当于用从 I 到 X 的单一指向箭头取代了之前所有指向 X 的其他箭头。

其次，干涉变量 I 本身不可以独立地因果作用于结果 Y，如果有任何的因果影响，也必须是经过 X，否则，干涉变量将会严重影响我们的因果判断。这一要求可谓是伍德沃德对于干涉变量进行规范的最重要的环节，它实际上是在说明，干涉变量 I 绝对不可以是变量 X 和 Y 的共同原因（common cause），因为在共同原因的情况下，因果理论稍有不慎就会引发严重的问题，即我们可能将具有共同原因的两个结果变量误判为存在因果关系——当 A 同时引起 B 和 C 时，我们通过观察容易误以为 B 是 C 的原因或者 C 是 B 的原因，因为二者总是相伴随而出现。

在第三章中，笔者就曾提出过共同原因的两个结果之间被误判为因果关系的案例。根据律则主义因果论和个体主义因果论，两者显然具有某种因果关系。根据反事实因果论，我们也极有可能认为 B 和 C 有因果关系，因为 B 不出现则 C 也不出现，反之亦然。但真实的情况是，A 的不出现导致两者都不出现，B 和 C 之间并没有因果关系。而根据未对干涉变量进行要求的干涉主义的因果理论，我们同样会得出错误的结果，因为当 B 的数值受到 A 的干涉而发生改变时，C 的数值也随之发生改变。然而，真正让 C 的数值产生变化的实际上是干涉变量 A 本身。

举例说明，气压变低会导致测压计的指数降低，同时会伴随暴风雨。因此，气压降低是一个共同原因。如果我们不对干涉变量进行规范和限制的话，便会错误地判定测压计的指数为暴风雨的原因，因为当我们将气压作为干涉变量对测压计的指数进行干涉时，就会发现，在这一干涉下暴风雨的状况的确会随之发生变化，从而判断出错误的因果关联。但如果加上了这条对干涉变量的要求，我们便不能将气压用作测压计指数的干涉变量，而是应该使用其他不会直接导致暴风雨来临的变量。比方说，我们可以将测压计放在一个密闭的实验装置中，人为地调节气压的高低，从而干涉测压计的指数变化。在如此的干涉之下，暴风雨显然不会因测压计指数的变化而变化。据此可得，测压计的指数并不是暴风雨来临与否的原因。

最后一个条件是，干涉变量 I 还不可以和 X 之外的那些能够直接导致 Y 发生的变量之间存在关联。其实这一要求与之前的要求道理相同，都是为了避免出现共同原因的情况。换句话说，假设干涉变量 I 在作用于 X 的同时，影响了 Z 的变化，而 Z 是一个独立于 X 的、可以对 Y 产生直接作用的变量。此时，我们仍然有可能对 X 进行误判，错把它当作 Y 的原因。

总结来说，后面的两个条件都是为了防止一件事情的发生，即，X 搭了其他变量的顺风车，被我们误判为 Y 的原因，而实际上，对 Y 施加因果作用的是其他变量，并非 X。根据伍德沃德对干涉变量提出的三个条件，他提出，干涉变量的定义如下：

IV：I 是 X 相对于 Y 的介入变量，当且仅当：

I1. I 引起 X；

I2. I 对于其他所有引起 X 的变量来说是一个开关，即，当 I 实现特定数值时，X 不再依靠引起 X 的其他变量，而是仅仅依赖于 I 的数值；

I3. 任何从 I 到 Y 的有向路径都经过 X，即，I 不直接引起 Y，也不引起除 X 以外的 Y 的其他原因，除非这些原因在"I—X—Y"的通路上，即，除非这些原因（a）是 X 的结果或（b）在 I 和 X 之间但不会独立于 X 的作用于 Y；

I4. I 独立于所有不经过包含 X 的有向路径但引起 Y 的变量 Z。[1]

---

[1] Woodward, J., *Making Things Happen: A Theory of Causal Explanation*, Oxford: Oxford University Press, 2003, p. 98.

需要再次强调的是，干涉主义因果论最大的独特之处就在于它对因果判断中可能出现的干扰因素的排除。在伍德沃德看来，最大的干扰来自被他称为"混淆者"（confounder）的变量。所谓的"混淆者"就是结果变量 Y 的真实原因，但由于处理不当，判断失误，我们才将变量 X 错当成 Y 的虚假原因（spurious cause）。

在之前的事例中，心理作用便是影响我们对药物效果进行判断的"混淆者"，它们的存在使得我们有可能误以为药物有效，而实际上让病人康复的真实原因是他们的心理作用；家长对子女教育的重视程度是我们在对私立学校的教学水平进行因果判断时的"混淆者"，它们的干扰使得我们误以为私立学校的教学水平有助于学生获得更高成就，然而，真正让他们获得成就的是家长对于教育的重视程度；气压值是我们在对测压计的指数进行因果判断时的"混淆者"，如果将它作为干涉变量，便会让我们错误地判定测压计的指数是暴风雨来临与否的原因，而真实的原因其实是气压值的变化。

总结来说，"混淆者"往往具有两个特征。第一，它可以直接导致结果 Y 的发生。第二，"混淆者"往往都有一些衍生物，它们或者直接导致了衍生物的发生，或者和衍生物之间存在一种很强的相关性。正是由于"混淆者"和它的衍生物相伴而生，才会让衍生物搭上"混淆者"的顺风车，造成一种它们是结果 Y 的原因的错觉。

为了避免"混淆者"造成的误判，伍德沃德采取的策略就是将所有潜在的、可能的"混淆者"都固定住，然后在此基础上，用那些与 Y 没有因果关联或只能通过 X 才能和 Y 产生因果关联的变量对 X 进行干涉，从而观察 X 的变化是否会带来 Y 的变化。只有这样，我们才能确定，使得 Y 发生改变的仅仅是变量 X，而非其他。

笔者认为，强调对"混淆者"的固定可谓是伍德沃德的干涉主义因果论中最重要的特点，也是该理论优于其他理论的关键之一。当然，这一特点在讨论心灵因果性时会遇到一些理论上的困难，在第五章中笔者会重点阐述，这里不予赘述。在接下来的小节中，笔者将说明干涉主义因果论中的第二个特点，即不变性（invariance）。

(二) 不变性

伍德沃德除了要说明因果关系该如何判定之外，还想重点解决的问题是因果解释①在何种意义上被给出。或者说，特殊科学能否给出合理的因果解释。之所以特殊科学与因果解释之间会产生张力，源于一直以来学界对因果解释的理解。

很多哲学家都认为，解释是一个以法理（nomothetic）为基础的概念，因此，一个成功的解释必须诉诸法则。而对于法则来说，一个公认的前提假设便是，法则是一种没有例外的规律。但是这样一来，我们便会面临一个困境。一方面，大多数人都相信特殊科学是可以成功地提供解释的。但另一方面，特殊科学给出的这些解释中所包含的规律性似乎无法达到法则的标准要求。例如，这些解释往往不是毫无例外的，它们最多只能在有限的领域或时空间隔中成立。面对这样的困境，想要证明特殊科学可以提供好的解释的学者们只能尽量说明这些解释在什么意义上符合法则性的基本条件。然而，这一想法实施起来并不顺利。伍德沃德指出，"这个策略的吸引力并非存在于其内在的可能性，而在于构建一个可辩护的、能够替代以法理为基础的解释概念太过困难"②。和前人不同，伍德沃德试图用干涉主义的思想对解释作出说明，从而让解释这一概念脱离和法则的紧密联系，为特殊科

---

① 在很多学者看来，因果与解释是两个相近但非常不同的概念，两个概念具有不一样的属性，不可相互混淆。比如，因果性具有传递性，即 A 是 B 的原因，B 是 C 的原因，则 A 是 C 的原因；但解释性就不具有这种传递性。但是，伍德沃德提出，在解释中存在众多种类，比如构成性的解释、历史性的解释等，但他所关注的是因果性的解释。该解释主要是为我们提供有关因果联系的解释，因此，被伍德沃德视作和因果性紧密相连，甚至可以相互替代的概念。所以，当本书提到因果性解释时，讨论的依然是对因果性的描述。此外，在伍德沃德的理论框架中，因果性与因果相关（causal relevance）也是可以互换的概念。他并不像有些学者那般（Hiddleston, 2001; Antony, 1991; Walter, 2007; Macdonald and Macdonald, 1995）将因果性与因果相关区别开来，认为因果相关是比因果性弱一些的关联概念。而在伍德沃德看来，因果关联依然是在揭示因果关系，和因果性没有本质上的区别。

② Woodward, J., "Explanation and Invariance in the Special Science", *British Journal for the Philosophy of Science*, Vol. 51, No. 2, 2000, pp. 197–254, 198.

学创造更多的解释空间。

在阐述伍德沃德的因果解释理论之前，我们需要先对以法理为基础的解释理论稍加说明，这样才能对比出伍德沃德的理论有何不同之处。最经典的解释理论莫过于卡尔·亨普尔（Carl Hempel）给出的"演绎—律则模型"，简称"DN 模型"。①

简单来说，根据"DN 模型"，一个科学解释有两个主要的组成部分：被解释项（explanandum）和解释项（explanans）。前者是指一个"描写了有待解释的现象"的语句，后者是指"那组为了对这一现象作出解释所引证的语句"②。为了让解释项可以成功对被解释项作出解释，我们必须满足两个条件。首先，"被解释项必须是解释项的逻辑结果"，并且"解释项所包含的语句必须为真"。③ 换句话说，科学解释应该如同一个有效的演绎论证，从解释项到被解释项就好比从前提到结论。这就是"DN 模型"中的"演绎"部分。

其次，也是非常核心的一点，解释项必须包含至少一个法则，而且这个法则必须是演绎过程中的本质前提，即，如果这个前提被移除，那么对被解释项的整个演绎都不再有效。这就是"DN 模型"中的"律则"部分。由此可见，法则概念在"DN 模型"中起着至关重要的作用。因此，何为法则，法则的本质是什么，法则性应该如何被定义成了拥护"DN 模型"的哲学家和科学家们需要关注的重要话题。

具体的论证和争议我们并不详谈，在这里，笔者只想涉及与本书相关的问题。比方说，无论学者们试图如何定义法则概念，他们都共同持有一个基本的直观目的，即试图成功区分法则性与偶然性。

---

① 参见 Hempel, C., *Aspects of Scientific Explanation and Other Essays in the Philosophy of Science*, New York: Free Press, 1965。

② 参见 Hempel, C., *Aspects of Scientific Explanation and Other Essays in the Philosophy of Science*, New York: Free Press, 1965, p.247。

③ 参见 Hempel, C., *Aspects of Scientific Explanation and Other Essays in the Philosophy of Science*, New York: Free Press, 1965, p.248。

换句话说，在他们看来，在很多真的规律中，有些只是恰巧的、偶然的为真，而有些则可以被称作法则。拿亨普尔的例子来说，以下两个规律都是真的：

（1）1964年这一年，所有格林伯里董事会的成员都是秃子；

（2）当在恒定的压力之下，所有的气体在被加热之后都会膨胀。

对比来看，（1）的真只是偶然的，而（2）则是一条法则。在"DN模型"的拥护者看来，只有和（2）一样的、属于法则的规律才能为我们提供因果解释。比如，当（2）和一些信息结合在一起，如，某些特定的样本气体在恒定的压力下被加热，它们便可以解释为什么这些气体会膨胀。然而，当（1）这类偶然的规律和一些信息结合在一起，如，某个人在1964年的时候是格林伯里董事会的成员之一，它们并不能解释为什么这个人是秃子。

这个事例是非常清晰的，并且很有说服力，在直观上也没有问题。然而，对偶然性和法则的截然区别本身为"DN模型"的支持者们带来了严重的理论难题。一方面，除去大家都公认的一个标准，即，法则是不存在例外的，而偶然性的规律是允许例外发生的，再没有什么标准得到所有人的认可。虽然"DN模型"的支持者都同意对偶然性和法则的区分是理论的关键环节，但区分标准究竟该如何给出，却没有定论。这不禁让人怀疑偶然性与法则之间是否真的存在所谓"非此即彼"的界限。

另一方面，也是更严峻的问题，就是"DN模型"的支持者们要怎样对待特殊科学给出的解释。如果说，法则是给出解释的必备前提，或者，只有通过法则我们才能成功地给出解释，就意味着，特殊科学给出的规律必须是法则，即必须符合法则的基本标准——没有例外（exceptionless）。然而，所谓的特殊科学，比如生物学、心理学和经济学等，似乎都无法给出令人满意的法则性的规律。

举例来说，奥地利学者格里戈·孟德尔（Gregor Mendel）的分离定律（law of segregation）提出，在生物的体细胞中，控制同一性状的遗传因子成对存在，不相融合；在形成配子时，成对的遗传因子发生分离，分离后的遗传因子以 1∶1 的比例分别进入不同的配子中，随配子遗传给后代。这一定律在进化生物学中广为应用，并为遗传性状提供了合理的解释。然而，后人的实验早已证明，该定律存在很多例外，比如减数分裂的驱动。

如此一来，由于例外的存在，特殊科学很难给出如法则一样的规律。而根据偶然性与法则的截然区分，特殊科学所提供的规律貌似只能沦为偶然性的规律，从而丧失了成功给出解释的可能性。但这与事实明显不符。分离定律的成立虽然需要外部条件，虽然出现一些例外，但它依旧可以为我们解释，为什么特定的后代具有如此这般的遗传因子。我们并不会将这类解释和之前提到的"为何某董事会成员是秃子"等量齐观。

针对"DN 模型"遇到的诸多问题，或者说，针对将法则视为因果解释的核心环节这一主张带来的理论困境，伍德沃德提出，我们或许应该重新审视规律这一概念，以及法则与因果解释之间的必需关系。简略地说，在他看来，规律是一个程度概念，而不是非此即彼、两极分化的概念。而因果解释的给出并不以法则为必要条件。

首先，因果解释在他看来并不是由前提逻辑推出的结论，而是在展示一种操控关系，这一点和伍德沃德的干涉主义因果观一致。"解释关系是这样一种关系，原则上来说，它可以被用于操控和控制，即，它告诉我们如果其他变量（解释项）被改变或操控，某些特定的变量（被解释项）会如何变化。"[①] 这里之所以提到"原则

---

① Woodward, J., "Explanation and Invariance in the Special Science", *British Journal for the Philosophy of Science*, Vol. 51, No. 2, 2000, pp. 197–254, 198.

上",依旧是因为操控不一定要实际发生,只要在设想的实验中可以成功,我们预期的操控关系便可成立。通过对因果解释的重新界定,我们不必再追求一个因果解释中是否包含了没有例外的律则,只要该解释能提供给我们如何通过解释项来操控被解释项即可。

如果我们这样来理解解释的概念,那么,便不难接受,一个规律能否被用作解释并不取决于它是否具有法则性,而在于它是否和操纵有关,且这种操纵是否具有不变性。何为不变性?

对不变性的一个基本想法是:一个描述了两个或更多变量之间的关系的规律是不变的,如果当其他诸多条件变化时,它能保持不动——保持稳定或不变。一段关系或一个规律在怎样的一组或一系列变化中保持不动,便说明它的不变性领域(domain)有多大……不变性是一个相对概念——通常一个关系对于特定范围(range)的变化而言是不变的,但对于其他变化而言却并非如此。[①]

在这里需要重点强调的是,所谓诸多其他条件变化,而规律所展示关系式维持不动实际上具有两层含义。第一,是指规律中所涉及的变量本身的取值发生变化时(受到干涉),规律所展示的变量间关系依然成立。第二,是指除规律中所涉及的变量之外的变量发生变化时,规律所展示的变量间的关系依然成立。换句话说,当规律所处的背景发生变化时,规律的有效性依然得以延续。

举例说明,牛顿的万有引力公式"$F = Gm_1 m_2 / r^2$"想要说明万有引力的大小和物体的质量及两个物体之间的距离有关。物体的质量越大,它们之间的万有引力就越大;物体之间的距离越远,它们之间的万有引力就越小。这是一个典型的规律,而且由于其具有最广泛的不变性,完全具备解释力,可以为我们解答为何两个物体之间具有这样的引力。如上文所述,它的不变性体现在两个层面。

在第一个层面中,如果规律中的质量和距离变量发生变化,比

[①] Woodward, J., "Explanation and Invariance in the Special Science", *British Journal for the Philosophy of Science*, Vol. 51, No. 2, 2000, p. 205.

如在我们的干涉下变为任意数值，那么，引力的数值也会随之发生相应的变化，而且变化规律符合这个公式。这个层面的不变性在范围上是无限广阔的，因为无论我们将质量和距离干涉为何值，它们与引力之间的变化关系都会维持不动，不会发生改变。而在第二个层面中，如果我们将规律之外的背景条件加以改变，如两物体的绝对位置（相对位置保持不变）、速度、颜色、化学成分等，这个规律所展示的关系依然如故。换句话说，其他变量的取值不同，并不会影响两物体的质量和距离与两物体之间引力的关系。这个层面的不变性同样在范围上是无限广阔的，因为无论我们对两个物体的质量和距离之外的任何变量进行修改，规律所呈现的关系都不会受到影响。

万有引力的两层不变性范围都没有边界，或许反而不太利于我们理解何为在一定范围内的不变性。因此，笔者将引入两个有范围的不变性的事例。其一，胡克定律"$F = -k \cdot x$"或"$\Delta F = -k \cdot \Delta x$"想要表达的是固体材料受力之后，材料中的应力与应变（单位变形量）之间呈线性关系。当我们通过干涉赋予变量 X（弹簧的伸长量）某些数值时，变量 F（弹簧的应力）会随之发生相应的变化，所以这一规律在第一个层面上具有不变性。然而，当我们将变量 X 的取值设为一个超越弹簧伸长量极限的数值时，变量 F 就不会再发生相应的变化，而是停留在弹簧所能承受的应力极限之上。因此，规律所展示的不变性具有一定范围，即弹簧伸长量极限以内的范围。只有在这个范围内，规律才能维持它的稳定性和不变性；超出这个范围之外，规律所展示的关系将不再成立。

其次，"水的沸点是一百摄氏度"这一规律可以用来解释为什么水会沸腾。然而，这一规律在第二个层面上的不变性是有范围的：如果我们将规律之外的变量，如气压值，改变成高于标准气压，这一规律所反映的温度与沸点之间的关系便不复存在。只有当作为背景的气压变量一直保持在标准气压值上，规律才能维持它的不变性。

针对第二个层面的不变性，即规律在多大的背景范围内保持不变，伍德沃德提出了一个全新的概念。他称其为"敏感度（sensitivity）"："一般来说，一个因果主张是敏感的，如果它在现实的环境中可以维系，但在与现实环境有所不同的环境中却无法继续维系。一个因果主张是不敏感的就在于，就算现实的环境发生了各种各样的变化，它依然可以继续维系。"①

有时，伍德沃德在谈论敏感度时会使用"环境"（circumstance）这一术语，有时会使用"背景"，但其实它们所指代的都是规律所不包含的那些变量。他对这些外在变量的考察和敏感度的分析都是为了更进一步地研究规律的适用范围，或者说，维持不变性的范围。

通过对不变性概念的引入，规律不再是一个绝对的概念，即，或是法则，或是偶然的。相应地，规律也不再简单地分为有解释力的规律和没有解释力的规律。在伍德沃德的重新审视之下，规律成了一个相对的概念，一个可以量化的概念。我们可以说，一个规律G_1比另一个规律G_2在更广阔的范围内具有不变性（这里的更广阔可以在第一个层面或第二个层面或两个层面综合起来）。相应地，也可以说G_1的解释力比G_2的解释力更强。

这样做的好处便是，规律不再仅仅分为两个阵营——法则和偶然，而是其不变性的范围可以由空集到无限大的一个序列。这样一来，特殊科学所涉及的规律便不再面临之前的两难困境，即，既不符合法则所要求的"毫无例外"，又不能被视作偶然的规律。在伍德沃德的诠释之下，特殊科学中的规律具有非常广泛的不变性，其不变性的范围也许无法达到科学定律具有的不变性的范围。然而，这充其量只能说明，特殊科学中的规律所提供的因果解释比科学定律要弱一些，适用范围要窄一些。我们并不能因此就全面否定特殊科学提供因果解释的可能性。

换句话说，特殊科学所涉及的规律能否提供合格的因果解释在

---

① Woodward, J., "Sensitive and Insensitive Causation", *Philosophical Review*, Vol. 115, No. 1, 2006, pp. 1-50, 2.

于，这些规律是否具有一定稳定程度的不变性，以及这些规律是否与"通过改变变量 X 可以改变变量 Y"这种操纵关系有关。至于特殊科学中的规律往往是在"其他条件不变"的情况下才会成立，这一特点并不能影响其成功地构成因果解释。

在结束这一部分以前，还有一点需要补充说明。之前我们是想要论证，如果将因果概念的本质理解为展示一种操纵关系，即，通过干涉一个变量，我们可以干涉另一个变量，那么因果解释最核心的功能也应该是提供给我们一个关于操纵关系的解释。换句话说，一个因果解释是否成功取决于解释项中是否包含了"通过干涉达到改变目的"这一本质思想。在这种理解之下，一个规律即便不是严格的法则，但只要体现了操纵关系，便可以被我们用作合理的因果解释。这说明法则并不像"DN 模型"所声称的那样，是因果解释的必要条件。而接下来我们要补充的是，法则也不是因果解释的充分条件。

我们再来回顾一下萨尔蒙在 1971 年提出的关于"DN 模型"的反例：

（法则）所有定期吃避孕药的男人都不会怀孕；
（条件）约翰先生是一个定期吃避孕药的男人；
（被解释项）约翰先生不会怀孕。

根据"DN 模型"对于解释的定义，该法则可以用以解释为什么约翰先生不会怀孕。然而，我们并不会认为这是一个合理的因果解释。相比起来，下面这个因果解释便合理有效：

（法则）所有满足条件 K（K 包括具备生育能力，经常有性生活等）且定期服用避孕药的女人不会怀孕。
（条件）约翰夫人满足条件 K，且定期服用避孕药。
（被解释项）约翰夫人没有怀孕。

同样是从法则推导出来的结论，为什么后一个解释有效，而前一个解释无效呢？结合之前我们提过的因果解释的核心思想，不难发现，后一个法则反映了操控关系，即，如果我们通过干涉，让女人停止服用避孕药，那么满足条件K的女人就由不会怀孕变成会怀孕。这一法则揭示了服药与怀孕之间的变化关系，体现了服药对怀孕的影响作用，因此，由这一法则提供的因果解释符合"假设事情不同将会怎样"这一要求。

而前一个法则并没有体现操纵关系，即，即使我们通过干涉，让男人停止服用避孕药，他们依然不会怀孕。在这个法则中，服药对男人是否怀孕没有操控力和影响力，并不能被视作男人不会怀孕的原因。换句话说，服药与男人怀孕与否并没有因果上的关联，因此，用服药与否来对男人怀孕与否进行因果解释，是不合理、不被接受的。

通过上述事例，我们可以看出，并不是所有法则都必然体现操控关系，即，不是所有法则都与因果性必然相关，因而，法则既不是构成因果解释的必要条件，也不是其充分条件。这一点再次证明，特殊科学中的那些不符合法则要求的规律依然可以成功地为我们提供合理的因果解释，只要这些规律体现了操控关系。

总结来说，伍德沃德的因果观与其对因果解释的全新理解都为特殊科学的因果解释力提供了充足的空间。因此，如果非还原的物理主义想要为心灵属性的因果力（同样包括因果解释力）辩护，选择伍德沃德的干涉主义因果论作为讨论框架至少可以保证心灵属性作为原因的可能性，而不至于其被先天地否定。

在接下来的小节中，笔者将重点阐述两个与干涉主义因果论非常相近的因果理论——对比理论与反事实理论。通过比较，笔者将说明干涉主义因果论比后两者具有怎样的理论优势，以及为什么我们应该选择前者作为讨论心灵因果性的理论框架。

三 干涉主义因果论与其他因果理论的异同

在这一小节中，笔者将着重梳理干涉主义因果论和其他有关的因果理论的异同，借此来展示前者在理论上的优势。进行对比的理论包括上一章阐述的律则主义因果论、个体主义因果论和反事实因果论，也包括没有提及但和干涉主义因果论非常相近的对比因果论。

（一）与律则主义因果论和个体主义因果论的对比

在上一章中，笔者重点分析了以休谟为首的律则主义因果论。该理论的因果观是非常符合日常直觉的，即，c 和 e 存在因果关系的表现就在于，每当 c 出现之后，e 都紧随着出现。其中的重点在于，c 和 e 的这种接续出现是恒常的，也正是这种恒常联结，让我们在心理上产生了一种习惯，当下一次 c 再出现时，我们可以预期 e 的出现。

但是，笔者也提出了律则主义因果论的理论缺陷，一个明显的问题就是该理论非常容易混淆虚假的因果关系和真正的因果关系，因为在很多情况下，c 和 e 虽然总是伴随着出现，但二者之间其实并不构成因果关系。此外，休谟引入的"习惯"概念显然不足以帮助我们理解因果关系中所暗含的那种必然性。也就是说，"习惯"并不能合理地解释为什么当 c 出现时，e 总能伴随出现。

个体主义因果论虽然和律则主义因果论不同，即，对于因果关系的分析无须很多事件序列，单个的事件 c 和 e 就可以确立因果关系。但是，个体主义因果论和律则主义因果论一样，都依赖于观察到的事件之间的接续性，而且个体主义因果论同样面临上文中提到的两个问题。因此，笔者将律则主义因果论和个体主义因果论放在一起，和干涉主义因果论进行对比。

笔者认为，干涉主义因果论与律则主义因果论和个体主义因果论相比，最大的不同，同时也是最大的理论优势在于，前者摒弃了"观察"在寻找因果关系中的基础作用。恰恰是对"观察"的否定和对干涉的肯定，使得干涉主义因果论能够更好地区分因果关系和非因果关系（尤其是那些虚假的、极具迷惑性的因果关系）。

干涉主义因果论最强调的部分就是对干涉手段的运用。而干涉就是一种主动的措施，相比之下，观察就仅仅是被动的措施。这也是为什么干涉主义因果论可以帮助我们更好地甄别虚假的和真实的因果关系。举先前的案例，私立学校的学生比公立学校的学生获得的成就高。如果用律则主义因果论和个体主义因果论来加以判断的话，很容易得出在私立学校上学是学生获得的成就高的原因，或者私立学校的教育水平导致学生获得的成就高，因为进入私立学校上学往往伴随着学生获得的成就高。如果仅仅是通过观察数据，确实容易得出这样的结论。

然而，通过干涉手段，我们便可以辨别出虚假的原因。例如，随机分派学生进入私立学校和公立学校，然后比较学生们所获得成就的高低。因为进入私立学校的学生获得的成就高有可能并非是因为私立学校的教学水平，而是因为可以送学生进入私立学校的家庭收入高，父母受教育程度高，或者父母对子女的教育问题格外重视。换句话说，这些因素可能是导致学生进入私立学校和学生获得的成就高的共同原因。如果采取干涉手段，我们便可以更加清晰地辨别出私立学校的教学质量是否是虚假的原因。

更重要的是，这种干涉手段很好地解答了因果关系中所暗含的必然性。再次强调，这里的必然性并非概率上的必然，如 c 发生，e 百分之百地会伴随着发生。而是说我们有什么理由相信，在未来的某个时刻，c 发生了，e 仍然大概率地会伴随着发生。前文提到，律则主义因果论和个体主义因果论在这个问题上始终无法给出令人满意的答案。但是干涉主义因果论可以为这种必然性提供更多的信息，因为通过干涉过程，该理论不光说明了 c 的发生导致 e 的发生，还能说明我们通过怎样的手段让 c 发生，从而控制 e 的发生。除此之外，该理论甚至还能说明如果采用某种手段让 c 发生，我们是否能够通过这种方式让 e 也随之发生。这些信息都为 c 和 e 之间的接续发生提供了更多的合理解释，排除了更多的干扰因素，让我们更加有理由相信，在未来某一时刻，c 的发生仍然会导致 e 的发生。

关于被动观察和主动干涉之间的差别，以及干涉手段在因果研究中的重要地位，珀尔也给出了相关论证。这一点在上文已经有所提及，此处，笔者将再次进行展开。在他 2000 年出版的著作中，珀尔就指出，干涉的重要性在于切断了一个变量和他的父辈变量集（parents variable set）之间的关系，也阻隔了和该变量存在依赖关系的变量的干扰。[1]

珀尔在该书中举过一个案例，上文中笔者截取了其中两个变量进行说明，在此我们将讨论案例的全貌，以更加充分地了解主动干涉与被动观察之间的差别。在一个变量集中有 5 个存在依赖关系的变量，而 X1、X2、X3、X4、X5，分别代表季节、雨水、喷水器、潮湿、打滑。其中季节可以赋值为干季和雨季，雨水赋值为有无，喷水器赋值为开关，潮湿和打滑都赋值为有无。我们不难看出，这 5 个变量存在一定的依赖关系。比如，干季的时候喷水器更容易处于开着的状态，而喷水器打开后，路面就更容易潮湿，继而更容易打滑。雨季的时候雨水更多，路面更容易潮湿也更容易打滑。贝叶斯网络图示如图 4-1 所示。

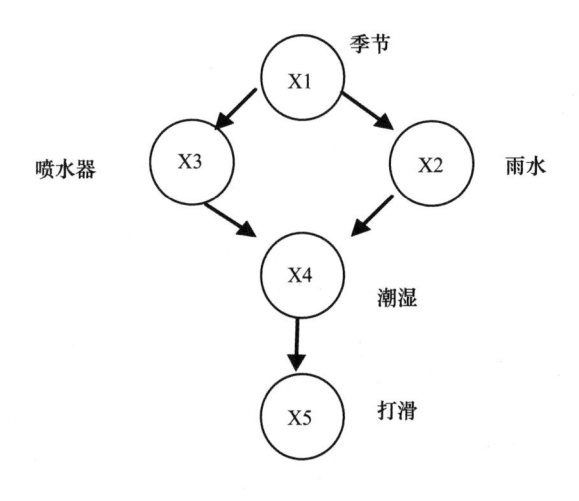

图 4-1

注：反映了 5 个变量之间依赖关系的贝叶斯网络图。[2]

---

① Pearl, J., *Models, Reasoning, and Inference* (2nd edition), Cambridge University Press, 2009, p. 15.

② Pearl, J., *Models, Reasoning, and Inference* (2nd edition), Cambridge University Press, 2009, p. 15.

然而，这幅图只是根据我们的观察数据得出的，从中得到的联合分布只能反映出，这些事件发生的概率是多少，以及变量之间的条件概率是多少。只有在使用了干涉手段之后，我们才可以得出因果模型，并得出更多的信息。让我们不光了解到观察所得的变化，更能知道通过外在干涉，我们所能控制的变化。

干涉手段的重要作用就是通过网络图外的因素改变变量集中的变量数值，从而切断该变量和其他变量的依赖关系。换句话说，就是让这一变量成为没有父辈变量集的起始变量，从而考察它和后续变量之间是否存在因果关系。这样做的目的正如伍德沃德所强调的那样，是为了排除其他变量的干扰。例如，对上图中的喷水器进行干涉，我们便将之前的贝叶斯网络图中从 $X1$ 到 $X3$ 的箭头抹去了，如图 4-2 所示。

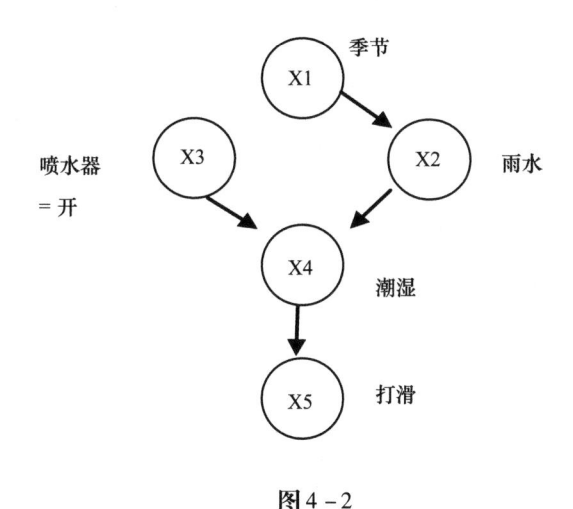

图 4-2

注：反映了喷水器取值为开的网络图。

如此这般地进行干涉之后，剩余变量的联合分布也随之发生了变化。此前的联合分布如下：

$(X1, X2, X3, X4, X5) = P(X1) P(X2 | X1) P(X3 | X1) P(X4 | X2, X3) P(X5 | X4)$

而干涉后的联合分布如下：

(X1，X2，X4，X5) = P (X1) P (X2 | X1) P (X4 | X2, X3 = 开) P (X5 | X4)

显而易见，在干涉之后，X3 的取值已经通过外在手段被确定为"开"，这一取值与 X1 的取值再无瓜葛。因此，我们取消掉了 P (X3 | X1) 这一因子，并且将所有条件概率中处于条件位置的 X3 都取值为"开"。换句话说，当我们人为干涉了喷水器的取值之后，它的开关机制就完全改变了，季节并不在其中发挥任何作用。而喷水器的开关与否也和是否有雨水之间没有任何关联了。

珀尔指出，这就是看（seeing）和做（doing）之间的区别。前者是一种观察，即，我们可以观察到"X3 = 开"这一状态；而后者是一个行动（do）（X3 = 开）。在观察到喷水器处于打开状态之后，我们会推理出很多可能性，比如现在正处于干季，很有可能不会下雨，地面潮湿。但如果是通过行动使得喷水器打开的话，除了地面潮湿之外，我们不会再考虑季节和下雨这两个因素。

珀尔所说的区分和伍德沃德所强调的对于干涉过程的规范和要求是一致的。他们都重点说明了被干涉的变量通过这一干涉被切断了和其他变量之间的依赖或因果关系，从而达到以下目的，即，当我们考察这个变量和其他变量的因果关系时，我们更加可以确定因果效力来自这一变量而非其他干扰因素，据此，也更能确定当在未来某一时刻这个变量出现时，它的结果变量也会伴随着出现。

除此之外，就像伍德沃德强调的所谓干涉并非一定要是实际上的干涉一样，珀尔也重点论证了反事实条件下的干涉才是因果性最核心的步骤。也就是说，当我们谈论因果时，光是通过实际控制实现了 c 和 e 的接续发生还不够，我们还要说明假设我们通过某个特定的干涉使得 c 发生，e 同样会伴随着发生。只有说明了后一点，才是更加有效的、强有力的因果解释。换句话说，这种并非实际发生的干涉过程更能帮助我们解决休谟关于必然性的问题。

鉴于此，笔者将简要阐释一下珀尔关于因果三层次的表述，作为对干涉主义因果论的补充说明。珀尔提出，我们其实有三个层次的问题：第一，预测层面，例如，如果我们发现喷水器是关闭的，道路会不会湿滑？第二，干涉层面，例如，如果我们使得喷水器关闭，道路会不会湿滑？第三，反事实层面，例如，假设喷水器关闭，道路会不会湿滑（但事实上喷水器是开着的，而且道路并不湿滑）？

而这三个层面的问题就对应着三种能力——观察能力、行动能力和想象能力。珀尔认为，对于因果关系的学习需要我们掌握并逐级地发挥这三种能力，用以解答每一个层面的问题。珀尔提出，"处于第一层级的是关联，在这个层级中我们通过观察寻找规律"[1]。观察能力是一种被动能力，但是通过观察我们可以作出一些预测。比如，统计学家通过收集和分析数据可以分析出，在亚马逊网上书店购买《三国演义》的人购买《西游记》的可能性有多大，或者购买牙膏的顾客同时购买美白牙贴的可能性有多大。回答这种问题只需要我们收集顾客的购买数据，再分析出条件概率即可。通过这种观察和分析，我们便能找出这些购买行为之间的关联程度。

但是，这些分析及所得的关联并不能为我们展示因果关系，我们无法知道哪个是因哪个是果。即便是再完善的数据分析，即使得出再强的关联关系，我们也不能通过观察来的这些数据得出购买《三国演义》是购买《西游记》的原因，或购买《西游记》是购买《三国演义》的原因。为此，我们必须进入因果关系之梯的第二个台阶。

在这一层级中，我们要掌握一种脱离于数据的新知识，那就是"干预"。珀尔认为"干预比关联更高级，因为它不仅涉及被动观察，还涉及主动改变现状"[2]。正如前文所述，在很多情况下，主动地干涉可以帮助我们甄别虚假的原因和真实的原因。比如，当我们

---

[1] ［美］朱迪亚·珀尔、［美］达纳·麦肯齐：《为什么：关于因果关系的新科学》，江生、于华译，中信出版集团2019年版，第7页。

[2] ［美］朱迪亚·珀尔、［美］达纳·麦肯齐：《为什么：关于因果关系的新科学》，江生、于华译，中信出版集团2019年版，第10页。

观察到气压计指数降低时，很可能伴随着暴风雨的到来。但如果我们主动将气压计指数调低，那么可以预测暴风雨基本不会到来。这是因为气压计指数只是一个虚假的原因，真实的原因是气压的数值变化。

在这一层面，我们不再想知道购买《三国演义》的人中有多少会购买《西游记》，而是想知道，如果我们将《三国演义》的定价调高，《西游记》的销售量会不会发生变化。有些人可能会问，这个问题为什么不能同样通过观察数据来进行分析，在历史上，肯定出现过《三国演义》的定价被调高的时候，我们收集一下定价调高后《西游记》的销售量不就可以了吗？这样做肯定是不行的。因为曾经出现过的定价调高可能是多种原因导致的，我们无法判断会不会是这些原因同时导致了《西游记》的销售量提高或降低。但如果是我们主动地进行干涉，就好比喷水器被强制打开一样，《三国演义》的价格就成为一个没有父辈因果集的初始变量，这时我们再研究《西游记》的销售量，便可以在很大程度上确定《西游记》销售量的变化是《三国演义》的调价导致的。

除此之外，在干涉层面上得出的诸多结论和判断可以更好地为我们制定决策。可以设想一下，如果《西游记》滞销，商场想要采取一些措施来解决这个问题，提高销量。一个资料显示，经过观察，我们发现《三国演义》的定价调高时，《西游记》的销量会增加。另一个资料显示，经过人为干涉将《三国演义》的定价调高时，《西游记》的销量会增加。那么，要想促使商场采取措施对《三国演义》进行调价，显然，第二份资料更有说服力。

当然，珀尔进一步提出，虽然第二个层面至关重要，但我们仍然需要因果之梯的第三个层面，也是最高层面，那就是回答一些反事实的问题。不是我们采取了什么行动会怎样，而是假设我们采取了什么行动会怎样。这是一种想象中的干涉。珀尔表示："将反事实置于因果关系之梯的顶层，已经充分表明了我将其视为人类意识进化过程的关键时刻。我完全赞同尤瓦尔·赫拉利（Yuval Harari）的观点，即对虚构创造物的描述是一种新能力的体现，他称这种新能力的出现为认知革命。"①

总结来说，珀尔认为我们在学习因果关系的过程中要经历三个阶段，第一个阶段需要我们看和观察，我们所关注的问题是，变量之间的关联是怎样的？观察到 X 会怎样改变我们对 Y 的看法？第二个阶段需要我们行动和干预，我们所关注的问题是如果我们实施 X 行动，那么 Y 会怎样？怎样让 Y 发生？第三个阶段需要我们想象和反思，我们所关注的问题是假如 X 没有发生会如何？假如我们之前采取了不同的行动呢？

通过珀尔的理论的补充，我们可以更好地理解干涉（包括反事实地干涉）与观察的本质区别。笔者认为，这一点是干涉主义因果论与律则主义因果论和个体主义因果论最大的理论差别，引入了干涉手段，并对干涉手段加以规范和限定也成了干涉主义因果论突出的理论优势。

（二）与反事实因果理论的对比

接下来，让我们讨论一下干涉主义因果论与反事实因果论的异同，从而论述为何我们应该选择前者来讨论心灵因果性。在前一章，笔者已经详细阐释了反事实因果论的基本框架。简要地说，刘易斯对因果概念的分析策略是将其还原为反事实依赖关系。对其进行大致概括便是，c 是 e 的原因当且仅当：

（D1）e 的发生反事实地依赖于 c 的发生；
（D2）e 的不发生反事实地依赖于 e 的不发生。

伍德沃德的干涉主义因果论中虽然同样涉及反事实条件句，即，假设我们干涉 X，使得 X 的数值发生变化，Y 的数值是否也发生变化。

---

① ［美］朱迪亚·珀尔、［美］达纳·麦肯齐：《为什么：关于因果关系的新科学》，江生、于华译，中信出版集团 2019 年版，第 13 页。

然而，该理论和反事实因果论还是存在很大差别的。第一点不同在于，反事实因果论中对反事实依赖概念的使用涉及可能世界离现实世界远近的问题。所谓离现实世界最近，就是指所讨论的可能世界尽可能地与现实世界一样。很多学者都提出，如何判断离现实世界远近本身并没有一定的标准。虽然刘易斯尝试地给出过一个判断远近的先后顺序，然而，这个顺序本身仍然存在很大争议。如果远近标准无法确定的话，就会使理论遇到困难。

我们拿气压计指数的例子来分析。现实世界中，气压计指数为 n，此时并没有发生暴雨。为了判断气压计指数与暴雨之间是否存在因果关系，我们将假设一个可能世界 W_1，在这个世界中，由于气压降低，气压计指数降低为 m，此时，暴风雨来临。我们再假设一个可能世界 W_2，在这个世界中，由于科学家将气压计置于气压调节仪器之中，使得气压计指数降低为 m，此时，暴风雨并未来临。我们再假设一个可能世界 W_3，在这个世界中，由于一个神秘力量或奇迹，气压计指数莫名地降低为 m，此时，暴风雨并未来临。

比较这三个可能世界，我们会发现，它们与现实世界的差别分别是气压不同、气压计被放置的地点不同、有一个奇迹发生。那么，这三个可能世界哪一个离现实世界最近呢？由于标准的不同，答案无从得出。由于距离远近无法确定，我们根据反事实因果理论有可能得出两个截然相反的判断。

如果 W_1 是离现实世界最近的可能世界，那么，暴风雨来临反事实地依赖于气压计指数的降低，因为气压计指数降低且暴风雨来临的可能世界 W_1 比任何气压计指数降低却没有暴风雨来临的世界离现实世界更近。而现实世界中，气压计指数为 n 且暴风雨没有到来，所以我们只需考虑暴风雨来临是否反事实地依赖于气压计指数降低为 m 即可。因此，根据上述论证，我们可以得出，如果 W_1 是最近的可能世界，那么气压计指数降低便是暴风雨来临的原因。

如果 W_2 或 W_3 是离现实世界最近的可能世界，那么，暴风雨来临便没有反事实地依赖于气压计指数的降低，因为某个气压计指数降低且暴风雨来临的可能世界无法做到比任何气压计指数降低却没有暴风雨来临的世界离现实世界更近。换句话说，存在气压计指数降低却没有暴风雨来临的世界 W_2 或 W_3 比气压计指数降低且暴风雨来临的可能世界离现实世界更近。据此得出，气压计指数的降低并不是暴风雨来临的原因。

由此可见，可能世界的远近不同会造成不同的因果判断。所以，无法给远近提供一个准确的界定标准会给反事实因果论造成很大的困扰。相比之下，干涉主义因果论便不存在这样的问题。因为在该理论中，并没有在多个可能世界中进行远近对比。而是对我们进行干涉后的可能世界提出了明确的规定，比如，在这个可能世界中，干涉变量必须符合四条要求，变量本身不能是"混淆者"，也不能引起其他"混淆者"的变化；除此之外，干涉变量在对 X 进行干涉的同时，可能世界中其他的"混淆者"都必须被固定为现实世界的数值。

在这些具体的规定之下，我们进行干涉的那个可能世界中有哪些变量必须和现实世界保持一致，哪些无关紧要的变量可以与现实世界不同，被勾勒得非常清晰。这样一来，干涉主义就避免了讨论可能世界远近的困扰，同时还能防止"混淆者"带来的干扰。

第二点不一样的地方在于，干涉主义所涉及的反事实是一种"主动的反事实"，因为被干涉的变量是经过我们的设计才发生了相应的变化，反事实的状况并非被动地发生。这样的"主动的反事实"更能体现出，原因之于结果就好像手段之于目的，因果关系就是一种原因对结果的操控关系。当然，这种主动的核心并不在于反事实的过程中有行动者参与，而在于，这种反事实的状态为我们提供了更详细的信息，例如原因在怎样的变化下使得结果产生，或者，原因对结果产生因果作用力时处于怎样的背景和环境。这些信息都是反事实因果论无法提供的。

第三点也是最重要的一点不同在于，反事实因果论忽视了对条件式（D1）的深入分析。换句话说，该理论没有对现实世界已经发生的那个条件式进行更多的考量。在刘易斯的理解中，现实世界中已经发生的 c 和 e 使得 e 对 c 的反事实依赖自动为真，所以无须再议。然而 c 和 e 的同时发生有可能存在巨大的偶然性，有可能依赖于某个背景条件，而这种偶然性和依赖性很可能大大降低了 c 和 e 之间的因果关联，或者说，大大地降低了 c 对 e 的因果解释力。换句话说，有时候，c 不发生时确保 e 也不发生容易，但 c 发生时确保 e 也发生反而不容易。

然而，干涉主义的因果论在研究 X 是否是 Y 的原因时，对两组需要对比的数值都进行了探讨，即"$X = x_1$，$Y = y_1$"和"$X = x_2$ 时，$Y = y_2$"。接下来，为了和反事实因果论更清晰地做出比较，我们将干涉主义因果论暂时写成以下形式：

X 是 Y 的原因当且仅当在恰当地干涉且其他变量保持不变时：
(4.1) $X = x_1 \square\!\!\rightarrow Y = y_1$
(4.2) $X = x_2 \square\!\!\rightarrow Y = y_2$

伍德沃德在 2006 年的文章中指出，刘易斯总是集中讨论（4.2）成立与否，而他则认为，结合他所提出的因果敏感度的概念，X 与 Y 之间的因果敏感度应该取决于（4.1）和（4.2）这两个条件式的敏感度。这里所谓敏感度和之前提到的一样，是指当一些背景条件发生改变之后，反事实条件句（4.1）和（4.2）是否还能持续成立。

他还强调说，很多时候（4.1）比（4.2）更能决定因果式的敏感度，或者说，前者比后者能提供给我们更多关于因果式的信息，绝不像刘易斯所说的那样，琐碎（trivially）为真。他提出：

在我们评价因果式的敏感度时，反事实条件句（4.1）敏感与否比反事实条件句（4.2）敏感与否占有更重的分量，继而也决定了我们对它的反应。如果反事实条件句（4.1）高度敏感，那么，在其他条件不变的情况下，它会给我们造成如下印象：该因果式也很敏感，甚至不标准、有问题，或者，至少和典型的（paradigmatic）因果主张不同，即便反事实条件句（4.2）相对来说并不敏感。相比之下，如果（4.1）不敏感而（4.2）很敏感的话，因果式依然可以被我们视作没有问题。换句话说，在其他条件都相同的情况下，我们更加重视如下因果关系，在其中，与原因和结果的出现相关的反事实条件句相对不敏感，但不是很关心与原因和结果均不出现相关的反事实条件句的敏感性。然而，并不是说我们完全不关心后者的敏感性。特别是，相比于（4.1）敏感而（4.2）不敏感，如果（4.1）相对敏感，（4.2）也相对敏感，我们便更倾向于判定与后者关联的因果式是敏感的。①

刘易斯也曾提出，有些因果关系是敏感的，有些不敏感。他举了这样一个例子，设想他写了一封非常有力的推荐信，直接导致 X 得到了一份工作。而且如果没有他的推荐信，X 不可能得到这份工作。同时，本来可以得到这份工作的 Y 因为他的这封推荐信与这份工作失之交臂，获得了其他工作，诸如此类。

因此，这封信导致 X 和 Y 拥有了如此这般的人生，如果没有刘易斯的这封推荐信，他们就会遇到不同的人，生出不同的孩子。换句话说，如果没有这封推荐信，某个人不会来到这个世界上。因而，这个人的出生及之后的死亡可以说是这封推荐信导致的一个后果。根据反事实因果论，让我们将这个在未来会出现并死亡的人设为 N，继而判断以下两个反事实条件句：

---

① Woodward, J., "Sensitive and Insensitive Causation", *Philosophical Review*, Vol. 115, No. 1, 2006, pp. 1–50, 4–5.

(4a) 如果刘易斯写了这封推荐信,则 N 会死亡。
(4b) 如果刘易斯没有写这封推荐信,则 N 不会死亡。

这两个条件句均为真,所以反事实依赖均成立,我们可以得出,写推荐信导致了 N 的死亡。这一结论有些违背我们的直觉,对此,刘易斯给出的解释是,这个因果关系虽然成立,但是非常敏感,因为存在太多的环节可以打破这条因果链。然而,他并没有发现,这个因果关系的敏感性主要来自(4a)的敏感度。

根据伍德沃德的解释,有关现实发生的原因和结果的反事实条件句的敏感度往往起着关键作用,值得我们倍加注意。在对(4a)的敏感度进行研究之后,我们不难发现,(4a)是高度敏感的反事实条件句。"如果刘易斯写了推荐信,而现实的环境在各方面都大相径庭,N 便不会存在,也不会死亡。比如,如果和现实相反,N 的祖父 Z 并没有搬去城市 A,该城市就是 N 的祖母 X 通过刘易斯的推荐信所获职位的所在地;或者,Z 没有在他本该遇到 X 的酒吧里逗留太久……那么,N 不可能存在。"[①]

也就是说,"如果刘易斯写信,则 N 死亡"是高度依赖其所处背景和环境的,背景中的很多变量稍作改变,就会导致写信与 N 死亡之间的关联不复存在。相比之下,(4b)远没有那么敏感。这就更加印证了,因果关系的敏感度往往取决于有关现实世界中已经存在的关系变量。因而,如果现实世界中,"$X = x_1$"且"$Y = y_1$",我们便更应该关注"x_1 导致 y_1"所具有的敏感性。

因此,同时关注两个反事实条件式的敏感度的干涉主义因果论比只关注一个反事实条件式的敏感度的反事实因果论更容易发现因果式的敏感度,并提供更合理的解释。

---

① Woodward, J., "Sensitive and Insensitive Causation", *Philosophical Review*, Vol. 115, No. 1, 2006, pp. 1–50, 18.

(三) 与对比因果论的对比

最后，让我们来分析一下干涉主义因果论与对比因果论的异同，进而剖析前者各方面的理论优势。首先，对比因果论之所以和干涉主义因果论非常相似，是因为二者的核心思想来源于操控主义。相比于干涉主义，对比因果论是一种极简的操控主义，直接明了地展示了我们对操控主义因果观的直觉把握。学者们有时还称之为"制造不同"（making-difference）的理论，从而体现其对操控主义精髓的体现。我们通过以下定义，粗略了解一下对比因果论的大体思路。

X 是 Y 的原因当且仅当：

C1：如果 X 发生，则 Y 也会发生；
C2：如果 X 不发生，则 Y 也不发生。

换句话说，我们所要对比的就是当 X 从发生变为不发生时，Y 是否也会从发生变为不发生。从变量取值的角度来说就是，当"$X = x_1$"时，"$Y = y_1$"；当"$X \neq x_1$"时，"$Y \neq y_2$"。这一思路和伍德沃德所主张的干涉主义因果论有非常相似的地方，后者在判断因果关系时，也需要进行对比，即，X 和 Y 是否满足如下关系：当"$X = x_1$"时，"$Y = y_1$"；当"$X = x_2$"时，"$Y = y_2$"。两者相比较，存在两点区别。通过对这两点区别的阐述，笔者将展示伍德沃德因果论的优势之处。

第一点区别在于，对比因果论在 C1、C2 的对比式中并没有分析在何种情况下 X 发生变化。换句话说，对比因果论并没有如干涉主义那般为了提供"X 发生何种变化时，Y 跟着发生变化"的信息。这样一来，就有可能出现之前提过的"混淆者"所带来的问题，即让我们将虚假的原因误判为真实的原因。

用之前的实验举例说明，如果我们将用以实验新型药品的病人分成两组，并告诉两组病人哪一组服下的是药品，哪一组服下的是安慰剂，结果前一组病人的康复率远高于后一组。此时，根据对比因果论，我们会得出以下结论，即新型药品有助于病人康复。因为根据公式：

（C3）如果病人服药，则更容易康复；
（C4）如果病人不服药，则不容易康复。

然而，正如之前所论证的，这样的因果判断会忽略一个重要的干扰因素，即病人的心理作用在治疗疾病时所起的作用。如果真正使病人康复的实际上是他们乐观的心态，至于服用什么药品无关紧要，那么病人的心理就成为"混淆者"。而对比因果论的因果判断过程并没有哪个环节可以排除"混淆者"所带来的干扰，所以才会被"服药使得病人康复"这种假象所迷惑，从而作出错误的因果判断。

因此，在这一点上，干涉主义因果论略胜一筹，因为它对干涉环节进行了进一步的规范，从而有力地排除了来自"混淆者"的干扰，大幅度提高了因果判断的准确性。这也是为什么很多学者在借鉴干涉主义因果论的基础上改造了对比因果论。①②③

根据这些学者的改良，对比因果论加入了"当 X 被恰当地干涉之后"这一条件，作为其进行对比时的一个前提。而所谓"恰当地干涉"就包含伍德沃德提出的、适用于排除"混淆者"干扰的四条规定。改良后的对比因果论如下：

---

① 参见 Zhong, L., "Sophisticated Exclusion and Sophisticated Causation", *Journal of Philosophy*, Vol. 111, No. 7, 2014。
② 参见 Raatikainen, P., "Causation, Exclusion, and the Special Sciences", *Erkenntnis*, Vol. 73, No. 3, 2010。
③ 参见 Menzies, P. and List, C., "The Causal Autonomy of the Special Sciences", in Cynthia McDonald and Graham McDonald eds., *Emergence in Mind*, Oxford: Oxford University Press, 2010。

X 是 Y 的原因当且仅当：

经过对 X 进行恰当的干涉后，

C5：如果 X 发生，则 Y 也会发生；

C6：如果 X 不发生，则 Y 也不发生。

然而，经过这样的改良，对比因果论依然和干涉主义因果论存在很大差别。回顾一下后者对因果关系的定义：相对于变量集 V，X 是 Y（类型层面上）的直接原因的充分且必要条件是，存在一个对 X 的可能的干涉，当 V 中的其他变量 Z 的数值都被固定时，该干涉能改变 Y 或 Y 的概率分布。在这个定义中，对 X 的干涉是指使得 X 的取值由 x_1 变为 x_2，而且伍德沃德强调说，只要找出一个满足条件的可能干涉即可，并非要求任意的干涉都能使得 Y 因为 X 的变化而变化。

正因如此，伍德沃德才引入了不变性的概念，以及不变性所揭示的因果关系的适用范围或幅度。从取值的角度来说，不变性的第一层含义便是，如果 X 的取值由 x_1 变为 x_2、x_3……x_n 时，X 和 Y 之间的变化关系依然成立，我们则称 X 和 Y 之间的因果关系具有一定的不变性。而 n 的数值越大，则不变性的范围越广阔。有时，n 的数值可以是无穷大，则说明不变性的范围达到最大，因果关系最为稳固，因果解释的力度最强。

相比较而言，对比因果论中的因果概念更强一些，因为它要求 X 的取值由 x_1 改变为任意的 x_n 时，Y 都要随之发生变化。对比因果论不再涉及干涉主义中的不变性的第一层含义，因为在对比因果论的定义中，不再涉及 n 的数值变化。换句话说，只有在干涉主义因果论中不变性范围最大的因果关系、解释力最强的因果关系才能被称作对比因果论中的因果关系。由此可见，在干涉主义因果论中能称作因果关系的，在对比因果论中未必能称作因果关系；但在对比因果论中能称作因果关系的，在干涉主义因果论中一定能称作因果关系。

正是因为对比因果论中的因果定义过强，所以会导致一些我们认为体现了因果性的关系无法被判定为因果关系。比如，房间里有一个开关大灯的旋钮，当旋钮的指针旋转到大于90°的时候，灯便会亮起来；反之，如果没有达到90°，灯便会一直保持熄灭的状态。此时，我们认为，"将旋钮的指针转到大于90°"是"灯亮起来"的原因。根据干涉主义因果论，当我们将旋钮的指针从大于90°干涉为90°或50°等，灯的状态都会从亮着变为熄灭。因此，因果式成立。而根据对比因果论，当我们对旋钮进行恰当的干涉时：

C7：如果指针的角度大于90°，则灯会亮着；
C8：如果指针的角度小于等于90°，则灯会熄灭。

C7和C8均成立，此证，因果式成立。面对这样的解释力最强、不变性范围最大的因果式，两个理论得出的结论是一样的。然而，如果我们改为判定"将旋钮的指针转到大于100°"是否为"灯亮起来"的原因时，两个因果论便会得出不同的结论。根据干涉主义因果论，当我们将旋钮的指针从大于100°依然干涉为90°或50°等小于90°的数值，灯的状态都会从亮着变为熄灭。因此，因果式成立。而根据对比因果论，当我们对旋钮进行恰当的干涉时：

C9：如果指针的角度大于100°，则灯会亮着；
C10：如果指针的角度小于等于100°，则灯会熄灭。

C10不成立。因为如果指针的角度为95°，则灯依然会亮着，不会熄灭。此证，因果式不成立。但是，在这种情况下，我们通常认为，"将旋钮的指针转到大于100°"可以算作"灯亮起来"的原因，只是这个原因不是那么准确，并没有对"灯亮起来"的原因进行最恰当的刻画而已。按照干涉主义因果论的解读，"将旋钮的指针转到大于100°"和"将旋钮的指针转到大于90°"同样展现出了旋钮指针与灯亮与否的变化关系，同样揭示出我们可以通过旋转指针来操控灯的状态。而且，二者都具有不变性，而区别在于，前者的不变性范围没有后者广阔。因此，二者都可以被称作"灯亮起来"的原因，只不过后者具有更强的因果解释力。

可是，根据对比因果论，"将旋钮的指针转到大于 100°"却无法算作"灯亮起来"的原因。也就是说，对比因果论过于严格，有可能将存在因果性的关系判定为非因果关系。更关键的是，对比因果论无法像干涉主义因果论那般，体现出因果性是一个包含程度差异的概念，而允许程度差异的存在正是特殊科学中的因果主张得以合理化的前提保障。因此，相比之下，干涉主义因果论更有利于让我们讨论特殊科学中的因果解释，自然，也更利于我们讨论心灵因果性。

总结来说，由于引入了主动的干涉，干涉主义因果论比律则主义因果论和个体主义因果论更能为必然性提供合理的解释，而且可以很好地区分真实的与虚假的原因。另外，干涉主义因果论在上述三个方面与反事实因果论有所不同。通过论证，这三点不同使得前者成为更加合理的因果理论。再结合与对比因果论的比较，我们发现，虽然干涉主义因果论与反事实因果论和对比因果论之间存在相似之处，但前者比后两者具有更完备的理论体系，更有利于帮助我们识别出真实的因果链条，并为该因果链条提供更多的有效信息。

此外值得说明的是，干涉主义因果论还在另一个层面上更有利于对比因果论和反事实因果论，即，前者更有利于我们在两个原因中比较出哪个更加合理，或者说，哪个更不敏感。设想 X 和 Z 都是 Y 的原因，而 Y 的存在与否也都反事实依赖于 X 和 Z 的存在与否，尤其是，X 和 Z 的不存在与 Y 的不存在之间的关联相对不敏感。此时，依据反事实因果论，Y 的不存在反事实依赖于 X 和 Z 的不存在，而"X 存在则 Y 存在"与"Z 存在则 Y 存在"都自动为真，因此 X 和 Z 似乎对 Y 具有相同的因果作用力，我们无法在 X 和 Z 中进行进一步的比较。

对比因果论虽然不像反事实因果论那样，认为"X 存在则 Y 存在"与"Z 存在则 Y 存在"都自动为真，无须多加探究，但是，依据之前讨论中所提到的，对比因果论过于严格，有可能将本可以算作因果关系的关系归为非因果关系。因此，经过对"X 存在则 Y 存在"与"Z 存在则 Y 存在"这两个关系式的研究，对比因果论有可能将 X 和 Z 判定为与 Y 没有因果关系。又或者，经过研究，它和反事实因果论一样，认为 X 和 Z 都可以算作 Y 的原因。这两种结果或许都不是我们想要的。

而由于干涉主义因果论对敏感性和不变性的强调，可以对"X 存在则 Y 存在"与"Z 存在则 Y 存在"这两项关联的敏感度做进一步的研究，从而对比出 X 和 Z 之中，哪一个与 Y 之间的因果关联更加不敏感，更加不依赖于背景中的其他变量。该理论不光能够帮助我们辨别出因果关系，还能够在我们对不同的因果关系进行比较时，提供给我们明确的比较依据。

这一点非常适合我们对心灵因果性的探讨，因为根据之前所论证的，心灵属性和物理属性很有可能都对其他物理属性具有一定的因果作用力。如果真的如此，非还原的物理主义所面临的问题将由心灵是否具有因果力变为心灵是否具有更合理的因果力。此时，干涉主义因果论便能为我们的讨论提供更加强有力的理论支持。在第六章中，我们将详细阐述干涉主义因果论中所涉及的不变性与敏感性在心灵因果性的探讨中所起的作用。而在接下来的一章中，笔者需要首先澄清一下干涉主义因果论在讨论心灵因果性时可能面临的困难。

第五章

干涉主义因果论的困境

第一节　导言

在前两章中，我们分别阐明了干涉主义因果论对于讨论心灵因果性具有何种优势。一方面，在该理论框架之下，金在权的排斥论证不再先天地成立。换句话说，心灵属性的因果性并没有先天地被物理属性所排斥。根据该理论的解读，即便心灵属性和物理属性同时对其他心灵属性或物理属性产生因果作用力，也是在理论上可以接受的事情。

另一方面，在对干涉主义因果论本身进行重构并将其与其他相似理论进行比较之后，我们发现，该理论作为一个因果理论的确具有很多优势，更利于我们进行因果判断。且该理论所构造的因果观不会过于严格，更符合我们对因果的直观理解，也更适合讨论特殊科学中的因果主张。

在重构干涉主义因果论时，笔者提到过，该理论具有两大特点。一是其对干涉变量做出了具体的规定，而这些规定的核心思想就是排除潜在的"混淆者"对因果判断造成的可能干扰。二是其对"不变性"的引入。由于不变性概念的存在，因果关系可以被视作一个程度性的概念。换句话说，这些可以被视作因果关系的规律之间可以存在程度上的差异，即，普遍性的覆盖范围可以有宽窄之分，范围越宽广，就说明解释力越强，因果关系越紧密，反之则说明解释力弱，因果关系松散。

近年来，越来越多的非还原物理主义者试图运用干涉主义因果论为心灵因果性辩护。粗略地看，他们的方法是成功的。然而，他们在运用该理论时忽视了对"混淆者"的甄别，也没有注意对"混淆者"可能带来的干扰进行排除。

通过对心灵因果框架的分析，我们会发现，"混淆者"在心灵因果性的讨论中尤其值得关注。之前提过，所谓"混淆者"就是那些待解释项的真正原因，是那些有可能对因果判断进行干扰的因素。而包括金在权在内的还原的物理主义者对心灵属性的质疑恰恰在于，心灵属性和其他心灵属性或物理属性之间的因果关系究竟是真实的还是虚假的？如果心灵因果性完全是虚假的，就像气压计的指数之于暴风雨的来临一样，那么就应该采取取消主义的主张，彻底否认心灵因果性的存在。如果心灵因果性仅仅是物理因果性（或它的子集），并没有任何单独属于自身的独特性，那么就应该采取还原主义的主张，将心灵因果性还原为物理因果性。

因此，在考察心灵因果性时，我们应格外注意来自"混淆者"的干扰。根据伍德沃德的干涉主义因果论，为了排除这些干扰，我们应该将"混淆者"固定住，即让这些变量的数值保持不变。如果对于 Y 来说，Z 是 X 的混淆者，我们则应该固定住 Z 的数值，然后观察 X 的变化能否带来 Y 的变化。

然而，在这一章中，笔者想要揭示的问题是，在对心灵因果性进行讨论时，"混淆者"需要被固定这一要求无法得到满足。因为，心灵属性随附于物理属性之上。这一特殊的关系导致，当心灵属性被干涉时，我们无法固定住物理属性的取值。这样一来，我们便无法排除对心灵属性的因果判断实际上受到了"混淆者"的干扰，即，真正产生因果作用力的是物理属性，心灵属性只是搭了物理属性的顺风车，显得具有因果力，实则并没有。

伍德沃德曾试图通过划分因果关系和非因果关系的方法来说明，处于非因果关系中的变量不必被固定，因为这些变量并不具备成为"混淆者"的特征。但是，笔者想反驳的是，随附关系与一般的非因果关系不同。经过对比，我们会发现处于随附关系之中的变量完全可以成为一个"混淆者"。所以，我们并不能因为物理属性和心灵属性处于随附关系而放松对物理属性的警惕。

需要澄清的是，虽然心灵因果的框架无法满足干涉主义因果论的前提条件，我们并不能由此否定心灵因果性的存在。笔者的论证只是说明，在面对随附性的特殊状况时，"混淆者"需要被固定这一要求需要被特殊对待，只有这样我们才能适当地讨论心灵因果性问题。换句话说，我们要么选择修改伍德沃德的干涉主义因果论中关于固定性（fixability）的要求，使其可以排除作为"混淆者"的随附基的干扰；要么选择重新解读我们对心灵因果性的诉求，并借助干涉主义因果论的另一理论资源——不变性，对其进行全新的因果判断。

在笔者看来，第一条路是一个死胡同。因为只要牵涉固定，即将物理属性的数值固定下来，我们便无法再继续针对心灵属性和其他属性的变化关系进行考察。而干涉主义因果论要考察的恰恰是两个变量之间的变化关系，如果在固定物理属性的同时无法改变心灵属性，那么，对心灵因果性的讨论将无法进行。因此，笔者提议，不妨尝试第二个选择，即，运用不变性的原理来考察心灵属性的因果力度，将其与物理属性的因果力度进行对比，从而判断心灵属性是否具有不同于物理属性的因果力。

综上所述，在这一章中，笔者将首先展示非还原的物理主义者如何运用干涉主义因果论为心灵因果性进行辩护。在第二节中，笔者将指出心灵属性所具有的随附性与干涉主义因果论的前提条件相冲突,无法兼容。在第三节中,笔者将对伍德沃德针对该问题提出的解决方案进行分析,并论证其方案不尽如人意。在第四节中,笔者将提出,非还原的物理主义者可以尝试对心灵因果性的独特性作出新的理解,并在此框架之上,运用干涉主义的不变性原理来为心灵因果性进行合理的辩护。

第二节 非还原物理主义者的辩护

在第二章中,我们便已提过,非还原的物理主义者想要证明心灵属性具有不同于物理属性的、独特的因果力,由此来维护心灵属性的不可还原性。然而,此前的诸多因果理论和因果解释论并不利于为心灵因果性辩护。比如,德欧提出的能量理论,该理论认为 X 和 Y 之间存在因果关系当且仅当 X 和 Y 之间存在完整的能量传递链条,即因果关系实际上是能量传递关系。但对于心灵属性而言,我们似乎很难(至少现在很难)判断心灵属性是否具有此种能量,如果有,又是如何将这种能量传递出去的。由于现阶段无法解释心灵属性的能量为何,我们便无法用能量理论对心灵因果性作出判断。

再比如之前提过的"D-N 模型",该模型认为因果解释是由法则演绎而来的,没有法则作为前提便无法得出相应的因果解释。然而,包括心灵在内的特殊科学都不具有传统意义上的、无例外的法则。因而,根据该模型,心灵属性不具备提供因果解释的合法资格,或者说,心灵属性不能出现在因果解释项之中。

相比之下,伍德沃德所提出的干涉主义因果论为心灵因果性的合理性提供了很多讨论空间,使其不至于先天地被排斥在因果解释项之外。因而，很多非还原的物理主义者[1][2][3][4][5][6][7]尝试着使用该理论来为心灵因果性辩护。

让我们通过拉蒂凯宁（Raatikainen）所举的事例来说明非还原的物理主义所作的辩护。[8] 拉蒂凯宁提出，让我们来假设这样一个干涉的情景：约翰的室友彼得走进约翰的房间并告诉他说，自己已经喝掉了约翰放在冰箱里的所有啤酒（即便彼得的行为并不厚道，但约翰对彼得的说辞深信不疑）。于是，约翰放弃了冰箱里有啤酒这一信念。因此，当约翰想喝啤酒的时候，他并没有去冰箱里拿，而是去最近的杂货铺买些新的啤酒。

现在让我们将约翰关于冰箱里有啤酒的信念设为"$X = x_1$"，将他关于冰箱里没有啤酒的信念设为"$X = x_2$"。相应地，他去冰箱取啤酒设为"$Y = y_1$"，而他去附近的杂货铺买啤酒设为"$Y = y_2$"。那么根据干涉主义因果论，我们便可以得出变量 X（约翰的信念）与变量 Y（约翰的行为）之间存在变化相关性，即，当"$X = x_1$"被

---

[1] 参见 Shapiro, L. and Sober, E., "Epiphenomenalism—The Do's and Don'ts", in Wolters, G. and Machamer, P. eds., *Thinking About Causes: From Greek Philosophy to Modern Physics*, Pittsburgh: University of Pittsburgh Press, 2007。

[2] 参见 Menzies, P. and List, C., "Nonreductive Physicalism and the Limits of the Exclusion Principle", *Journal of Philosophy*, Vol. 106, No. 9, 2009。

[3] 参见 Pernu, T. K., "Causal Exclusion and Multiple Realizations", *Topoi*, Vol. 33, No. 2, 2013。

[4] 参见 Pernu, T. K., "Does the Interventionist Notion of Causation Deliver Us from the Fear of Epiphenomenalism?", *International Studies in the Philosophy of Science*, Vol. 27, No. 2, 2013。

[5] 参见 Pernu, T. K., "Interventions on Causal Exclusion", *Philosophical Explorations*, Vol. 17, No. 2, 2013。

[6] 参见 Pernu, T. K., "Interactions and Exclusion-Studies on Causal Explanation in Naturalistic Philosophy of Mind", Dissertation, University of Helsinki, 2013。

[7] 参见 Raatikainen, P., "Causation, Exclusion, and the Special Sciences", *Erkenntnis*, Vol. 73, No. 3, 2010。

[8] 参见 Raatikainen, P., "Causation, Exclusion, and the Special Sciences", *Erkenntnis*, Vol. 73, No. 3, 2010。

干涉为"$X = x_2$"时,"$Y = y_1$"变成了"$Y = y_2$"。由此得出,X与Y之间有因果关联。

拉蒂凯宁由此得出,作为心灵属性的信念可以对人的行为产生因果作用力,因而,心灵因果性被维护。当然,作为一个非还原的物理主义者,他并不止步于此,而是继续通过干涉主义因果论来证明作为信念的随附基的大脑状态Z不能被称作Y的原因。关于这一观点,笔者会在第六章详细论述并提出质疑与反驳,此处不予赘述。

在这一章中,笔者暂时不想对非还原物理主义者的辩护多作评论,而是想澄清伍德沃德的干涉主义因果论本身能否被恰当地运用以讨论心灵因果性。在接下来的一节中,笔者将详细揭示干涉主义因果论与心灵属性所具备的性质之间存在怎样的冲突与矛盾。

第三节　随附性与固定性的冲突

让我们首先回顾一下干涉主义因果论的一大特征,即该理论力图排除来自"混淆者"的干扰。这种排除体现在以下两点之中:其一,在讨论的变量集中找出待解释项的"混淆者";其二,在对待解释项进行干涉的过程中,将"混淆者"的数值固定住,在此基础上观察被解释项的变化情况。

如何判断"混淆者"？简单地说,如果对于Y来说,Z是X的"混淆者"当且仅当:（i）Z是Y的原因;（ii）Z对Y的因果路径并不在X和Y的路径之间,换句话说,除非最终的因果路径是"X—Z—Y",即,X导致Z,Z导致Y,否则,Z将被视作X的"混淆者"。在识别出"混淆者"之后,干涉主义因果论则提供给我们三个理论依据,用以排除"混淆者"的干扰。首先,干涉变量I切断了X和其他变量之间的因果关系,其中就包括与"混淆者"的因果关系。也就是说,通过干涉变量I、X和Y之间的因果关系并非由"混淆者"引起,而仅仅是由干涉变量引起的。其次,干涉变量在对X进行干涉时,不能同时引发"混淆者"Z 的变化，即 Z 是可以被固定住的。这样一来，可以保证在干涉变量的作用之下，Y 的变化仅仅源于 X 的变化。最后，在整个干涉的过程之中，其他变量也不可以对"混淆者"造成影响。换句话说，"混淆者"要完全被固定住，既不能在干涉变量的作用下产生变化，也不能在其他变量的作用下产生变化。

那么，对于非还原的物理主义者来说，要想研究心灵属性是否对其他因果属性或物理属性具有因果作用力，就应该先澄清，在讨论的变量集中，是否存在"混淆者"，如果存在，"混淆者"能否被固定住。通常来说，讨论心灵因果性时，学者们会涉及的变量集中包含这些变量：V = {P, M, P*, M*}。用因果图表示如图 5-1：

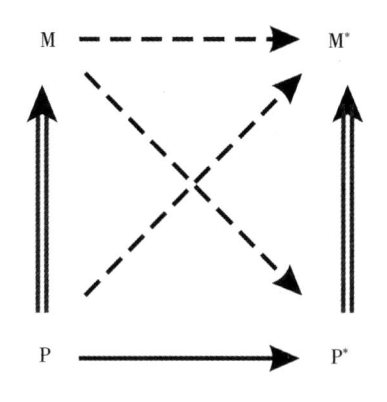

图 5-1

注：该图表中，双箭头代表随附关系；单箭头代表因果关系；虚线代表有待考察的因果关系。这个图表反映的是最小的物理主义都接受的两个前提，即，随附性（M 随附于 P，M* 随附于 P*）和物理封闭性（P* 必然有一个 P 作为其原因）。

对于非还原的物理主义者来说，"M—M*"和"M—P*"是他们想要竭力维护的因果关系，而且这两个因果关系还不可以被还原为或等同于"P—P*"。根据笔者之前强调的，非还原的物理主义者在运用干涉主义因果论对"M—M*"和"M—P*"应该首先判断，在这个变量集中是否存在有可能对"M—M*"和"M—P*"造成干扰的"混淆者",以及这个"混淆者"是否被合理地固定住。

让我们先来考察"M—M*"的因果模型,如图 5-2:

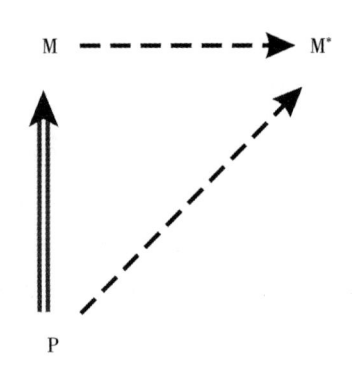

图 5-2

注:根据"混淆者"的定义,我们首先应该考察,P 是否可以算作 M* 的原因。让我们假设 M 的取值有 m_1 和 m_2,其中 m_1 由 p_{11} 和 p_{12} 多重可实现,而 m_2 由 p_{21} 和 p_{22} 多重可实现。而 M* 的取值有 m_1^* 和 m_2^*,其中,m_1^* 由 p_{11}^* 和 p_{12}^* 多重可实现,而 m_2^* 由 p_{21}^* 和 p_{22}^* 多重可实现。

根据干涉主义因果论,要想考察 P 是否可以算作 M* 的原因,我们就要观察当 P 的数值被干涉后,M* 的数值是否会产生变化。让我们假设一下场景:"m_1 = 我相信鲁迅是《狂人日记》的作者""m_2 = 我相信周树人是《狂人日记》的作者""m_1^* = 我相信鲁迅是很伟大的作者""m_2^* = 我相信周树人是很伟大的作者"。每一个信念都依照之前的假设,由两个随附基多重可实现,相对应的便是 p_{11}、p_{12}……p_{21}^*、p_{22}^*。

此时,我们发现,m_1 会伴随着 m_1^* 而发生,m_2 会伴随着 m_2^* 而发生,而 m_1 的随附基也同样会伴随 m_1^* 的随附基而发生,m_2 的随附基也同样会伴随 m_2^* 的随附基而发生。为了简化讨论,我们假定 m_1 的随附基 p_{11} 伴随着 m_1^* 的随附基 p_{11}^* 而发生,以此类推,p_{22} 伴随着 p_{22}^* 的发生。

接下来,如果我们可以通过干涉,将随附基由 p_{11} 变为 p_{22},那么,由于 p_{11} 伴随 p_{11}^* 而发生,p_{22} 伴随 p_{22}^* 而发生,我们便有理由相信,p_{11}^* 也将随之变为 p_{22}^*。而 p_{11}^* 所实现的 m_1^* 也将随之变为由 p_{22}^* 所实现的 m_2^*。

因此，通过干涉，p_{11} 变为 p_{22} 会伴随着 m_1^* 变为 m_2^*，由此可得，P 的数值变化可以引起 M^* 的数值变化，所以 P 可以被称作 M^* 的原因。

然而事情并非乍看上去那样简单。因为在"M—M^*"的因果模型中，变量集 V = {P，M，M^*}，如果我们想要讨论 P 和 M^* 之间是否存在因果关系，就必须考虑 M 是否可能是潜在的"混淆者"，是否有必要被固定住。然而，如此一来，我们便会进入一个死循环之中。因为如果想要搞清楚对于 M^* 来说，M 是否为 P 的"混淆者"，就必须首先搞清楚 M 能否算作 M^* 的原因。但是，这正是我们想要讨论的问题。

也就是说，为了讨论 M 能否算作 M^* 的原因，我们必须先搞清对于 M^* 来说，P 是否为 M 的"混淆者"，因而必须阐明 P 能否算作 M^* 的原因。而为了阐明这一点，我们又需要先搞清楚对于 M^* 来说，M 是否为 P 的"混淆者"，因而必须阐明 M 能否算作 M^* 的原因。如此循环往复，以至无穷。

那么，遇到这种两个变量都有可能是对方的"混淆者"时，我们该如何打破循环呢？有些学者可能会说，当我们在试图搞清楚对于 M^* 来说，P 是否为 M 的"混淆者"时，可以先不追究 P 是否为 M^* 的原因。换句话说，我们先不考虑成为"混淆者"所需要的条件（i），而是先考虑成为"混淆者"所需要的条件（ii），即"P—M^*"的路径是否在"M—M^*"的路径之间。也就是说，有没有可能出现"M—P—M^*"的因果链条。如果可能，则条件（ii）不满足，如此一来，就可以排除 P 作为"混淆者"的嫌疑。

但是在说明随附性关系时，我们便强调过，M 和 P 之间不存在因果关系，M 不是 P 的原因，P 也不是 M 的原因，两者只是一种特殊的共存关系。因而，不可能形成 M 导致 P，且 P 导致 M^* 的情形。所以，条件（ii）是可以被满足的。因而，条件（i）依然是有待我们考察的事项。

笔者认为，在面对这种困境时，我们是否可以考虑在考察潜在的"混淆者"P 是否算作 M^* 的原因时，不再考虑 M 是否算作 P 的"混淆者"。让我们回顾一下伍德沃德最初的干涉理论：

> 相对于变量集 V，X 是 Y 的直接原因的充要条件是：可能存在介入变量作用于 X，从而使 Y 值或 Y 的概率分布发生变化，同时，V 中其他变量 Z_i 的数值被固定住。

其中提到，变量集中其他变量 Z_i 的数值都要被固定住。从这个定义中，我们可以看出，在最初的构想中，伍德沃德试图将 V 中所有其他变量 Z_i 都固定住，无论 Z 是不是"混淆者"。只是在理论的不断发展之中，我们才逐渐发现，伍德沃德想要固定的，是那些可能造成因果判断干扰的"混淆者"。如果 V 中的某个其他变量 Z_i 并非"混淆者"，或者说，不会影响我们对 X 和 Y 所作的因果判断，便无须非要被固定。

举例来说，如果在我们判断气压计的指数（变量 B）是否为暴雨来临（变量 S）的原因时，在变量集中加入一个变量 H，取值为张三打了李四。根据伍德沃德最初的设想，H 的数值在进行因果判断的过程中也要被固定住，换句话说，不能由张三打了李四，变成张三没打李四。但其实，变量 H 并不是变量 B 的"混淆者"，因此，根据伍德沃德后来的理论，变量 H 不被固定也是可以的。

由此可见，如果在条件允许的情况下，将变量集 V 中的所有其他变量都固定住是最好不过的。因为这能最大限度地排除来自其他变量的干扰。只有在条件不允许的情况下，我们才缩小范围，尽可能地将已知的"混淆者"固定住。所以，当我们无法确定其他变量中有哪些"混淆者"时，最好的解决方案就是将其他变量的数值都固定住。

回到之前的例子，为了防止陷入无限循环，我们在判断 P 是否能够算作 M^* 的原因时，可以考虑不再考察 M 是否为 P 的"混淆者"，而是将 M 当作变量集 V 中的其他变量简单处理，即将其数值固定。假设我们将 M 的数值固定为 m_1，即我相信鲁迅是《狂人日记》的作者，此时 m_1 的随附基是 p_{11}，M^* 的数值为 m_1^*，即我相信鲁迅是很伟大的作者。

为了判断 P 和 M^* 之间是否存在因果关系，我们就要设法对 P 的取值进行干涉。由于 M 的数值被固定为 m_1，所以我们只能将 P 的数

值由 p_{11} 改变为 p_{12}。由于 p_{11} 伴随 p_{11}^* 的发生，p_{12} 伴随 p_{12}^* 的发生，所以 p_{11}^* 也随之改变为 p_{12}^*。而 p_{12}^* 是 m_1^* 的随附基，所以经过这次干涉，在 P 的数值被干涉后，M^* 的数值依然为 m_1^*，没有发生改变。所以，P 并不算是 M^* 的原因。如此一来，P 就无法满足条件（i），从而不能被算作 M 的"混淆者"。

所以，当我们分析 M 和 M^* 之间的因果关系时，无须担心来自"混淆者"的干扰。因此，出于随附性原则，即便当我们干涉变量 M 时无法将 P 固定住，我们也依然可以合理地运用干涉主义因果论来讨论心灵因果性。

然而，"M—P^*"的因果模型比"M—M^*"的情况要复杂很多，模型如图 5-3 所示。

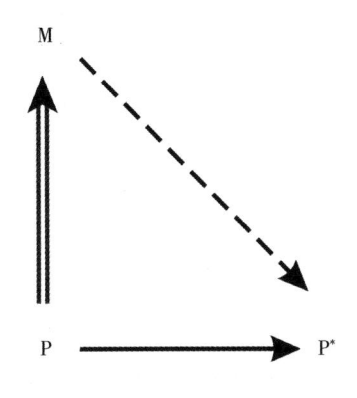

图 5-3

注：和之前的检验步骤相同，如果我们想要判断 M 和 P^* 之间是否存在因果关系，就要判定变量集 V 中是否存在"混淆者"。在这个因果模型中，"V = {M, P, P^*}"。因此，我们需要考察，对于 P^* 来说，P 是否算作 M 的"混淆者"。

首先要检验的是，P 是否算作 P^* 的原因。根据因果封闭性原则，P 毫无疑问的是 P^* 的原因，所以成为"混淆者"的条件（i）被满足。而"P—P^*"的因果路径并不在"M—P^*"的路径之间，也就是说，不可能存在"M—P—P^*"的因果链条。这一点在之前已经提过，M 和 P 之间并不存在因果关系。因而，成为"混淆者"的条件（ii）也被满足。据此，我们可以断定，对于 P* 来说，P 的确算作 M 的"混淆者"。

既然 P 是 M 的"混淆者"，那么，为了排除 P 所带来的干扰，我们就必须在对 M 和 P* 进行因果判断时将其数值固定住。也就是说，当我们通过干涉变量，将 M 的数值进行改变时，必须保证 P 的数值是不变的。然而，这一要求面临一个严重的问题，即随附性赋予 M 和 P 的特殊关系。让我们回顾一下随附性原则：

> 心灵属性强随附于物理属性当且仅当必然的，如果某物在 t 时刻例示了心灵属性 M，那么，存在一个物理属性 P，该物在 t 时刻例示 P，且必然的，任何在某时刻例示 P 的事物都同时例示 M。形式化表达如下："□∀x∀M（Mx→∃P（Px∧□∀y（Py→My）））"。

前文已经提过，根据随附性关系，如果 M 发生变化，P 不可能不发生变化；而 P 发生变化时，M 不一定发生变化。因此，干涉主义因果论对于固定"混淆者"的要求便和随附性关系发生了冲突。前者要求，我们在干涉 M 使其变化的过程中，固定住 P 的取值，而后者则说明如果 M 发生变化，P 必然发生变化，不可能被固定住。因此，在讨论"M—P*"（下向因果性）时，非还原的物理主义者无法恰当地运用干涉主义因果论。

最先提出这一质疑的是麦克·鲍姆加特纳（Michael Baumgartner）。他在 2009 年的文章中指出，由于心物之间存在随附关系，导致我们无法在干涉心灵的同时让物理变量保持不动，这和伍德沃德因果定义的前提相冲突。① 因此，干涉主义因果论的定义本身便否定

---

① 参见 Baumgartner, M., "Interventionist Causal Exclusion and Non-Reductive Physicalism", *International Studies in the Philosophy of Science*, Vol. 23, No. 2, 2009。

了心灵因果性。

根据鲍姆加特纳的分析,在干涉主义的理论框架下,X 如果想要成为 Y 的原因,必须具备两个隐藏条件:操控性(manipulability)和固定性(fixability),描述如下:

> 操控性:对于 Y 来说,存在一个可能的干涉变量"$I = Z_i$"作用于 X。
>
> 固定性:可能的干涉变量"$I = Z_i$"是如此这般的,当它施加于 X 之上时,所属变量集 V 中所有的、在从 X 到 Y 的因果路径之外的变量都被固定住。①

将这两个隐藏条件与伍德沃德给出的因果概念结合起来,鲍姆加特纳指出,干涉主义因果论的因果概念实际上揭示了三个方面。第一,可能存在合适的干涉变量(即符合干涉定义);第二,当该变量对 X 进行干涉时,其他变量被固定住;第三,该变量对 X 造成的变化会带来 Y 的变化。他指明,非还原物理主义者往往关注于第三点,却忽视了前两点。然而,这两点同样出现在因果定义的充分必要条件中,它们在因果分析中具有重要意义。

鲍姆加特纳通过对这三方面的逻辑形式进行分析,对这三个条件在因果分析的过程中所占的地位进行了进一步的澄清,他指出作为因果定义的充要条件,这三个方面之间存在以下三种逻辑关系:

(1)如果满足一、二,那么三发生;
(2)一发生,如果满足二,那么三发生;
(3)一、二、三发生。

---

① Baumgartner, M., "Interventionist Causal Exclusion and Non-Reductive Physicalism", *International Studies in the Philosophy of Science*, Vol. 23, No. 2, 2009, pp. 161 – 178, 170.

如果将以上三种情况融入因果定义中，我们便可以得出三种不同的逻辑形式。让我们将"相对于变量集 V，X 引起 Y"符号化为"Cvxy"，将"可能存在针对 X 关于 Y 的干涉变量"符号化为"$\Diamond \exists i Iixy$"，让谓词 F 表示"……被固定"，H 表示"……发生变化"。由此，我们可以将上面三种逻辑关系形式化。

(Ⅰ) $\forall x,y,z(Cvxy \leftrightarrow \Diamond \exists i((Iixy \wedge (z \neq x \wedge z \neq y \to Fz)) \to Hy))$
(Ⅱ) $\forall x,y,z(Cvxy \leftrightarrow \Diamond \exists i(Iixy \wedge ((z \neq x \wedge z \neq y \to Fz) \to Hy)))$
(Ⅲ) $\forall x,y,z(Cvxy \leftrightarrow \Diamond \exists i(Iixy \wedge (z \neq x \wedge z \neq y \to Fz) \wedge Hy))$[①]

根据蕴含式的真值判断，（Ⅰ）式中如果作为前件的"Iixy $\wedge$（$z \neq x \wedge z \neq y \to Fz$）"为假，则"$\leftrightarrow$"右边的整个式子为真，继而 x 和 y 存在因果关系。也就是说，如果不存在针对 x 关于 y 的干涉或者变量集中的其他变量没有被固定，那么 x 是 y 的原因。这显然不是伍德沃德所预想的定义，因为这样一来，不可能找出符合干涉定义的干涉反而使得 x 成为 y 的原因，其他变量没被固定非但没成为检验因果关系的干扰因素，反而变成因果概念的充分条件。（Ⅱ）式中如果存在针对 x 关于 y 的干涉，且作为前件的（$z \neq x \wedge z \neq y \to Fz$）为假，则"$\leftrightarrow$"右边的整个式子为真。和（Ⅰ）式一样，其他变量不被固定成为因果判断的充分条件依然是不可接受的。

只有（Ⅲ）式表达了伍德沃德的真实意图，即当我们想要判定 x 是 y 的原因时，必须同时满足"$\Diamond \exists i Iixy$""$z \neq x \wedge z \neq y \to Fz$"及 Hy，缺一不可。换句话说，如果我们找不到一个符合干涉定义的干涉变量，或者除 x、y 之外的变量无法被固定的话，那么 x 便不是 y 的原因。

所以说，鲍姆加特纳提到的操控性和固定性在对 X 和 Y 进行因

[①] Baumgartner, M., "Interventionist Causal Exclusion and Non-Reductive Physicalism", *International Studies in the Philosophy of Science*, Vol. 23, No. 2, 2009, pp. 161–178, 166.

果判断中起着决定性的作用,任何一个条件无法被满足时,都足以证明 X 不是 Y 的原因。但如此一来,问题便产生了,即非还原的物理主义者所公认的随附性原则。鲍姆加特纳将随附性关系描述如下:

(a) $M \neq P \wedge \neg(M \text{ causes } P) \wedge \neg(P \text{ causes } M)$;
(b) M 值的每一个变化必然伴随着 P 值的变化。①

除此之外,非还原物理主义者还公认的一个原则是物理封闭性原则,即:

(c) 当物理性质 P^* 有一个原因时,它必然有一个物理性质 P 作为其充分原因;

(c) + (a):P 和 P^* 之间存在一条不包含 M 的因果通路,因此 P 是"混淆者"。

根据干涉主义因果论的因果定义,如果要证明 M 对 P^* 有因果力,就必须存在一个干涉变量,且该变量对 M 进行干涉时,P 必须被固定住。然而,(b) 所反映的是干涉变量对 M 的变化必然伴随着 P 的变化,而且在 M 被改变的同时,P 不可能被固定住。这样一来,操控性和固定性便都无法得到满足。根据鲍姆加特纳的分析,仅仅通过这一点便已经可以证明 M 不是 P^* 的原因。M 的因果力依然由于 P 的存在而遭到排斥。

以上是鲍姆加特纳提出的关键性质疑。除此之外,他还补充道,伍德沃德在 2008 年意识到其定义可能带来的问题,对之作出过调整:

> 如果可能存在相对于变量集 V 的针对 X 关于 Y 的介入 $I = z_i$,$X, Y \in V$,且当 "$I = z_i$" 执行于 X 时,V 中不在 X 到 Y 路

---

① Baumgartner, M., "Interventionist Causal Exclusion and Non-Reductive Physicalism", *International Studies in the Philosophy of Science*, Vol. 23, No. 2, 2009, p. 171.

径上的其他变量都被固定为某值，那么，相对于V，X是Y的原因，当且仅当"$I = z_i$"执行于X时，Y值变化或其概率分布变化。①

通过调整，我们可以看出先前作为因果定义充要条件的操控性和固定性被提前到定义之外，即，如果操控性和固定性没有被满足，我们并不能得出X不是Y的原因，而应该另当别论。据此，因果定义的逻辑形式调整为：

$$\forall x,y,z(((\Diamond \exists i I i x y \land (z \neq x \land z \neq y \rightarrow Fz))) \rightarrow (Cvxy \leftrightarrow Hy))$$

此时，作为整个前件的"$\Diamond \exists i I i x y \land (z \neq x \land z \neq y \rightarrow Fz)$"如果为假，那么因果定义"$Cvxy \leftrightarrow Hy$"则"变得琐碎为真，或者变得无法被分析"②。

运用到心灵因果力的解释，由于M随附于P导致操控性和固定性都无法被满足，根据新的定义，M对P*的因果关系要么琐碎为真，要么是无法被分析的。但是，鲍姆加特纳指出，两者都不是非还原物理主义者预期的结果。

笔者同意鲍姆加特纳对伍德沃德在2008年提出的辩护的批评。但是，笔者不认可鲍姆加特纳关于M不是P*的原因的结论。根据鲍姆加特纳的分析思路，只要操控性和固定性没有得到满足便可以否定因果关系的存在。然而，对因果关系的真正否定应该是以下形式，即，在操控性和固定性被满足的前提下，发现X的变化并不伴随Y的变化，而不是证明操控性和固定性无法被满足。

---

① Baumgartner, M., "Interventionist Causal Exclusion and Non-Reductive Physicalism", *International Studies in the Philosophy of Science*, Vol. 23, No. 2, 2009, pp. 161-178, 175.

② Baumgartner, M., "Interventionist Causal Exclusion and Non-Reductive Physicalism", *International Studies in the Philosophy of Science*, Vol. 23, No. 2, 2009, p. 177.

因此，即便我们假定鲍姆加特纳的论证是成立的，也至多证明干涉主义因果论的因果概念不适于心灵因果性的讨论，或者说，为了判断心灵因果性是否成立，我们应该对干涉主义因果论进行改造或重新解读，使其对操控性和固定性的要求可以和随附性原则兼容。只有在两者兼容的基础上，我们才有可能继续运用干涉主义因果论对下向因果性是否成立进行探讨。

第四节　非还原物理主义者的反驳

面临鲍姆加特纳的质疑和挑战，想要运用干涉主义因果论为下向因果性辩护的非还原物理主义者们试图消除固定性和随附性之间存在的张力与冲突。他们的主旨思路是，对于 P^* 而言，P 并不算作 M 的"混淆者"，就如同"M—M*"的因果模型一般。换句话说，虽然 P 是 P^* 的原因，这一点与"M—M*"中 P 不是 M^* 的原因的情况不同，但是 P 仍然不是一个"混淆者"。

首先，让我们来看看劳伦斯·夏皮罗（Lawrence Shapiro）的主张。在《副现象主义：可为与不可为》一文中，他提出 M 和其随附基 P 的共变关系并不会威胁到 M 的因果作用力。他借用了奥古斯特·魏司曼（August Weismann）的著名实验来说明在因果判断中如何才能找出真实的原因及如何才能辨别出虚假的原因。

1889 年，奥古斯特·魏司曼因推翻拉马克（Lamarckian）关于后天特征的遗传学理论而闻名。在一个著名的实验中，魏司曼切断了新生的老鼠的尾巴。待到这些老鼠长大并繁殖之后，他观察到，这些老鼠的后代和这些老鼠的上一辈具有一样长的尾巴，而且这一特征延续了很多代。通过这一实验，他证明，老鼠的这种后天特征——无尾性，不会遗传给后代。

用现在的术语来说，没有尾巴是老鼠所具有的表型（phenotype），而拥有尾巴是老鼠具有的基因型（genotype）。魏司曼的实验是想表明,亲代的基因有两项任务:一是和环境一同影响亲代的表型;二是通过繁殖遗传给后代。而亲代的表型并不能因果作用于后代的基因型。用因果图表显示如下:

```
亲代的表型                    后代的表型
  ↑           ⟋              ↑
  |         ⟋ ╱               |
  |       ⟋                   |
亲代的基因型  ──────────→   后代的基因型
```

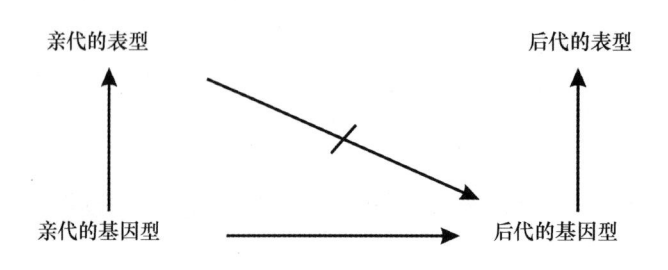

图 5 – 4

注:该图中,箭头表示具有因果关系,而魏司曼的实验说明,亲代的表型和后代的基因型之间并无因果关系。此外这个图表还表明,亲代的基因型是亲代表型与后代基因型的共同原因 (common cause)。

夏皮罗之所以对魏司曼的实验如此感兴趣,是因为他的实验反映了干涉主义因果论的基本思想,即,"为了考察 X 是不是因果作用于 Y,你要在固定住所有共同原因 C 的状态时操控 X 的状态;然后你观察 Y 的状态是否发生变化。其中 C 是 X 和 Y 的共同原因"[1]。

如果不是因为魏司曼的实验,亲代的表型看上去似乎也对后代的基因型有遗传作用,就像拉马克主张的那样。毕竟,在一般情况下,亲代的老鼠在基因型和表型上都具有尾巴,而后代的基因型也具有尾巴。而在魏司曼的实验中,亲代的基因型被固定住,亲代的表型特征被干涉,发生改变,在这种情形下,后代的基因型并没有随之发生改变。由此可得,亲代的表型并不是后代的基

---

[1] Shapiro, L. and Sober, E., "Epiphenomenalism: The Do's and Don'ts", in Wolters, G. and Machamer, P. eds., *Thinking About Causes: From Greek Philosophy to Modern Physics*, Pittsburgh: University of Pittsburgh Press, 2007, p. 5.

因型的原因。

在夏皮罗看来，可以起到"混淆者"作用的是这些共同原因，所以，为了帮助我们得出正确的因果判断，我们应该像魏司曼这样，将共同原因固定住，然后进行干涉。就好比伍德沃德将气压值这一共同原因固定住，然后再观察气压表的指数与暴风雨之间是否有因果关系。

关于夏皮罗的这一观点，笔者既有同意的地方也有不同意的地方。同意的地方是，在变量集 V 中，X 和 Y 的共同原因往往是典型的"混淆者"，而这些共同原因必须被固定住。不同意的地方是，并不是只有共同原因才能被称为"混淆者"。换句话说，共同原因一定是"混淆者"，而"混淆者"不一定是共同原因。因此，夏皮罗所说的共同原因需要被固定住，无可厚非。但需要被固定住的不光是共同原因，还有其他所有可能造成因果误判的"混淆者"。

在揭示了魏司曼实验所体现的干涉主义因果论的本质后，夏皮罗进一步阐明，正确的实验方法应该是这个样子的：当我们考察亲代的表型对后代的基因型是否有因果作用时，我们应该将亲代的基因型固定住，而不是将表型的微观①随附基（micro-supervenience base）固定住。

夏皮罗关于魏司曼的实验的评论，笔者认为有其合理之处。如果魏司曼想要讨论究竟是亲代的表型还是基因型对后代的基因型具有因果作用力，自然正确的实验方式是固定住亲代的基因型而非亲代的表型的微观随附基。但这样的做法之所以正确并非因为

---

① 在讨论心灵因果性时，学者们倾向于将物理属性表述为微观的属性或较低层面的属性，而将心灵属性表述为宏观的属性或较高层面的属性。在本书中，两种说法可以相互替代使用，在本人论述观点时，倾向于使用较低层面和较高层面的区分，因为这两个概念更好地反映了物理属性和心灵属性的相对关系，表示相对于物理属性来说，心灵属性是更高层面的属性，反之亦然。而宏观与微观的区分略显绝对，仿佛无论与哪个属性相比，心灵属性都是宏观的，而物理属性都是微观的。但其实在物理属性中也可以再分出宏观的物理属性和微观的物理属性，所以将其统称为微观的属性有些笼统。但是在转述其他学者的观点时，笔者尽量保持原作者的区分方式。

亲代表型的微观随附基不可能是"混淆者",不应该被固定住,而是因为魏司曼所讨论的问题所涉及的变量集 V = {亲代的基因型、亲代的表型、后代的基因型、后代的表型},其中并不包含亲代的表型的微观随附基,所以在他的实验中暂且可以不必考虑这一变量。

干涉主义因果论本身就是一个需要考虑条件限定的因果理论,它所讨论的因果关系并非绝对的、放之四海皆准的因果关系,而是在一定变量集中、针对一定取值范围、相对一定讨论背景而成立的因果关系。但正如之前一再强调的那样,变量集的大小、取值范围、讨论背景可以无限放大,因果关系的坚固程度、因果解释力的强度也会随之增大。所以,干涉主义因果论需要在限定条件下进行讨论本身并不会妨碍我们找出非常坚实有力的(robust)因果关系。

魏司曼所涉及的变量集 V 中不涉及亲代表型的微观随附基并不说明任一变量集 V_n 中都不可以涉及这一变量。至于夏皮罗所说的,如果要求固定表型的微观随附基会出现不融贯的局面,这只能说明笔者在此前提到的固定性与随附性的不兼容的确是一个问题。而面对这样的不兼容和不融贯,我们不能简单地放弃固定性。换句话说,我们不能为了兼容,而降低对固定性的要求。我们应该做的,是尽可能化解这种不兼容,或者当这种不兼容在所难免时,如何寻找更合理的解读方式。这也是本章的核心思想。

接下来,我们要着重讨论的是来自伍德沃德的辩护。在2015年的文章中,他针对鲍姆加特纳的质疑提出了详细的辩护方案。他的基本思路与夏皮罗的一样,都认为"混淆者"Z 与 X 之间应该存在一种因果关系,也就是说,Z 应该是 X 和 Y 的共同原因。但与夏皮罗不同的是,伍德沃德关于 M 的随附基 P 为何不算"混淆者",给出了更多颇有说服力的理由。让我们对此逐一进行分析。

首先,伍德沃德指出,在原先的讨论中,我们默认变量集内只存在因果依赖关系和非因果关系。但变量之间还可能有第三种关系,即非因果依赖关系(如概念、逻辑、数学、计量或随附关系)。为此,伍德沃德提出一个衡量准则,即数值的可独立固定性(independent fixability of values):

> 变量集 V 满足独立固定,当且仅当,对于一变量可单独取到的任意数值,均可通过某介入令该变量取该值,同时,V 中其他任意变量均可通过独立的介入取到它们单独可取的数值。①

此前默认的变量集符合该准则,而加入了非因果依赖关系的变量集不符合该标准。因此,我们不可以将对前者的讨论原封不动地套用到后者上。鲍姆加特纳的错误在于混淆两种情况,用统一的要求进行判定。如果作出如上区分,就应该特殊地对待后者,以符合这些非因果依赖关系的共变特点。

为了说明我们为什么不应该将这些处于非因果依赖关系之中的变量视作"混淆者",伍德沃德给出了进一步的理由。他选择了概念依赖关系中的一个例子,试图通过对概念依赖关系的分析,来说明这些特殊变量并不会对我们的因果判断造成干扰。

让我们设想某种心脏疾病(D)会受到两个变量的因果影响:高密度的胆固醇(HDC)和低密度的胆固醇(LDC)。前者降低该疾病的发病率,而后者则升高发病率。除此之外,我们再引入一个变量:总胆固醇(TD),并且定义这个变量为 HDC 和 LDC 之和。由于 HDC 和 LDC 都对该疾病有影响,它们的数值总和也必然会对该疾病造成影响,这一点符合直观,毋庸置疑。现在,我们将以上涉及的四个变量及其相互间的关系呈现在图 5-5 中:

---

① Woodward, J., "Interventionism and Causal Exclusion", *Philosophy and Phenomenological Research*, Vol. 91, No. 2, 2015a, pp. 303-347, 316.

```
    HDC
      ⇘  ↘
         TC → D
      ⇗  ↗
    LDC
```

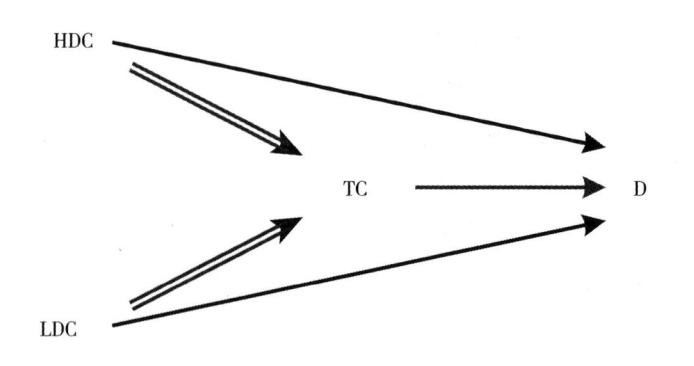

图 5-5

注：在该图表中，空心箭头代表概念依赖关系，实线箭头代表因果关系。该图说明，TC 概念依赖于 HDC 和 LDC，而三者都对 D 有因果作用力。

伍德沃德指出，如果我们像鲍姆加特纳那样，不区分因果关系和非因果依赖关系，便应该在考察 HDC 对 D 的因果作用力时将 LDC 和 TC 都固定住。然而，根据他最新的主张，由于 TC 不符合"可独立固定性"的要求，而 LDC 符合，因此，LDC 的确应该被固定，而 TC 则不用。除此之外，伍德沃德还进一步分析，为什么在进行因果判断的过程中，TC 发生变化与作为"混淆者"的 LDC 发生变化的情况不同。通过将 LDC 的数值固定住之后，观察 HDC 的变化与 TC 的变化，伍德沃德得出三个结论。

（i）TC 的变化量与 HDC 的变化量是相等的（tantamount）。

（ii）TC 对 D 造成的影响与 HDC 对 D 造成的影响是相同的。换句话说，如果我们将 TC 对 D 的因果影响视为不同于或独立于 HDC 对 D 的因果影响，那么，我们实际上犯了重复计算的错误，通过干涉变量 I 产生变化的 HDC（TC）对 D 造成的因果影响应该被算作一个。

（iii）从 TC 到 D 的因果箭头可有可无，并不是必需的。在图表中是否显示这个箭头"只不过是对同一个因果架构的不同表现（representations）"①。因为 TC 和 D 之间的因果关系完全可以从 HDC 和 D 之间的因果关系中演绎出来。

出于上述理由，伍德沃德指出，尽管 TC 和 D 存在因果关系，但 TC 并没有通过一条不同于 HDC 的路径对 D 造成因果影响。也就是说，TC 并没有偏离（off-path）HDC 与 D 之间的因果轨道。之前我们提到过，要想成为"混淆者"需要两个条件，其中第二个条件是说，(ii) Z 对 Y 的因果路径并不在 X 和 Y 的路径之间，换句话说，除非最终的因果路径是"X—Z—Y"，即，X 导致 Z，Z 导致 Y，否则，Z 将被视作 X 的"混淆者"。

通过对比，可以看出，伍德沃德对这一条件也作出了调整。由于之前在他预设的变量集中都是简单的因果或非因果关系，并没有涉及非因果依赖关系，因此，Z 对 Y 的因果路径在 X 和 Y 的路径之间指的是 X 导致 Z，Z 导致 Y，即"X—Z—Y"。如今，伍德沃德考虑到非因果依赖关系的存在，将 Z 对 Y 的因果路径在 X 和 Y 的路径之间理解为 Z 处于 X 到 Y 的因果路径之中（on-path），至于 X 和 Z 是否为因果关系不再追究。基于这一调整，TC 的确处于 HDC 到 D 的因果路径之中，因此，不符合"混淆者"的第二个条件。既然不是"混淆者"，其数值也便不必被固定住。

通过这一案例，伍德沃德声称，干涉主义因果论在讨论心灵因果性时遇到的困难得以解决，因为随附关系和概念依赖关系一样，都属于非因果的依赖关系，适用于概念依赖的方案也适用于随附性。"在评估随附属性（supervening properties）的因果效力时，控制随附基是一种不恰当的行为……在干涉主义因果论的因果概念之中，当对您的心灵状态做出非混淆性（non-confounded）的操控可以关联到认知与行为的改变时，这就是我们所需要的心灵因果性

---

① Woodward, J., "Interventionism and Causal Exclusion", *Philosophy and Phenomenological Research*, Vol. 91, No. 2, 2015a, pp. 303-347, 342.

的全部所在。"①

总结来说，夏皮罗和伍德沃德的论证思路是相似的，他们都想方设法地证明心灵属性的随附基——物理属性无须被固定，理由在于，随附基不能称为"混淆者"。而随附基不是"混淆者"的理由在于，根据他们的预设，只有共同原因才能被称作"混淆者"，而随附基 P 与心灵属性 M 之间并非因果关系，因此不可能成为心灵属性 M 与其他物理属性 P^* 的共同原因，也就不可能是"混淆者"。但是，在下一节中，笔者将首先质疑他们的这一预设，然后再重点针对伍德沃德的案例，指出其与随附关系的不同之处，从而说明，处于随附关系中的变量依然可能成为"混淆者"，因此仍然需要被固定。

第五节　对反驳的质疑

由于 P 是 P^* 的原因已是不争的事实，换句话说，成为"混淆者"的条件（i）已经被满足，所以，要想论证对于 P^* 来说，P 不是 M 的"混淆者"，只能证明 P 在"M—P^*"的因果路径之上。对于夏皮罗和伍德沃德的这一出发点，笔者是认同的。但是，笔者不能同意的是，他们从 P 不是 M 和 P^* 的共同原因推理出 P 在"M—P^*"的因果路径之上。

首先，让我们简要回顾一下伍德沃德为什么要提出"混淆者"的概念以及为什么强调对"混淆者"的固定。干涉主义因果论为了更好地说明 X 是 Y 的原因，即，变量集 V 中，唯独 X 是 Y 的原因，对 Y 的全部因果力都来自于 X，便尽可能地"纯净"X 与 Y 的因果关系。

"混淆者"恰恰就是最不利于纯净 X 与 Y 的因果关系的因素，由于它的存在，我们不仅无法判断对 Y 的全部因果力是否只来自于

---

① Woodward, J., "Interventionism and Causal Exclusion", *Philosophy and Phenomenological Research*, Vol. 91, No. 2, 2015a, pp. 321–323.

X，甚至有可能将虚假的原因误判为真实的原因。而"混淆者"之所以会造成这种干扰局面，让我们无法识别出真正的因果关系就在于它对 Y 也有因果影响力，而且这种影响力不同于来自于 X 的影响力。用伍德沃德的术语来表述就是，"混淆者"不在从 X 到 Y 的因果路径之上。

基于对"混淆者"的分析，我们可以看出，"混淆者"从本质上来说就是对 X 和 Y 的因果关系造成干扰的变量，其之所以成为"混淆者"，关键在于其与 Y 的关系，而非与 X 的关系。换句话说，只要变量 Z 和 Y 是因果关系，且这段因果关系不包含在 X 和 Y 的因果关系之中，Z 就可以称作 X 的"混淆者"。

据此可以得出的是，X 和 Y 的共同原因一定是 X 的"混淆者"，但这不能说明 X 的"混淆者"仅仅是 X 和 Y 的共同原因。换句话说，共同原因是"混淆者"的充分非必要条件。因此，如果像夏皮罗和伍德沃德那样，只是指出 P 和 M 之间没有因果关系，P 不是 M 和 P^* 的共同原因，并不能免除 P 作为"混淆者"的嫌疑。除非他们可以论证，只要 P 不是 M 和 P^* 的共同原因就不可能在 M 和 P^* 的因果路径之外。但是，夏皮罗和伍德沃德均没有给出这样的论证，因此，仅仅指出 P 不是共同原因，不能说明 P 不是"混淆者"。他们需要给出的有效证明是，为什么 P 在 M 和 P^* 的因果路径之上。

夏皮罗并没有给出这样的有效证明，他关于时间因素的引入只是说明 P 和 M 之间并非因果关系，这一点是我们所认同的，然而正如上文所述，这一点并不能决定 P 不在 M 和 P^* 的因果路径之上，因而不能作为 P 不是"混淆者"的辩护。如果想要使其论证合理，夏皮罗就需要证明，如果 P 和 M 是共时的，P 便不可能偏离 M 和 P^* 的因果路径。换句话说，共时性能保证 P 在 M 和 P^* 的因果路径之上。

但是，P 和 M 是共时还是历时似乎并不会影响到"P—P^*"是否包含在"M—P^*"之中。因为决定 P 是否在"M—P^*"的因果路径之上的，是 P 对 P^* 是否造成了与 M 对 P^* 不同的因果影响。换句话说，P^* 受到的因果作用是否仍然只来源于 M，而非多出一个来源

P。到目前为止，我们无法看出，为什么 P 和 M 共时便证明 P 对 P*没有造成不同于 M 的因果影响，因此论证的责任在夏皮罗一方。

另外值得说明的一点是，夏皮罗在剖析魏司曼的实验时提到，他为了说明亲代的表型对后代的基因型并没有真正的因果作用，便选择固定了亲代的基因型，而非亲代的表型的微观随附基。笔者在前面已经提出，这个做法之所以合理，在于实验所考察的变量集里没有亲代的表型的微观随附基，这并不说明，如果亲代的表型的微观随附基也在变量集中，我们依然可以不固定它。或者说，亲代的基因型是一个非常典型的"混淆者"，所以固定住这个变量，确实很有效地识别出了作为虚假原因的亲代的表型。但这依然不能说明微观的随附基不是一个"混淆者"。

由于亲代的表型已经确认是虚假原因了，我们就拿亲代的基因型来举例。从现在的科学来看，亲代的基因型的确是后代的基因型的原因。而根据多重可实现原则，亲代的基因型很有可能由多个不同的微观随附基实现。基于以上情况，随着科学的不断深入，不排除这样一种可能性，即，亲代的基因型的某一种特殊的微观随附基才是后代的基因型的真正原因，而作为宏观的亲代的基因型可能并不具有我们现在所认为的因果作用力。这里只是提出一个随着未来科学发展可能出现的状况，并不是说它必然会发生。如果夏皮罗不能否定这种可能性的存在，便不能保证随附基不是"混淆者"。换句话说，只要夏皮罗不能否定微观的随附基有可能给我们对随附属性的因果判断造成干扰，便不能断言随附基不是"混淆者"。

让我们再来看看伍德沃德针对固定性与随附性的冲突所作的辩护。他的论证结构是，通过数值的可独立固定性原则，我们可以区分出因果关系与非因果的依赖关系的不同。继而，他在非因果的依赖关系中找出概念依赖关系，并用概念依赖的一个案例来说明，处于概念依赖关系中的变量 TC 就在 HDC 和 D 的因果途径之上，TC 并没有给 D 带来额外的因果影响力，因而不算"混淆者"，不必被固定。到目前为止的论证过程，笔者是同意的。

但是，笔者并不认为心物之间的随附关系可以和上述概念依赖关系相提并论。伍德沃德在证明概念依赖不是"混淆者"时提出了三点依据：

（1）TC 和 HDC 的变化量相同；

（2）TC 没有给 D 带来不同于 HDC 的因果效力；

（3）TC 和 HDC 对 D 的因果效力是相同因果结构的不同表现，TC 的因果效力完全可以通过概念推理还原为 HDC 的因果效力。

那么处于随附关系中的属性是否能符合上述三点依据呢？由于心物关系尚且抽象，笔者在这里借助史蒂芬·亚布罗（Stephen Yablo）的经典案例来比拟"心—物"关系，即，红色随附于猩红色，"捅一刀"随附于"狠狠地捅一刀"。笔者将逐条分析随附关系无法满足这三点依据，因而，随附基仍然应该被视作"混淆者"。

针对第一点，如果随附性质 X 与其基础 SB（X）的变化量相同，那么 X 变化 Δd 必然导致 SB（X）变化 Δd。然而，当我们将红色变为蓝色时，有可能从粉红色变为天蓝色，也可能从猩红色变为深蓝色。从色谱来看，后两者的变化量必不相同。换句话说，X 变化 Δd，却无法导致 SB（X）必然变化 Δd。这便证明了 X 与 SB（X）的变化量不同。

针对第二点和第三点，概念依赖的双方是等价关系，而 X 与 SB（X）更倾向于是宏观层面和微观层面的关系，后者能带来完全不同于且无法被还原为前者的因果效力。比如，张三的死亡是因为李四狠狠地捅了他一刀，而不仅仅是因为李四捅了他。因为轻轻捅一下可能并不会致死。但是气球爆炸是因为你捅了它一刀，并不一定要被狠狠地捅一刀。亚布罗、孟席斯、夏皮罗、李斯特等人都曾论述过，有时 X 过于粗糙，SB（X）更适合成为 Y 的原因；有时SB（X）过于细致，X 更适合成为 Y 的原因。种种这些都能证明，SB（X）能给 Y 带来不同于 X 的因果效力，且该因果效力无法通过随附性还原为后者。

鉴于此，随附关系与概念依赖完全不可同日而语。当 SB（X）是 Y 的原因时，我们可能误认为 X 是 Y 的原因，它依然是"混淆者",不应被特殊对待。因此,P 作为 M 的随附基础,可以对 "M—P^*" 的因果判断造成干扰,是 "混淆者"。如果我们预先排除 P 作为 "混淆者" 的可能性,有可能造成以下局面:我们误以为 M 是 P^* 的原因,但实际上 P 才是真实原因,M 只是一个虚假原因。

总而言之,由于 P 对 P^* 造成了一种不同于 M 的因果影响力,我们应该将其视作 M 的 "混淆者"。而依照干涉主义因果论的要求,在我们对解释项进行干涉时,"混淆者" 尤其应该被固定住。然而,根据随附性原则,如果我们对 M 进行干涉,便势必使得 P 随之变化。因此,随附性与固定性之间的矛盾和不兼容依旧没有得到解决,强调固定性的干涉主义依然不适合对下向因果性进行讨论。

总结来说,在这一节中,我们主要阐述了非还原物理主义者对随附性与固定性之间的不兼容所作的辩护,并通过分析,一一反驳了他们辩护的理由。他们想要证明 P 并不是 "混淆者",而笔者认为,他们的论证并不合理。因而,笔者将在下一节集中讨论,我们应采取怎样的措施才可以继续运用干涉主义因果论来研究心灵因果性。

第六节　心灵因果性的出路

通过上一节,我们得出,固定性和随附性之间存在着无法解决的矛盾,而心灵属性的随附基又是一个潜在的 "混淆者",因此,非还原的物理主义者如果想要坚持运用干涉主义因果论,就必须寻找新的出路。在笔者看来,现阶段有两条出路。其一,找出新的固定原则,使其既可以排除来自 "混淆者" 的干扰,又可以适应随附性的要求。其二,不再纠缠于固定原则,而是开发干涉主义因果论的其他理论资源,看看这些资源能否用以研究处于随附关系之中的心灵因果性。

第一条出路在目前看来,是无法找到解决方案的。排除 "混淆者" 干扰的最佳途径就是将其取值固定住,别无他法。但是一旦涉及固定，就又要面临随附性带来的困难。有些学者可能会提议说，能否尝试划定一个范围，只要"混淆者"在这个范围之中，便可以不必被固定。换句话说就是，只要固定在一个范围之中就行。那么，假设要划定范围，为了配合随附性原则，这个范围一定是依据随附属性而定的。比如，M 的取值由 m_1 变为 m_2，那么 P 的取值便可以固定在 p_{11}、p_{12}、p_{11}^*、p_{12}^* 这个范围之中，而不必非要固定在某个特定的值上。然而，通过之前的例子我们会发现，对因果判断造成干扰的都在这个范围之中。比如，究竟是鸽子眼前的球由红色变为蓝色还是由猩红色变为海蓝色导致鸽子由啄球变为停止啄球。可见，即便我们允许"混淆者"在一定范围内不必被固定住，依然可能干扰我们的因果判断，依然会模糊我们的视线，让我们不敢确定作为结果的变量之所以改变完全是由于随附属性的变化，而不是因为随附基的加入。

因此，笔者提议，非还原的物理主义者可以尝试第二种方案，即，不考虑固定性的问题，转而借助干涉主义因果论的其他资源。在第四章中，我们曾经提过，干涉主义因果论的两个特点分别是，固定性和不变性。所谓不变性是指，当在某一干涉变量的干涉之下，变量 X 和 Y 之间存在一定变化关系时，这种变化关系在经历一定范围的改动之后依然稳定不变。而所谓改动是在两个层面上被提及的，其一是指干涉变量的干涉发生改变，比如由"将 x_1 变为 x_2"改为"将 x_1 变为 x_3"，甚至"将 x_1 变为任意的 x_n"。如果 X 和 Y 的变化关系在这一改动之下依然存在，我们便可以说 X 和 Y 的因果关系具有一定范围的不变性。范围的大小就依据干涉所改变的范围大小而定。其二是指，如果 X 和 Y 的变化关系在背景环境发生改变的情况下依然存在，我们便可以说 X 和 Y 的因果关系具有一定范围的不变性。此时，范围的大小就依据背景改变的范围大小而定。具体的事例和说明在第四章已经给出，此处不再赘述。

通过不变性特点的引入，因果关系被理解成一种有程度区别的关系，并且能通过量化的方式对其进行对比。这样一来，我们可以通过不变性来判断因果关系的适用范围，从而比较出哪些因果关系比其他因果关系更强（同时包括因果解释力更强）。在本书中，我们暂时不涉及第二个层面的不变性，即在不同环境背景下所保持的不变性，而集中利用第一个层面的不变性。①

根据不变性原则，X 的取值可被干涉的范围越广，说明 X 对 Y 的因果解释力越强，也说明 X 和 Y 之间的因果关系越稳固。在最极端的情况下，如果 X 的取值被干涉为任意值，都能保持 X 和 Y 的变化关系存在，此时，我们便可以说，X 是 Y 最恰当的原因，或者说，X 和 Y 之间的因果关系是最稳固的，X 对 Y 的因果作用力是最强的。相比之下，无法达到这种状态的因果关系，如 Z 和 Y，便可以被视作弱于 X 和 Y 的因果关系。换句话说，对于 Y 而言，Z 相比于 X 并不是那么恰当的原因。用定义的方式表达如下：

判断以下两个公式：
(i) $X = x_1$ 时，$Y = y_1$；$X \neq x_1$ 时，$Y \neq y_1$；
(ii) $Z = z_1$ 时，$Y = y_1$；$Z \neq z_1$ 时，$Y \neq y_1$；

对于 Y 而言，X 是比 Z 更恰当的原因的充分条件是：(i) 真且 (ii) 假。

这个公式说明，如果 (i) 真 (ii) 假则说明，X 和 Y 的因果关系比 Z 和 Y 具有更宽广的不变性，因此，对于 Y 而言，X 是比 Z 更恰当的原因。这里之所以是充分条件而不是必要条件的原因是，X 不必非要达到 (i) 的标准才算作比 Z 更恰当。正如之前所说，X 的可干涉范围只要比 Z 大，就可以说明 X 更恰当。换句话说，更广泛意义上的比较 X 与 Z 哪一个更恰当，应该分别找出两者的可干涉范围，然后进行比较。而这里只提及充分条件的目的是简化这种比较过程。也就是说，如果 X 能使 (i) 为真，而 Z 使 (ii) 为假，则不必再找

---

① 在下文中，谈到不变性，都是从第一个层面的意义上来谈的。

出 Z 的可干涉的具体范围多大。

另外需要再次强调的是，恰当原因的判定方式与对比因果论有很多看似相同的地方，然而，两者存在本质区别。那就是在前者中，Z 依然可以被视作 Y 的原因，只不过 Z 对 Y 的因果作用力不如 X。而在对比因果论中，无法满足（ii）的 Z 被判定为与 Y 之间不存在因果关系。这一点在第四章中也有所提及，干涉主义因果论所持有的因果观是一种比较弱化的版本，至少伍德沃德版本的干涉主义因果论是这样的。在他对因果关系的定义中，只要能找出一个有效的干涉，就可以判定因果关系存在，只不过这样的关系很敏感而已。而对比因果论则持有一种很强的因果观，他对因果的界定苛刻很多，只有在伍德沃德看来是最恰当、最强、最普遍的因果关系才能被称作因果关系。

如果在强调不变性的干涉主义因果框架内讨论心灵因果性，问题的焦点就由心灵属性是否具有因果性转变为心灵属性是否具有比物理属性更好的因果性。换句话说，之前我们在运用干涉主义因果论时强调对"混淆者"的严格固定，是为了研究 P^* 的因果影响力是不是仅仅来自于 M，而不是受到了 P 的干扰。如今，我们相当于承认 M 和 P 都对 P^* 具有某种程度上的因果影响力，但究竟哪一个的影响力更强，有待考察。那么，在还原和非还原的物理主义之争的背景下，双方能否接受这种焦点的转变？换句话说，这种解读之下的心灵因果性是否是双方想要讨论的问题？

笔者认为，这样的解读在某种程度上来说，更加符合还原和非还原的物理主义所关注的问题。非还原的物理主义自不必说，他们不仅认为心灵属性具有因果性，而且认为这种因果性是独特的，不同于物理属性所具有的因果力。而对于独特和不同的阐释主要根源于对非还原的理解。

所谓一个属性的因果性是非还原的，就在于它的因果影响力不是仅仅来自其他属性，换句话说就是，它拥有专属于自己的因果力。比如，水具有的因果力就不是非还原的，因为这些因果力不过来自

H_2O，水并不具有多于 H_2O 所拥有的因果力。而在非还原的物理主义者眼中，心灵属性的因果性和水的因果性有本质差别。虽然心灵属性随附于物理属性，但是非还原的物理主义者想要维护的是，心灵属性的因果力不仅仅来源于物理属性，也就是说，心灵属性拥有一些物理属性所不拥有的因果作用力。

而作为对立面，还原的物理主义真正质疑的问题是什么呢？大部分还原的物理主义者并不全面否定心灵属性具有因果性，就好像他们不反对水具有因果性一样。毕竟，心灵属性和物理属性之间有相当紧密的共存关系和很大程度的共变关系，如果物理属性具有因果性，那么心灵属性也或多或少地具有一定的因果性。但是，和非还原的物理主义者截然不同的是，还原的物理主义者认为心灵属性的因果性不过就是物理属性的因果性而已。心灵属性没有任何属于自己的因果影响力，但凡心灵属性可以作出的因果解释，物理属性统统都可以作出，但反之则不然。

金在权反复强调的疑惑是，"在一个从根本上讲是物理的世界中，心灵属性怎么可能实施属于它自己的因果力？"在他针对非还原的物理主义提出排斥论证时，他所质疑的主旨是：

> 设想发生在时间 t 的心灵事件 m 引发了物理事件 p，并且让我们假设这个因果关系可以成立是因为 m 是心灵类型 M 的一个事件，而 p 是物理类型 P 的一个事件。P 是否在时间 t 还有一个物理原因呢，某个物理类型 N 的一个事件？……考虑到 p 有一个物理原因 p^*，还剩下什么因果效力需要 m 来贡献呢？……考虑到每一个物理事件都有一个物理原因，心灵原因又是如何可能的呢？①

---

① Kim, J., *Mind in a Physical World: An Essay on the Mind-Body Problem and Mental Causation*, MIT Press, 1998, pp. 36 – 38.

可以看出，金在权并非全盘否定心灵属性具有一定的因果作用力，他最质疑的是，所有的因果工作貌似都已经被物理属性做了，心灵属性能否拥有额外的因果力。

根据还原和非还原双方的争论焦点，我们可以尝试着将问题转变，从"根据干涉主义因果论，心灵属性是否具有因果力"变为"根据干涉主义因果论，心灵属性是否具有比物理属性更好的因果解释力"或者"根据干涉主义因果论，心灵因果性是否比物理因果性具有更广泛的不变性"。将问题转变之后，我们便可以不再纠缠于固定性和随附性之间不可调和的矛盾。换句话说，基于物理属性和心灵属性的这种紧密关联，我们不必再纠结于一个心灵结果或物理结果的原因是否完全来自心灵属性，转而关注，针对心灵结果或物理结果，心灵属性是否能够提供更好的因果解释力，能够给出物理属性所不具备的因果影响力。

因此，在下一章，笔者将运用干涉主义因果论中的不变性原则对心灵因果性和物理因果性进行对比，从而判断心灵属性是否具有额外于物理属性的因果作用力，以及心灵属性有没有可能提供更好的因果解释力。

第 六 章

恰当变量集下对心灵因果性的解读

第一节 导言

通过上一章，笔者已经论证，干涉主义因果论的固定性与心物具有的随附性之间具有不兼容性，且这种不兼容性无法被解决。因此，笔者建议运用干涉主义因果论的另一理论资源——不变性来讨论心灵因果性，尤其是"心—物"因果性（下向因果）。换句话说，我们将关注点由心灵属性是否具有纯粹属于自己的因果力变为心灵属性是否具有物理属性所不具备的因果力，或者说，对于某些结果来说，心灵属性是否可以提供更好的因果解释。

这一章要阐明的问题是，即便学者们都使用干涉主义因果论对心灵属性和物理属性的因果力进行比较，比较的结果也会大相径庭。这就意味着，在我们进行比较期间，还有别的因素会左右我们的评判结果。经过分析，我们会发现，结合不同的因果变量集，干涉主义因果论会给出不同的比较结果。因此，应该选择怎样的因果变量集成为重要议题。

比如说，在之前讨论"心—心"因果和"心—物"因果时，我们便采用了不同的因果变量集,前者选用的变量集是 {M, M*, P},后者选用的是 {M, P*, P}。在最初的讨论中,笔者便一再强调,对心灵因果性的讨论不可一概而论,要分清楚对怎样的结果,心灵属性具有因果力。这其实就是在强调在讨论前要澄清所选择的因果变量集。同样,在对心灵属性和物理属性的因果力进行对比时,我们依然要首先澄清,选择什么样的因果变量集,针对怎样的结果,心灵属性具有更好的因果解释力。

接下来,笔者将先以"心—心"因果性①为例,结合恰当的因果变量集,运用干涉主义因果论对心灵属性和物理属性的因果力进行比较。首先,我们选定变量集 {M, M*, P},进而判断 M 和 P 中,哪一个和 M* 之间的因果关系具有更广泛的不变性,能为 M* 提供更好的因果解释力。接下来让我们假定,M 代表一个信念,即"相信某某是《狂人日记》的作者",其中一个取值"m_1 = 相信鲁迅是《狂人日记》的作者"。而 M* 也代表一个信念,即"相信某某是一个出色的作家",其中一个取值"m_1^* = 相信鲁迅是一个出色的作家"。P 是 M 的随附基,每一个取值 m_n 都由 p_{n1} 和 p_{n2} 多重可实现。

让我们来对比一下"M—M*"和"P—M*"的不变性范围:

(i) $M = m_1$ 时,$M^* = m_1^*$;$M \neq m_1$ 时,$M \neq m_1^*$;
(ii) $P = p_{11}$ 时,$M^* = m_1^*$;$P \neq p_{11}$ 时,$M \neq m_1^*$。

根据判断,(i) 为真,(ii) 为假。因为 M* 也有其随附基 P*,m_1^* 由 p_{11}^* 和 p_{12}^* 多重可实现,而根据物理封闭性原则,我们有理由相信 p_{11} 导致 p_{11}^* 的出现,而 p_{12} 导致 p_{12}^* 的出现。此时,(ii) 中,$P \neq p_{11}$ 时,P 有可能取值为 p_{12},而 p_{12} 导致 p_{12}^* 的出现,p_{12}^* 实现了 m_1^*。因此,

---

① 之所以选择"心—心"因果性作为例子,是因为非还原的物理主义者内部在"心—心"因果性上分歧较少。相比于"心—物"因果性这种在非还原内部都存在分歧的问题,放在本章的后面详细讨论。

即便 $P \neq p_{11}$ 时，$M = m_1^*$。此证，(ii) 为假。而当 (i) 为真，(ii) 为假时，说明相对于 M^* 而言，"M—M^*"的不变性范围比"P—M^*"更宽广，M 能比 P 提供更好更有力的因果解释力。

通过这一结论，我们可以得出，针对 M^* 而言，M 的确有 P 所不具有的因果力，因为 M 和 M^* 之间的因果关系具有更宽广的不变性。据此，通过干涉主义因果论的不变性，我们可以判断出心灵属性的确具有某种只属于自己的、独特的因果作用力，该因果性不能被还原为物理因果性。换句话说，物理属性并不能提供全部的因果解释。并不像金在权所说的那样，我们仅仅需要物理因果性就足够了，心灵属性无法提供额外的因果解释。

其实，到这一步，非还原的物理主义所维护的独特的心灵因果性已经得到了捍卫，然而，很多学者却并不满足止步于此。他们更加渴望维护的是"心—物"因果性。换句话说，他们想要证明，我们的心灵可以对物理世界产生影响，可以改变外在世界。然而，物理封闭性原则，即，每一个物理结果都有一个物理原因，给非还原的物理主义者带来了更加严峻的挑战。

相比较而言，P 和 M^* 之间并没有多么紧密的因果关联，因此 M 能够提供一个更好的因果解释，算是情理之中的结果。但是，物理封闭性原则所展示出来的物理因果性"P—P^*"具有更强的因果关联。考虑到这样的因果关联，心灵属性在什么意义上可以提供更好的因果解释力是一个更难说明的问题。而金在权在排斥论证中最为核心的论证也恰恰是，针对 P^* 而言，M 的因果力被 P 排斥掉了，并非针对 M^* 而言，M 的因果力被 P 排斥掉了。可见，"M—P^*"在何种意义上具有比"P—P^*"所不具有的因果作用力是非还原的物理主义者更难、更迫切需要解决的问题。

鉴于此，在本章中，笔者将问题的焦点集中在干涉主义因果论中的不变性原则（此后就简称为干涉主义因果论）能否帮助非还原的物理主义维护"心—物"因果性，换句话说，该理论能否证明"心—物"因果性比"物—物"因果性具有更宽广的不变性范围，前者是否是比后者更好更有力的因果解释。

在讨论该问题之前，笔者将首先梳理目前在使用干涉主义因果论讨论"心—物"因果性的非还原物理主义的理论。通过梳理，我们发现，同样是坚持使用干涉主义因果论，同样是非还原的物理主义者，他们所得出的结论却是天壤之别。一方认为"心—物"因果性要好于"物—物"因果性，一方则相反。

经过分析，笔者将指出，之所以会导致这样的结果是因为，双方虽然都承认同样的预设，却没有使用同样的因果变量集。所谓的预设是指，通过干涉主义因果论，我们可以将被实现的属性所造成的因果关联进行分类，其中一类被称作对实现基不敏感的因果关系（realization-insensitive causal relation），另一类则被称作对实现基敏感的因果关系（realization-sensitive causal relation）。如果一个被实现的属性对实现基不敏感就说明该属性的因果力比其实现基具有更宽广的不变性，也就是说，相较于实现基，被实现的属性具有更好更有力的因果影响力。相反，如果一个被实现的属性对实现基敏感就说明实现基的因果力比被实现的属性具有更宽广的不变性，也就是说，相较于被实现的属性，实现基具有更好更有力的因果影响力。

关于这一预设，非还原的物理主义者是一致认可的。分歧在于，一方认为心灵属性对物理属性是不敏感的，因而具有更好的因果影响力；而另一方认为心灵属性是敏感的，因而不具有更好的因果影响力。经过分析与澄清，笔者将指出，造成这一局面的原因是，双方选择了不同的因果变量集。换句话说，敏感与否其实取决于有待讨论的结果变量。我们应该具体分析，针对怎样的变量，心灵属性敏感与否。

在澄清这一点之后，笔者将指出，有些非还原的物理主义者想要通过心灵属性的不敏感来维护"心—物"因果（下向因果），然而，他们采用的因果变量集并不能实现这一目的。进一步说，如果想要维护"心—物"因果，他们需要的结论应该是，针对物理结果而言，心灵属性对物理属性不敏感，因而"心—物"因果比"物—物"因果更好更强有力。但是，经过仔细分析，我们会发现，当他们论证心灵属性的不敏感时，并不针对物理属性，而是针对行为属性。因此，即便他们的论证成立，也不能用以维护"心—物"因果的独特性。

更糟糕的是，与物理属性不同的是，行为属性是较高层次的属性，不是较低层面的属性。这一点更加说明，包含行为属性的因果变量集不能用以维护本质上是下向因果的"心—物"因果性。行为属性作为和心灵属性同层面的属性，最终能维护的依然是和"心—心"因果类似的同层面因果（intralevel causation），而不是跨层面因果（interlevel causation）。但是，后者才是这一部分非还原的物理主义者真正想要辩护的。这一点更加说明他们的论证并不奏效。

另外值得说明的是，这些维护"心—物"因果性的非还原的物理主义者之所以要作此番辩护是想要解决金在权的排斥论证所带来的问题。而金在权的核心质疑在于，如果一个物理结果已经拥有一个物理原因了，心灵属性还能在什么意义上提供额外的因果作用力。如果想要消除这一质疑，我们所选择的因果变量集中就应该包含以物理属性作为结果的变量，而非其他，比如行为属性。在这样的因果变量集下证明心灵属性能比物理属性具有更好更有力的因果作用力才是对排斥论证的有效反驳。

然而，正如很多学者已经证明的那般，当针对物理结果时，心灵属性对其实现基是敏感的，因而"物—物"因果具有比"心—物"因果更宽广的不变性范围，具有更强的因果解释力。由此可见，想要借助干涉主义因果论对排斥论证进行回击并不可行。在这里，笔者需要强调的是，这并不说明非还原的物理主义者无法反驳排斥论证，或者说无法维护具有额外因果影响力的"心—物"因果性。上述论证只是意味着干涉主义因果论无法帮助这些非还原的物理主义者实现这一目标，他们恐怕需要寻找新的因果理论来证明"心—物"因果在何种意义上具有"物—物"因果所没有的作用力。

本章接下来的部分如下述安排展开：在第二节中，笔者将分析当下学者对干涉主义因果论的运用，并阐明他们通过该理论建立起来的共同预设。在第三节中，笔者将进一步说明，在共同预设的基础上，非还原的物理主义者却得出两个截然相反的结论，其原因在于，双方选用了不同的因果变量集。在第四节中，笔者将指明，试图维护"心—物"因果性的非还原物理主义者所选用的因果变量集使其论证变得无效，因为该因果变量集所得出的结论并非针对"心—物"因果。进而，该结论也不能用以解决金在权的排斥论证所带来的问题。笔者将指出，这些非还原的物理主义者有可能提出两种解决方案，但经过分析，这两种方案都存在比较严重的问题。因而，就目前来看，干涉主义因果论无法如非还原的物理主义者预期的那样，为"心—物"因果性的独特性提供辩护，反驳金在权的排斥理论。

第二节　敏感的与不敏感的被实现属性

非还原的物理主义者普遍认同随附属性可以被分为两类：一类随附属性与它们导致的结果之间处于以下关系，即，当一随附属性由多个随附基属性多重可实现时，无论哪个随附基属性实现了随附属性，结果变量都不会受到影响；另一类关系则是，当随附属性由不同的随附基实现时，结果变量会随之产生变化。前者的关系被叫作实现不敏感的因果关系，而后者叫作实现敏感的因果关系。

举例来说，苏格拉底喝下毒药导致他的死亡，而喝这个行为可以由小酌或牛饮多重可实现。我们不难理解，无论苏格拉底以怎样的方式喝下毒药，小酌也好，牛饮也罢，都会以死亡收场。因此，相对于小酌或牛饮来说，喝毒药与死亡之间就是实现不敏感的因果关系。相比较之下，让我们设想以下场景，我们训练一只鸽子看到猩红色的物体便去啄（用喙触碰），看到红色的物体便去碰（不一定用喙，可以用翅膀、爪子、脑袋等部位）。红色由猩红色、玫红色或粉红色等多重可实现；同样，碰也由用喙碰、用翅膀碰或用爪子碰等多重可实现。在这种情况之下，红色并不能保证鸽子去啄物体，因为红色有可能由玫红色实现。换句话说，红色如何被实现出来将影响鸽子如何触碰眼前的物体，或者说，影响鸽子是否会啄眼前的物体。此时，我们便称红色和鸽子啄处于实现敏感的因果关系之中。

在 2008 年和 2010 年，伍德沃德、孟席斯和李斯特分别阐述了这两类随附属性可能面临的状况。孟席斯和李斯特表示，如果我们在干涉主义因果论的框架下讨论因果性，便可以识别出两种类型的随附属性：

> 让我们设想彼得有一个招揽的士的意图（这是心灵属性 M 的一个实例），而且他挥舞了他的手臂（这是行为属性 B 的一个实例）；再来设想彼得的意图（M—实例）是由某个神经状态（这是神经属性 N_1 的一个实例）实现出来的，但是该意图也可以由其他的神经状态实现出来（比如说，神经属性 N_2,…, N_n 的实例）。①

根据这一状况，孟席斯和李斯特提出，我们可以在一些很特殊的条件下证明 M 的因果力是 N 的因果力的子集，即，如果 M 是 B 的原因，则 N_1 是 B 的原因。当这种情况发生时，就说明 M 和 B 之间的因果关系是实现敏感的。用反事实的理论来描述这一情况便是，在所有"存在 M 却不存在 N_1"的最近的可能世界中，B 都不会存在。相反，如果在某个"存在 M 却不存在 N_1"的最近的可能世界中，B 有可能存在，就意味着 N_1 不是 B 的原因。这说明，M 和 B 之间的因果关系是实现不敏感的。孟席斯和李斯特据此给出两个结论：

> （1）如果 M 是 B 的原因，则 N_1 是 B 的原因当且仅当 M 和 B 之间的因果关系是实现敏感的。

---

① Menzies, P. and List, C., "The Causal Automony of the Special Sciences", in Mcdonald, C. and Mcdonald, G. eds., *Emergence in Mind*, Oxford University Press, 2010, p. 7.

(2) 如果 M 是 B 的原因，则 N_1 不是 B 的原因当且仅当 M 和 B 之间的因果关系是实现不敏感的。①

此处需要说明的是，孟席斯和李斯特只是概括性地指出，一个随附属性与其结果之间存在的两种不同关系，并没有过多指明在不同的关系中，随附属性与其随附基之间的因果比较。而本章节的焦点在于结合这种实现敏感与实现不敏感的因果关系来探讨随附属性是否能被称作更恰当的原因。接下来，为了符合本章的研究目标，笔者将着重阐述伍德沃德对于实现敏感与实现不敏感的随附属性的具体分析。

根据伍德沃德的分析，一方面，当一个随附属性，比方说心灵属性，和某个结果处于一种特定的关系之中，即"独立于实现的依赖关系"②（realization independent dependency relation），情况通常如下：相较于实现该随附属性的随附基而言，随附属性可以提供一个"更好的"（preferable）因果主张和解释。另一方面，如果随附属性与其结果不处于这种特定关系之中，我们便有理由认为，相较于随附属性而言，实现该随附属性的随附基可以提供一个"更好的"因果主张和解释。伍德沃德对"独立于实现的依赖关系"的解释如下：

> "独立于实现的依赖关系"所要求的是存在这样一种关系，在这个关系中包括相互依赖的较高层面的变量（由干涉导致的 M_1 数值的变化会映射到 M_2 的数值变化之上），以及对实现的独立性，这种独立表现在，这些变化的 M_1 和 M_2 的取值在经历不同

---

① Menzies, P. and List, C., "The Causal Automony of the Special Sciences", in Mcdonald, C. and Mcdonald, G. eds., *Emergence in Mind*, Oxford University Press, 2010, pp. 9–10.

② 伍德沃德所说的"独立于实现的依赖关系"与之前提到的"对于实现不敏感的因果关系"是同一个意思，只是使用的词汇不同。所以除直接引用的引文外，在分析伍德沃德的观点时，为了统一前后术语，笔者将继续使用"对于实现不敏感的因果关系"。

的实现者时依然维持不变。正是这种"独立于实现的依赖关系"的存在确保对 M_1 的干涉可以稳定地与 M_2 的变化相关联——因而，M_1 是 M_2 的原因。①

针对这样的关系，伍德沃德引用了一个实验案例，该实验由加利福尼亚理工学院的理查德·安德森（Richard Andersen）和他的同事共同完成。在实验中，研究人员记录了来自猕猴顶骨皮层和前运动皮层中大脑神经元的信号，而这些信号编码了抓取动作的目的。依据这个实验，伍德沃德提出：

> 假设在某个场合 t，猴子形成了抓取某物的意图 I_1——将这个抓取动作叫作 R_1。再假设 N_{11} 是某组相关神经元特定的激发模式，可以在这一场合实现或编码意图 I_1。设想还有很多其他的神经元激发模式，N_{12} 和 N_{13} 等，它们可以在其他场合实现同样的意图 I_1，所以 I_1 是由 N_{11}、N_{12} 等多重可实现的。②

伍德沃德首先指出，我们可以认为这些神经元的激发模式是抓取动作的原因。根据干涉主义因果论的思想，确实存在某个干涉，通过该干涉将神经元的激发模式 N_{11} 改为 N_{51}（N_{51} 所实现的意图 I_5 会导致不同的抓取动作 R_5，而非 R_1），此时，抓取动作由 R_1 变为 R_5。

但是，伍德沃德所要强调的是，相比于这些神经元的激发模式，心灵属性 I_1 更适合被当作抓取动作 R_1 的原因。首先，当我们通过干涉将 I_1 变为 I_2 时，猴子所呈现出来的抓取动作 R_1 会跟着变为 R_2，这

---

① Woodward, J., "Cause and Explanation in Psychiatry: An Interventionist Perspective", in Kendler, K. and Parnas, J. eds., *Philosophical Issues in Psychiatry: Explanation, Phenomenology, and Nosology*, Johns Hopkins University Press, 2008a, p. 241.

② Woodward, J., "Cause and Explanation in Psychiatry: An Interventionist Perspective", in Kendler, K. and Parnas, J. eds., *Philosophical Issues in Psychiatry: Explanation, Phenomenology, and Nosology*, Johns Hopkins University Press, 2008a, p. 239.

说明 I_1 的确是 R_1 的原因。但更重要的是，无论 I_1 由 N_{11} 或 N_{12} 或 N_{13} 等哪个神经元的激发模式所实现，都将引发 R_1 的出现，而无论 I_2 由 N_{21} 或 N_{22} 或 N_{23} 等哪个神经元的激发模式所实现，也都将引发 R_2 的出现。因而，心灵属性 I_1 对抓取动作 R_1 的因果影响是不受 N_{11}、N_{12} 或 N_{13} 干扰的。这也就是所谓的"对实现不敏感的因果关系"。这种不敏感的因果关系用图 6–1 表达如下：

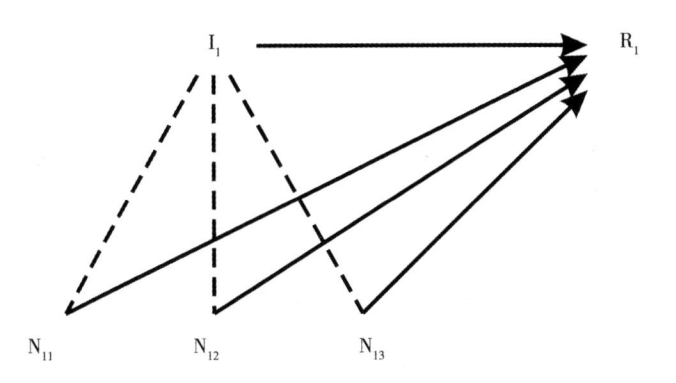

图 6–1

注：虚线表示实现关系，实线箭头表示因果关系。在伍德沃德的干涉主义框架内，I_1 及 N_{11}、N_{12} 或 N_{13} 都可以被称作 R_1 的原因，但由于 I_1 与 R_1 是对实现不敏感的因果关系，所以相比于 N_{11}、N_{12} 或 N_{13}，I_1 更适合成为 R_1 的原因。

这里需要强调的是，伍德沃德并不是要证明所有的心灵属性都对实现不敏感，都更适合作为因果解释，而是要说明，如果心灵属性与其结果之间处于这种不敏感的关系，则比起实现该属性的随附基属性，心灵属性更适合作为其结果的原因。相反，如果心灵属性与其结果之间处于敏感的关系，则随附基属性更适合作为其结果的原因。针对后一种情况，伍德沃德同样给出了详细的阐述，他将这种敏感的因果关系称为"因果的异质性"（causal heterogeneity），即，当随附属性，比如心灵属性，被不同的随附基实现时，会引发不同的结果。

针对这种情况，伍德沃德给出了以下事例①：一般概念"害怕"由很多更加具体的"害怕系统"实现出来，每一个不同的物理实现系统都会关联到不同的结果。在这个意义上来说，"害怕"是因果异质的，因而，对于一个特定的行为结果来说，一般概念"害怕"似乎不太适合被称作其原因，因为两者之间的因果关系是非常不稳定的。

换句话说，当我们想要达成某一结果时，需要将"害怕"干涉成某一种实现方式的、具体的"害怕系统"，才能完成目标。相比之下，并不存在一个对一般概念"害怕"的干涉能够帮助我们达成预期的结果。从干涉主义因果论注重的"手段—目的"的角度来看，相比于一般概念"害怕"，作为随附基的、物理的"害怕系统"是我们操控某一结果的更好手段，通过对随附基的干涉更有利于我们准确稳定地实现预期的目的。

用图 6-2 表达"对实现敏感的因果关系"如下：

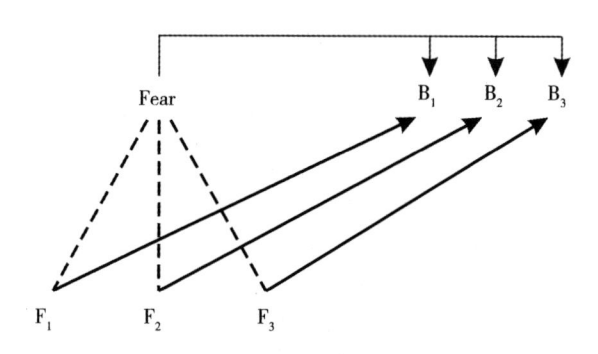

图 6-2

注：虚线部分表示实现关系，实线箭头表示因果关系。和图 5—1 一样，随附属性 Fear 与其随附基 F_1、F_2 和 F_3 分别对 B_1、B_2 和 B_3 都有因果作用，只不过在这一状况下，由于随附属性和其结果之间是对实现敏感的因果关系，所以随附基 F_1、F_2 和 F_3 是 B_1、B_2 和 B_3 更合适的原因。

---

① Woodward, J., "Cause and Explanation in Psychiatry: An Interventionist Perspective", in Kendler, K. and Parnas, J. eds., *Philosophical Issues in Psychiatry: Explanation, Phenomenology, and Nosology*, Johns Hopkins University Press, 2008a, pp. 260–261.

该图和图 6-1 所要传达的信息是类似的，一方面，随附属性和随附基属性都和结果之间存在某种因果关联；另一方面，由于随附基对结果的影响作用不同，随附属性与随附基属性中的一方更适合被当作所讨论结果的原因。

经过分析孟席斯、夏皮罗和伍德沃德的观点，我们可以初步了解，随附属性与其结果的因果关系是否对实现敏感，会造成两种不同的状况，而在这两种状况中，随附属性及其随附基属性对既定结果的因果解释力存在不同的差异。接下来，笔者将通过此前提到的干涉主义因果论中的不变性原则对上述观点进行进一步的阐释，说明为什么当随附属性对实现不敏感时，可以被称作更适合的原因。

根据不变性原则，如果一个因果关系的不变性具有越宽广的范围，就说明这个因果关系越稳定，具有越强的因果解释力。因此，根据这个原则，我们可以将同一结果的多个原因进行比较，判断出更加合适的原因。结合伍德沃德的两个案例，我们可以利用不变性来分析对实现不敏感和对实现敏感的因果关系。在第一个案例中，I_1 和 R_1 的因果关系对实现不敏感，让我们来比较一下"I—R"和"N—R"的不变性范围。

(ⅰ) $I = i_1$ 时，$R = r_1$；$I \neq i_1$ 时，$R \neq r_1$；
(ⅱ) $N = n_{11}$ 时，$R = r_1$；$N \neq n_{11}$ 时，$R \neq r_1$。

结合之前的案例分析，(ⅰ) 是成立的，而 (ⅱ) 是错误的。在 (ⅱ) 式中，$N = n_{11}$ 时，$R = r_1$ 是成立的，但 $N \neq n_{11}$ 时，$R \neq r_1$ 不成立，因为当 $N \neq n_{11}$ 时，N 可能取 n_{12} 或 n_{13}，在这种情况下，R 依然取值 r_1。因此，"I—R"比"N—R"的不变性范围要更宽广，因而，相比于 N，I 具有更强的因果解释力，也更适合作为 R 的原因。

相比之下，在第二个案例中，心灵属性"害怕"及其所导致的行为之间的因果关系对实现（即物理基础"害怕系统"）敏感，让我们来比较一下"M—B"和"P—B"的不变性范围：

(i) M = fear 时，B = b_1；M ≠ fear 时，B ≠ b_1；
(ii) P = f_1 时，B = b_1；P ≠ f_1 时，B ≠ b_1。

结合之前的案例分析，(i) 是错误的，而 (ii) 是正确的。在 (i) 式中，"M ≠ fear"时，"B ≠ b_1"是成立的，但是"M = fear"时，"B = b_1"并不成立。因为当"M = fear"时，它有可能不是由 f_1 实现的，而是由 f_2 或 f_3 实现的，因而，B 也可能随之取值为 b_2 或 b_3，并非 b_1。所以，即便 M 取值为 fear，B 也不一定肯定取值为 b_1。据此，"P—B"比"M—B"的不变性范围要更加宽广，因而，相比于 M，P 具有更强的因果解释力，也更适合作为 B 的原因。

鉴于此，再结合"对实现是否敏感"这一概念，我们可以得出以下结论，当随附属性和随附基属性都对同一结果有某种程度的因果作用时，我们可以通过干涉主义因果论中的不变性原则，比较出哪一个因果作用更强更有力。换句话说，如果随附属性对实现不敏感，那么它所处的因果关系的不变性范围会比其随附基属性更加宽广，这就证明它比后者更适合被当作原因。

在上一章的结尾处，笔者已经提到，当我们试图为心灵因果性作出辩护时，不必非要证明心灵和物理属性中只有一方有资格成为原因。如果我们采用干涉主义因果论的因果观，将因果性理解为一种程度概念，便可以转换角度，在承认心灵和物理属性都有一定程度的因果效力的基础上，讨论心灵属性是否能具有比物理属性更合适、更有力、更可取的因果效力。如果能够论证这一点，正如本章开篇对"心—心"因果的讨论一样，便可以维护独特的心灵因果性。

因此，如果非还原的物理主义者想要维护"心—物"因果性，想要反驳排斥论证，就需要说明对于一个物理结果来说，心灵属性对实现不敏感。也就是说，对于物理结果来说，心灵原因比物理原因具有更宽广的不变性范围。在接下来的一节中，笔者将试图阐明，虽然非还原的物理主义者普遍认同上述论证思路，但由于采用了不同的因果变量集，他们得出了截然不同的结论。

第三节　因果变量集的差异

笔者在上一节已经阐明，非还原的物理主义者基本认同如下观点：如果心灵属性和物理结果的因果关系对实现不敏感，则根据干涉主义因果论的不变性原则，心灵属性比物理属性更适合被称为物理结果的原因。但是，针对物理结果而言，心灵属性是否对实现不敏感，仍然是存在争议的话题。接下来，笔者将尝试对非还原的物理主义理论进行分类，并说明，他们依据同样的预设却得出不同结论的原因在于选择了不同的因果变量集。

首先，让我们来分析一下利用敏感性反对"心—物"因果性的理论，其中的代表人物是图奥马斯·佩尔努（Tuomas Pernu）和钟磊。佩尔努发表了一系列的论文旨在证明心灵因果性的平行理论，即心灵属性仅仅适合于作心灵属性的原因，而不适合作物理属性的原因。其中关键的论证就在于指出，对于物理结果来说，物理属性比心灵属性更适合成为其原因。

佩尔努的论证思路重构如下：要想对"心—物"和"物—物"的因果效力进行比较，我们首先应该选取最完整的、包含了较高层面和较低层面变量（也就是心灵属性和物理属性）的变量集。为了简化因果变量集，我们将变量集设为 $V = \{M, P_1, P_2, M^*, P_1^*, P_2^*\}$。在这里，$M$ 由 P_1 或 P_2 多重可实现，同理，M^* 由 P_1^* 或 P_2^* 多重可实现。换句话说，当 M 出现时，P_1 或 P_2 必然出现，反之亦然。M^* 与 P_1^* 或 P_2^* 的出现情况相同。根据物理封闭性原则，我们也有理由相信，P_1 和 P_2 分别为 P_1^* 和 P_2^* 的充分原因，即，P_1 出现，则

P_1^* 一定出现，P_1 不出现，则 P_1^* 不出现，P_2 和 P_2^* 的关系同理可得。该变量集的因果模型如图 6-3 所示。

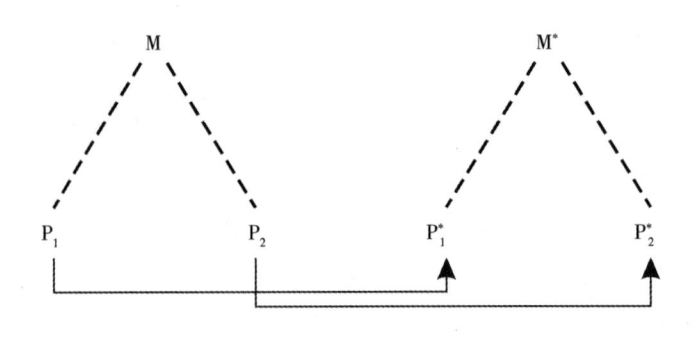

图 6-3

注：图中虚线代表随附关系（实现关系），而实线箭头代表已经确定的因果关系。而有待我们考察的是，在"M—P_1^*"和"P_1—P_1^*"中，哪个因果关系更加稳固，更加恰当。

佩尔努反复强调选取变量集的重要性，他指出，这样的变量集比较符合非还原的物理主义对心物关系的构想。而在这样的变量集中，我们根据不变性原则，可以很快对比出 M—P_1^* 和 P_1—P_1^* 的不变性范围：

(i) M 出现时，P_1^* 出现；M 不出现时，P_1^* 不出现；
(ii) P_1 出现时，P_1^* 出现；P_1 不出现时，P_1^* 不出现。

根据我们对 V 中变量的设定，(i) 不成立，(ii) 成立。因为 M 出现的时候，有可能是 P_2 同时出现，不一定是 P_1，而 P_2 充分地导致 P_2^* 的出现。因此，M 出现时，P_1^* 并不一定出现。相比之下，(ii) 符合之前提到的设定，因而成立。鉴于此，"P_1—P_1^*" 比 "M—P_1^*" 的不变性范围更加宽广，说明对于 P_1^* 而言，P_1 比 M 更适合成为其原因，"P_1—P_1^*" 的因果关系更加稳定坚固。同理可证，对于 P_2^* 而言，P_2 比 M 更适合成为其原因，"P_2—P_2^*" 的因果关系更加稳定坚固。总结来看,"心—物"因果性不如"物—物"因果性恰当。

作为一个非还原的物理主义者,佩尔努指出,与 P_1^* 和 P_2^* 不同,对于 M^* 而言,M 比 P_1 或 P_2 都更适合成为其原因。论证的过程和第一节中给出的类似,这里不予赘述。根据不变性原则,佩尔努试图说明,心灵属性更适合成为心灵属性的原因,而物理属性更适合成为物理属性的原因。归根到底,这是一种类似于平行主义的观点,认为好的因果关系出现在同一层面上,同层面的因果关联比跨层面的更加恰当。

无独有偶,钟磊也依照相似的模型得出了相似的结论。钟磊首先引入了"干涉主义的双条件理论"。他规定属性 X 的两个数值:x_p(X 的在场)和 x_a(X 的缺席),继而,干预主义的双条件理论如下:

(D)属性 X 引起另一属性 Y 当且仅当

(D1)如果一个干预使得 X = x_p 发生(与此同时,因果结构中其他相关变量被固定住),那么,Y = y_p;以及

(D2)如果一个干预使得 X = x_a 发生(与此同时,因果结构中其他相关变量被固定住),那么,Y = y_a。①

这里需要再次澄清的是,正如前文所说,这样的双条件理论对于干涉主义因果论来说过强。根据不变性原则的判断,一个符合双条件理论的因果关系所具有的不变性范围最为宽广。这样的因果关系相较于其他不符合双条件的因果关系,更为稳定、恰当,但是这并不说明不符合双条件理论的关系就无法被称作因果关系。

但是,钟磊与笔者对干涉主义因果论的理解的不同并不影响当下的讨论。符合双条件理论的关系被称为"唯一合格的因果关系"或"最恰当的因果关系"并不是此处要讨论的重点。双方虽然理解

---

① 钟磊:《平行主义的复兴》,董心译,《自然辩证法通讯》2017 年第 1 期。

有偏差，但主旨是一致的，即符合双条件理论的关系比不符合双条件理论的关系更适合被称作因果关系。

接着，钟磊利用双条件理论拒斥了下向因果性。他提出：

(a) 如果一个干预使得 H_1 在场（同时其他所有的相关变量都被固定住），那么 P_2 也会在场；

(b) 如果一个干预使得 H_1 缺席（同时其他所有的相关变量都被固定住），那么 P_2 也会缺席。①

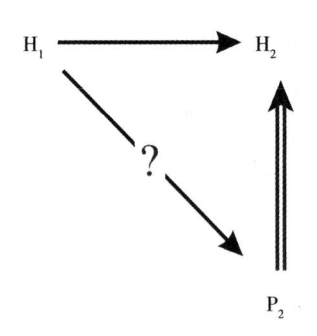

图 6-4

注：实线箭头代表因果关系；空心箭头代表随附关系。

其中 H 代表较高层面的属性，而 P 依然代表物理属性。由于钟磊的目标是要说明整个下向因果的不合理性，因此，他并没有单独选定心灵属性 M 作为讨论对象。和佩尔努的论证过程类似，他指出：

如果一个干预使得 H_1 在场，H_2 也会在场。但我们不能从 H_2 在场得出 P_2 一定在场。基于多重可实现，H_2 可以被其他物理属性所实现。假设 P_2 虽然缺席，但 H_2 被另外的物理属性 P_2^* 实现。

---

① 钟磊：《平行主义的复兴》，董心译，《自然辩证法通讯》2017 年第 1 期。

因此，即便一个干预使得 H_1 在场，P_2 仍然可以缺席。即（b）为假。因此，即便 H_1 引起 H_2，H_1 不一定引起 P_2——下向因果原则为假。①

鉴于此，由于 H_1 和 P_2 之间无法满足双条件理论，钟磊表示，下向因果并不尽如人意。相比之下，H_1 和 H_2，以及 P_1 和 P_2 却能满足双条件理论，其论证方式与过程在此不再重复。综合以上结论，钟磊和佩尔努一样，提出有关心灵因果性的平行主义框架。

总结来说，以佩尔努和钟磊为代表的非还原的物理主义者试图论证，心灵属性的独特因果性体现在其对心灵结果的因果影响力上。根据干涉主义因果论中的不变性原则，这种因果影响力是物理属性所不具有的，因而，我们不能将心灵因果性还原为物理因果性。与此同时，他们否定"心—物"因果性可以超越"物—物"因果性，即，对于物理结果而言，最恰当的仍然是物理原因，而非心灵原因。

二者在运用干涉主义因果论的同时，选择了一样的因果变量集，即包含了较高层面（心灵属性）和较低层面（物理属性）的变量。尤其是在选择结果变量时，二者都关注物理结果，将问题集中在，针对物理结果而言，心灵属性与物理属性中，哪一个更合适的原因。相比之下，接下来要探讨的论证则建立在不同的因果变量集之上。

相对于佩尔努和钟磊，另一部分非还原的物理主义者试图反对金在权的排斥论证，即说明心灵因果不会遭受物理因果的排斥。他们的论证思路基本是，即便根据物理封闭性原则，每一个物理结果都有一个充分的物理原因，但这不能说明心灵因果性就因此遭到排斥，因为根据干涉主义因果论，心灵因果性是更加恰当的因果性。

---

① 钟磊：《平行主义的复兴》，董心译，《自然辩证法通讯》2017 年第 1 期。

拉蒂凯宁在其 2010 年的文章中所举的事例①，在此前的章节已详细论述，在此，笔者仅作一个简要的概述。我们可以想象，如果彼得的信念由"冰箱里有啤酒"变成"冰箱里没有啤酒"，那么当他想要喝酒的时候，就会由"去冰箱取啤酒"变成"去附近的杂货店买啤酒"。此时，即便"冰箱有啤酒"和"冰箱里没有啤酒"等信念是由不同的大脑状态所实现的，彼得依然会由"冰箱里有啤酒"变成"冰箱里没有啤酒"。

根据这一场景，我们可以运用干涉主义因果论中的不变性原则进行判断：

（i）当彼得的信念是"冰箱有啤酒"时，他去冰箱取啤酒；当彼得的信念不是"冰箱有啤酒"时，他不去冰箱取啤酒；

（ii）当彼得的大脑状态处于 B_1 时，他去冰箱取啤酒；当彼得的大脑状态不处于 B_1 时，他不去冰箱取啤酒。

根据之前的场景描述，"冰箱里有啤酒"的信念可以由大脑状态 B_1 或 B_2 多重可实现。因此，（ii）是错误的。因为，即便大脑状态不处于 B_1，而处于 B_2，彼得依然具有"冰箱里有啤酒"的信念，而在这个信念的支撑和引导下，他便依然会在想喝啤酒的时候去冰箱取啤酒，而不会去杂货店买啤酒。所以，当彼得的大脑状态不处于 B_1 时，他也可能去冰箱取啤酒。（ii）错误。

那么，根据不变性原则，这就说明对于"去冰箱取啤酒"这一行为而言，彼得的信念"冰箱有啤酒"比他的大脑状态更适合成为其原因。因为前者的不变性具有更宽广的范围，所以相比之下，它与结果之间的因果关联更加稳定和恰当。通过这一结论，这部分非还原的物理主义者试图说明，虽然物理结果有一个充分的物理原因，但是这并

---

① Raatikainen, P., "Causation, Exclusion, and the Special Sciences", *Erkenntnis*, Vol. 73, No. 3, 2010, pp. 349–363.

不妨碍心灵属性成为一个更加恰当的原因。① 而且通过干涉主义因果论的不变性原则，我们可以有理有据地将心灵原因和物理原因进行比较，从而得出哪一方是更恰当的充分原因。

同样，在之前提到敏感性时所涉及的伍德沃德有关猕猴的实验也论证了和拉蒂凯宁一致的观点，即心灵属性并不必然被物理属性所排斥。重新回顾一下图5-1所表达的因果模型，我们不难看出，其中的 I 相当于拉蒂凯宁所涉及的信念；N 则同样代表了实现心灵属性的物理基础，即神经系统或拉蒂凯宁所说的大脑状态；而 R 作为一个抓取动作与"取啤酒"也都同属于行为属性的例示。

同样运用伍德沃德的实验案例来反驳金在权排斥论证的还有李斯特与孟席斯，在其于2009年发表的文章中，他们首先引入了成比例的因果关系（proportional causation）这一概念，用以区分充分原因和成比例的原因。② 所谓成比例的原因就是我们之前提及的恰当的充分原因。他们同样引用了亚布罗关于训练鸽子的案例：当鸽子被训练成见到红色的东西便去啄时，猩红色也可以被称作"啄东西"的充分原因，但是相比之下，红色才是成比例的原因。

利用这两个概念的区分，李斯特和孟席斯要澄清的是，仅仅因为随附基属性是某结果的充分原因，并不能说明随附属性的因果性就必然被排斥掉。根据成比例的因果概念，有可能出现以下两种情况，随

---

① 在第二章讨论过决定的时候，作者也提出，充分原因分为两类，一类是恰当的充分原因；一类是不恰当的充分原因。当时是要说明，如果同一个结果的两个充分原因只是恰当与否的区别，那么这种过决定在世界中是普遍且系统的，因而，不存在直觉上的张力。所以，当我们想要论证心灵属性和物理属性同时因果作用于物理结果时，合理的理论模型可能是，物理原因是物理结果不恰当的充分原因，而心灵原因是物理结果恰当的充分原因。这一可能性说明，也仅仅说明，我们不能像金在权那样，先天地、依据论题之间的矛盾将心灵属性排除在原因之外。另外，这一理论模型只是具有可能性而已，有待进一步论证，我们不能因此推出，对于物理结果来说，心灵原因一定比物理原因更加恰当。而此处正在论述的就是，一部分非还原的物理主义者试图运用干涉主义因果论的不变性原则，为该理论模型的合理性进行辩护。

② 参见 Menzies, P. and List, C., "Nonreductive Physicalism and the Limits of the Exclusion Principle", *Journal of Philosophy*, Vol. 106, No. 9, 2009。

附基属性是充分原因，而随附属性是成比例的原因；或随附属性是充分原因，而随附基属性是成比例原因。因此，金在权的排斥论证需要得到修改，即，被排斥的不一定是随附属性，也有可能是随附基属性。

接着，李斯特和孟席斯便根据"成比例的造成不同"（proportional difference-making）原则对猴子"抓取行为"的两个原因进行分析。其形式是对以下两组反事实条件句进行比对：

(a1) 猴子有意向 I_1 □→猴子产生行为 R_1。
(a2) 猴子没有意向 I_1 □→猴子不产生行为 R_1。
(b1) 猴子有神经属性 N_{11} □→猴子产生行为 R_1。
(b2) 猴子没有神经属性 N_{11} □→猴子不产生行为 R_1。

经过对比，第一组反事实条件句均成立，第二组中的（b2）则不成立。因为即便 I_1 不由 N_{11} 实现，也有可能由 N_{12} 实现，这样一来，猴子依然会产生行为 R_1。故，对于猴子的"抓取行为"而言，意向 I_1 可以称为其成比例的原因，而神经属性只是其充分原因。因此：

> 如果将因果理解为"成比例的造成不同"，我们便可看出排斥原则是错误的。即便当某个属性 F 对于结果 G 来说是因果充分的，F 的随附属性 F^* 仍然可以是 G 的原因。猴子的意向 I_1，即想要抓取特定目标，是它的抓取行为 R_1 的原因，即便意向 I_1 随附于神经属性 N_{11} 之上，而后者对于该行为来说是因果充分的。①

通过这一论证，李斯特与孟席斯声称，金在权的排斥论证是不成立的。在他们看来，排斥不仅仅是随附基属性对随附属性的排斥，也

---

① Menzies, P. and List, C., "Nonreductive Physicalism and the Limits of the Exclusion Principle", *Journal of Philosophy*, Vol. 106, No. 9, 2009, pp. 475 – 502, 484.

可能存在随附属性对随附基的排斥。

通过对上述三个观点的分析,我们不难发现,他们在试图反驳金在权的排斥论证时,采用了同样的因果模型,即图6-1所展示出来的因果模型。在这一模型中,随附属性(心灵属性)和结果(行为属性)之间的因果关系对其实现(神经属性)不敏感。也就是说,无论随附属性由多个实现基中的哪一个实现出来,结果依然会出现。而根据干涉主义因果论的不变性原则,这一因果模型确实说明对于行为结果来说,心灵属性比神经属性具有更宽广的不变性范围,也因而是更合适、更稳定的原因。

综合以上解读,非还原的物理主义者们虽然都运用干涉主义因果论来讨论心灵因果性,却得出了看上去截然相反的结论。一方认为,在面对物理结果时,心灵原因被物理原因排斥,不能成为最恰当的原因;另一方则声称,在面对行为结果时,心灵原因不会被物理原因排斥,因而金在权的排斥论证是不成立的。

而基于上述剖析,双方得出不同的结论源于他们选取了不同的因果变量集。其中最根本的区别在于,一方所研究的是物理结果;而另一方研究的是行为结果。这一研究对象的差异直接导致了心灵属性对其实现的敏感性的不同。在前者中,心灵属性对实现敏感,而在后者中则不敏感。而恰恰是这种敏感性的不同,决定了心灵属性能否成为更恰当的原因,是否会遭到物理属性的排斥。

在接下来的一节中,笔者将着重阐述后一种非还原的物理主义所存在的问题。简言之,他们想要借助干涉主义因果论和特定的因果变量集证明心灵属性无法被排斥,然而,他们选定的因果变量集无法达到反驳排斥论证的目的。因为排斥论证中涉及的结果属性与他们选定的因果变量集中的结果属性存在本质差异,而这一差异意味着他们并没有解决金在权所提出的问题和质疑。从根本来说,后一种非还原的物理主义和前一种之间并没有实质区别。换句话说,在反驳金在权提出的排斥论证这一点上,后一种非还原的物理主义并不能比前一种走得更远。

第四节　行为属性不同于物理属性

让我们先来回顾一下金在权的排斥论证，简要概括便是：既然物理结果拥有一个充分的物理原因，心灵原因无法提供额外的因果作用力，因此，"心—物"因果遭到"物—物"因果的排斥。又由于金在权认为"心—物"因果是"心—心"因果的必要条件，继而得出，独特的"心—心"因果也不存在。

在第二章笔者已经澄清，"心—物"因果并非"心—心"因果的必要条件，因而"心—物"因果是否被排斥与"心—心"因果是否存在无关。而根据干涉主义因果论对因果概念的阐释，物理结果拥有一个充分的物理原因并不妨碍其拥有其他的更恰当的充分原因，因此，"心—物"因果并没有先天地遭到"物—物"因果的排斥。

在这一共同背景之下，一部分非还原的物理主义者表示，"心—物"因果虽然没有先天地被排斥，但根据干涉主义因果论的判定，"心—物"因果的确不如"物—物"因果恰当。换句话说，"心—物"之间存在着一定程度上的因果关联，但相比之下，"物—物"因果具有更宽广的不变性，因而优于"心—物"因果。

而另一部分非还原的物理主义者则试图通过干涉主义因果论，对金在权的排斥论证造成进一步的反驳。正如上一节所展示的那样，他们想要说明心灵属性不但没有被排斥，反而成为更加恰当的充分原因。他们的论证本身是合理的，但问题在于，他们的论证是否对金在权的排斥论证造成进一步的威胁？

如果想要进一步推翻排斥论证，非还原的物理主义者应该说明，针对物理结果而言，心灵属性是更加恰当的原因。然而，这些非还原的物理主义者所选用的因果变量集针对行为结果而非物理结果。面对这一状况，如果想要证明这一因果变量集可以用来进一步推翻排斥论证，他们似乎只有两个选择。第一，通过对比行为结果与物理结果，证明如果这一因果变量集对行为结果有效，便对物理结果同样有效。第二，抛开行为结果与物理结果的关系，直接证明即便将行为结果修改为物理结果，因果变量集依旧成立。

让我们来讨论第一个选择。首先，非还原的物理主义者肯定不会将物理属性等同于行为属性。学者们基本认同，同样的行为可以由不同的物理过程实现，比方说，张三去床头取安眠药这一行为可以由多种物理过程实现，他可以快步走向床头，坐在床上，然后伸手拿起安眠药的药罐；也可以缓慢踱步到床边，弯腰去拿药罐等。因此，非还原的物理主义者不能通过对行为结果的讨论直接推导出，该因果变量集对物理结果同样有效。

既然物理结果与行为结果不同，我们便需要探讨，对行为结果有效的因果变量集是否对物理结果同样有效。换句话说，如果一个原因对行为结果来说是最合适的，那么它对物理结果是否也是最合适的。为了进一步讨论，我们首先要探究的是，试图用包含行为结果的因果变量集反驳排斥论证的非还原的物理主义者会如何阐释行为结果与物理结果之间的关系。

在运用包含行为结果的因果变量集时，伍德沃德、李斯特和孟席斯[1][2]都将行为属性和心灵属性描述为"粗线条的属性"（coarse-grained property）[3]，相比之下，他们将神经属性描述为"精细的属

---

[1] 参见 Woodward, J., "Cause and Explanation in Psychiatry: An Interventionist Perspective", in Kendler, K. and Parnas, J. eds., *Philosophical Issues in Psychiatry: Explanation, Phenomenology, and Nosology*, Johns Hopkins University Press, 2008a。

[2] 参见 Menzies, P. and List, C., "The Causal Autonomy of the Special Sciences", in Mcdonald, C. and Mcdonald, G. eds., *Emergence in Mind*, Oxford University Press, 2010。

[3] 不光如此，伍德沃德还将"粗线条的属性"等同于"宏观层面的属性"，而李斯特和孟席斯则将"粗线条的属性"等同于"较高层面的属性"。在此前的章节中作者澄清过，在本书中，宏观层面与较高层面被视作可互换的概念。而现在新引入的"粗线条"的概念也同样被视作可与上述两个概念相互替换。

性"（fine-grained property）。根据他们的描述，我们不难看出，他们将行为属性视为较高层面的属性，随附于物理属性或神经属性之上。也就是说，行为属性和心灵属性属于同一层面的属性，而神经属性则属于较低层面的属性。鉴于此，包含行为结果的因果变量集所研究的对象实则为"同层面内的因果关系"。即，它证明的是，同层面的因果关系比跨层面的因果关系更加稳固和恰当。

伍德沃德等人对行为属性的阐释说明，行为属性与物理属性是分属不同层次的两种属性。换句话说，行为结果与物理结果不仅仅是互不相同，还是属于两个层次的不同结果。如此一来，包含行为结果的因果变量集在反驳排斥论证时将面临严峻的挑战。首先，排斥论证的论题是"心—物"因果性会被"物—物"因果性排斥，要想反驳这一论题，伍德沃德等人需要证明"心—物"因果比"物—物"因果具有更广泛的不变性。然而，在他们提供的因果变量集中，心灵属性只有在面对行为结果时，才是比物理属性（或神经属性）更为恰当的原因。而这一结论不能被用以说明，在面对属于不同层次的物理结果时，心灵属性同样是更为恰当的原因。

在前文的很多案例中我们都可以看出，当一个原因适合于更高层次的结果时，并不一定适合于更低层次的结果。比如在钟磊提到的有关鸽子的事例中，看到红色物体是鸽子触碰它的恰当原因，但看到红色物体并不是鸽子用嘴啄它的恰当原因。同理，心灵属性是行为结果的恰当原因，却不一定是物理结果的恰当原因。因而，伍德沃德等人使用的因果变量集无法证明"心—物"因果性比"物—物"因果性更为恰当，继而，无法被用来反驳金在权的排斥论证。

更进一步，金在权的排斥论证从本质上是要否定下向因果的存在可能，即较高层面的属性对较低层面的属性产生因果作用力。而根据干涉主义因果论的不变性原则，我们可以将金在权的论点理解为，相比于较高层面的属性，较低层面的属性更适于成为较低层面的属性的原因,即,下向因果即便存在,也不是最为恰当的。若想反驳金在权的排斥论证,必须维护下向因果的恰当性。

但是,正如前文所示,鉴于伍德沃德等人对行为属性的界定,他们采用的因果变量集从本质上来说并没有维护下向因果,而是在为同层面的因果关系作辩护。因而,伍德沃德等人的论证并无问题,但他们不能以此达成对排斥论证的反驳。另外,从某种程度来说,他们的论证恰恰有助于排斥论证的结论。因为很多学者都认为一个原因不能同时适用于较高层面和较低层面的属性[1][2][3][4][5][6][7][8],所以,既然心灵原因对于行为结果是最恰当的,那么,心灵原因对于物理结果便不可能同样恰当。这种对同层面的因果关系的辩护进一步取消了下向因果的恰当性。

---

[1] 参见 Bontly, T., "Proportionality, Causation, and Exclusion", *Philosophia*, Vol. 32, No. 1-4, 2005。

[2] 参见 Bontly, T., "Causes, Contrasts, and the Non-Identity Problem", *Philosophical Studies*, Vol. 173, No. 5, 2015。

[3] Christensen, J., "Determinable Properties and Overdetermination of Causal Powers", *Philosophia*, Vol. 42, No. 3, 2014.

[4] 参见 Hoffmann-Kolss, V., "Interventionism and Higher-Level Causation", *international Studies in the Philosophy of Science*, Vol. 28, No. 1, 2014。

[5] 参见 Maslen, C., "Causes, Contrasts, and the Nontransitivity of Causation", in Ned Hall, L. A. Paul and John Collin, eds., *Causation and Counterfactuals*, Cambridge: MIT Press, 2004。

[6] 参见 Maslen, C., "Proportionality and the Metaphysics of Causation", Draft, 2009。

[7] 参见 Walter, S. and Eronen, M., "Reduction, Multiple Realizability, and Levels of Reality", in French, S. and Saatsi, J. eds., *Continuum Companion to the Philosophy of Science*, Continuum, 2011。

[8] 在以上文献中,学者们试图证明,如果一个原因对于较高层面的属性是最恰当的,那么,对于较低层面的属性来说,该原因便无法是最恰当的。除此之外,在前文中,当我们运用干涉主义因果论的不变性原则对不同层面的因果关系进行比较时,不难发现,一个原因不会对处于两个层面的结果都具有最宽广范围的不变性。因而,我们可以推论出,如果一个原因对较高层面的结果具有最宽广范围的不变性,那么,它就无法对较低层面的结果具有同样宽广范围的不变性。

综合上述考量，鉴于行为结果和物理结果是分属不同层面的属性，包含行为结果的因果变量集与包含物理结果的因果变量集具有本质区别，前者的结论并不适用于后者。因此，第一个选择行不通。接下来，笔者将讨论第二个选择的可行性，即，如果非还原的物理主义者为了反驳排斥论证，针对物理结果建造一个与行为结果一模一样的因果变量集，使得心灵属性比物理属性更适用于物理结果，后果如何？

结合排斥论证所涉及的心灵原因与物理原因，笔者将伍德沃德等人提供的包含行为结果的因果变量集改写如图 6-5 所示。

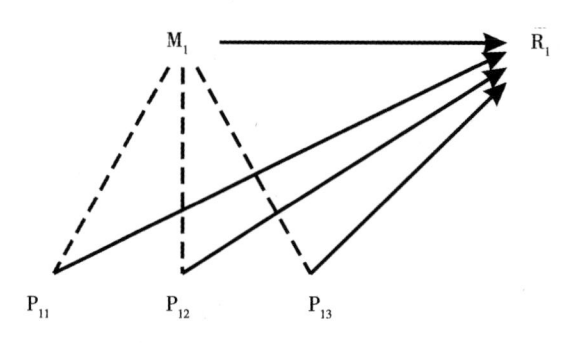

图 6-5

注：实线代表因果关系；虚线代表随附关系。

根据前文的分析，该图示展现出，心灵原因 M 与行为结果 R 之间所具有的不变性范围比物理原因 P 与行为结果 R 之间所具有的不变性范围更加宽广，因而，相比于 P 来说，M 更适合成为 R 的原因。

为了反驳排斥论证，即，证明相比于 P 来说，M 更适合成为 P* 的原因，非还原的物理主义者可以吞下子弹，将包含物理结果的因果变量集构造成与包含行为结果的因果变量集一模一样的结构，即将涉及心灵因果的心灵与物理属性之间的关联构造如图 6-6 所示。

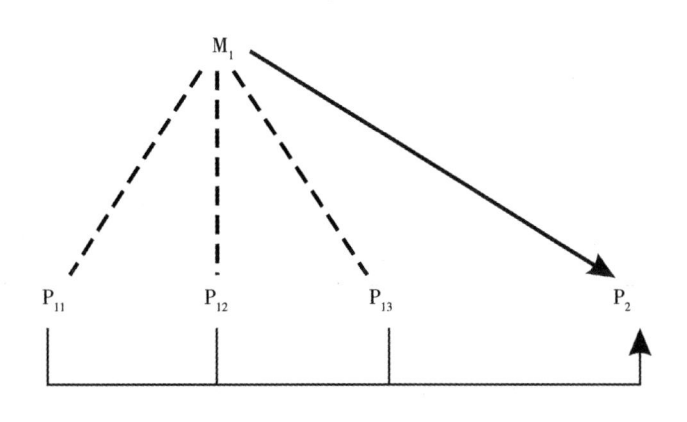

第六章　恰当变量集下对心灵因果性的解读　245

图 6-6

注：实线代表因果关系；虚线代表随附关系。

由图可见，图 6-6 与图 6-5 的结构是相同的，只是与行为结果相比，物理结果属于较低层面的属性，因而，被放在与物理原因平行的地方。如果这个图示是成立的，便可得出，相比于 P 来说，M 更适合成为 P^* 的原因。换句话说，如果非还原的物理主义者硬着头皮声称，无论心灵属性由哪个物理属性实现，其带来的结果都是一样的，他们便可以维护下向因果，从而反驳金在权的排斥论证。

但是，这种吞下子弹的做法会带来两个问题。一方面，这样的图示违背直观。通常，学者们倾向于认为，越是处于微观层面或者说较低层面的属性，越是被描写得更加精细，其变化波动也便更加细微。因此，在面对物理属性的层面时，我们往往认为不同的 P_{11} 和 P_{12} 会引发不同的结果——P_{21} 和 P_{22}。如果每一次出现下向因果都伴随着以下状况，即，物理变量取不同数值所带来的结果都一样，没有差别，那么，这样的下向因果并不尽如人意，或者说，是弊大于利的。

另一方面，如果图 6-6 成立，将会出现以下情况：

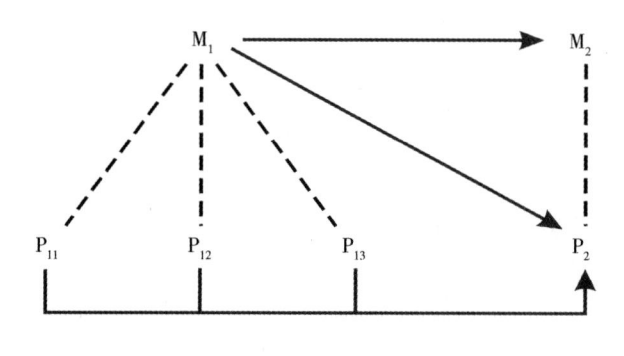

246 干涉主义框架下的心灵因果性问题

图 6 - 7

注：实线代表因果关系；虚线代表随附关系。

当我们将心灵结果这一变量补充进来，便会发现，作为结果的心灵属性和物理属性不再是多重可实现的随附关系。这就意味着，在心灵因果的过程中，先前发生的心灵属性与物理属性符合多重可实现关系，而经历因果变化之后，后发生的二者之间不再符合这一关系。这种因果过程面临很多问题。比如，非还原的物理主义者需要解释，为什么在心灵因果过程中，多重可实现的关系会消失不见。再比如，这违反了最小物理主义的基本原则，即心灵属性普遍地随附于物理属性之上。而之前已经澄清过，对于非还原的物理主义者来说，首先要坚持的是随附性原则。如果为下向因果作辩护需要以否定随附性为前提，那么，这样的辩护无疑是失败的。

还有一个更严峻的问题便是，这样的下向因果无法继续下去。如果我们将因果链条向后延伸一步，就会发现这一状况：

单独来看 $\{M_2$、P_2、$P_3\}$ 这一因果变量集，我们不难发现，对于 P_3 而言，M_2 与 P_2 具有相同强度的因果作用力。依据图中反映出来的因果图示，我们得出：

（i）M_2 出现时，P_3 出现；M_2 不出现时，P_3 不出现；
（ii）P_2 出现时，P_3 出现；P_2 不出现时，P_3 不出现。

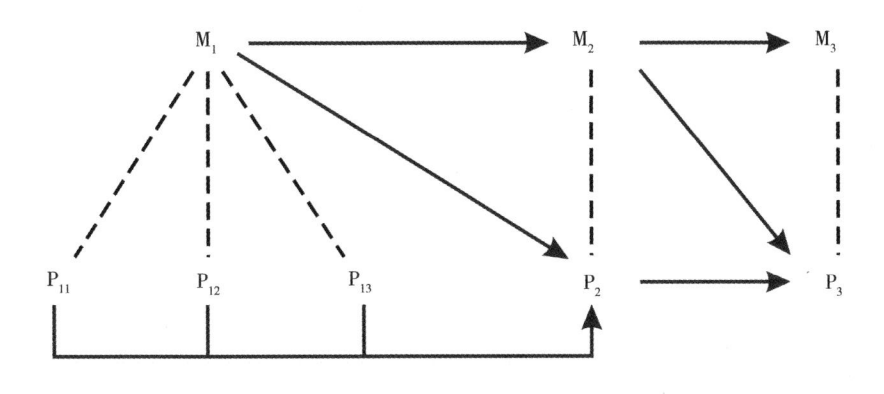

图 6-8

注：实线代表因果关系；虚线代表随附关系。

（i）和（ii）都是成立的，因此，两组因果关系所具有的不变性范围是一样的，M_2 并不比 P_2 更适合作 P_3 的原因。想要维护下向因果的非还原物理主义者一定不想看到这样的结果，因为这说明，我们只需要物理因果就足够了，心灵因果并不能提供额外的信息。如此看来，即便 M_1 对 P_2 的下向因果力可以得到辩护，此后的因果链条中也再无法出现有效的下向因果关系。据此，我们有理由认为图 6-6 所展示的因果图示并不能用以辩护下向因果的合理性。

综上所述，以上提到的伍德沃德等人可考虑的两种选择都行不通，因而，他们所采用的包含行为结果的因果变量集只能用以维护同层面的因果关系，无法维护下向因果，也就无法反驳金在权的排斥论证。相比之下，钟磊等人的做法，即，直接采用包含物理结果的因果变量集表明，"物—物"因果比"心—物"因果具有范围更宽广的不变性，因此也更加稳定、合理和恰当。

虽然运用干涉主义因果论得出的关于下向因果的结论与金在权的排斥论证很相似，但双方得出结论的方式完全不同。前者通过具体的因果理论，判断出"心—物"因果的确不如"物—物"因果恰当，从某种程度来说，的确可以被排斥。而后者是通过所需前提的不兼容，直接推导出"心—物"因果无法具有独特于"物—物"因果的不可还原性。从本书的分析来看，后者的先天推导存在诸多问题，无法为"下向因果被排斥"提供有力的理论支持，而干涉主义因果论却可以为之提供充足的理论依据。因此，借助干涉主义因果论来讨论心灵因果性问题是一个更加可行有效的方法。

结　语

经过第二章到第六章的论述，笔者力图澄清的是，我们为什么要选用干涉主义因果论来讨论心灵因果性，我们应该怎样恰当地运用该理论来讨论心灵因果性，以及该理论能为我们构造怎样的心灵因果。

针对第一个问题，笔者试图给出两个层面的答案。其一，独特的心灵因果性具有可讨论的余地，我们不应该先天地否定心灵因果性的独特之处。虽然金在权的排斥论证向非还原的物理主义者提出了有力的质疑，但是，正如前文所反驳的，排斥论证中有关过决定的忧虑并不适用于具有随附关系的心灵属性和物理属性。因此，对于物理结果而言，心灵属性没有先天地被物理属性排斥在外，换句话说，"心—物"因果是否有其独特性依然是值得讨论的话题。

此外，值得强调的是，由于"心—心"因果性与"心—物"因果性并不像金在权所展示的那样，具有蕴含关系，我们便更加不必将二者混作一谈，对二者的讨论也应该分开进行。另外，将两者区分对待的原因还在于，"心—心"因果与"心—物"因果所展示的是两种截然不同的因果关系。前者反映的是处于同一层面的两个属性之间的因果关系，而后者是处于不同层面的两个属性，属于下向因果，是更具争议和挑战的话题。鉴于此，在本书中，笔者在谈及心灵因果性时会格外地强调其所涉及的究竟是"心—心"因果还是"心—物"因果。

关于心灵因果性的可讨论空间还有一点需要澄清。很多学者会从直观否定不同于物理的心灵因果性，因为他们认为，既然心灵随附于物理之上，便没有所谓独立的心灵因果性。然而，随附关系只揭示出心灵属性与物理属性的某种共存关系，换句话说，心灵属性得以存在的基础可以追溯到物理属性。然而，这并不意味着心灵属性不能具有属于自己的因果作用力。

而且，在讨论因果性时，笔者采取的是一种不涉及内在本质的观念，即，只要根据某种因果理论，可以判断出因果关系的存在，便可说因果性是存在的。更进一步，如果这一因果关系与其他因果关系在判断过程中有不同之处，便可说该因果关系是不同于其他因果关系的。鉴于此，笔者认为，只因为心灵属性随附于物理属性，便否定其具有独特因果力的可能性，未免有些武断。

其二，干涉主义因果论作为一个因果理论，其自身具有很多优势，比如它对因果难题的解决，再比如它非常符合人们对因果关系的直观理解。更重要的是，该理论不再将因果与法则联系在一起，不再将因果理解为一种"产生"关系，也不再把因果解读为一种非有即无的两极关系，这些都有利于我们用一种更为宽容的因果概念对心灵因果性进行讨论（该讨论同样适用于其他特殊科学所涉及的因果关系）。

针对第二个问题，笔者得出的结论是，干涉主义因果论的一部分理论资源并不适用于讨论"心—物"因果性，即强调"混淆者"对于因果判断的干扰故而强调对"混淆者"加以固定。这种对固定性的要求与心物之间的随附关系相冲突，因而，用这一部分因果理论来讨论"心—物"因果性是不恰当的。

虽然非还原的物理主义者极力说明物理属性并不是"混淆者"，无须被固定，但笔者认为，他们给出的理由有待商榷。如果仅仅因为心灵属性与物理属性存在紧密的随附关系，便认为物理属性不会对"心—物"因果的判断造成干扰,其理由有些站不住脚。

另外,证明物理属性不是"混淆者"会带来更严重的问题,因为这一论证需要说明"物—物"因果与"心—物"因果实际上是一个因果路径,但这正是非还原的物理主义者想要否定的结论。在笔者看来,如果想要维护"心—物"因果性的独特之处,恰恰应该论证物理属性可以被称作"混淆者",恰恰应该承认并接受随附性与要求固定性的干涉主义因果论不可兼容。

鉴于此,笔者建议,我们在讨论心灵因果性时,尤其在讨论"心—物"因果性时,应该运用干涉主义因果论的第二部分的理论资源,即用不变性来阐释因果关系。在不变性的解释之下,因果概念成为一个程度概念,即,一个因果关系在越宽广的范围内具有不变性,便说明该因果关系是更稳定、更恰当的因果关系。在这样的解读之下,心灵属性具有独特的、不可还原的、不可被替代的因果作用力就意味着心灵属性具有更恰当的因果关系。

而依据不变性对心灵因果性的讨论,我们发现,对于心灵结果而言,心灵属性具有更恰当的因果作用力,而对于物理结果而言,物理属性具有更恰当的因果作用力。换句话说,心灵因果性之所以具有其独特之处,恰恰体现在"心—心"因果的恰当性之中。相比之下,"心—物"因果则无法体现这种恰当性,也就是说,针对物理结果而言,采用物理原因加以解释是一个更好的选择。

有些非还原的物理主义者坚持使用不变性来为"心—物"因果作出辩护。然而,笔者指出,他们在进行辩护时所采用的因果变量集并不针对物理结果,而是行为结果。经过仔细甄别,我们不难看出,行为结果同心灵结果一样,属于较高层面的属性,与处在较低层面的物理属性有质的区别。因此,他们的辩护实际上并不针对"心—物"因果,无法达到预期的结果。如果他们想要继续为"心—物"因果辩护,恐怕需要借助其他的因果理论,而非干涉主义因果论。

针对第三个问题,笔者在此处想要多加说明的是,很多非还原的物理主义者或许会对干涉主义因果论所论证的此种平行自治的因果框架甚是不满。换句话说，作为心灵的心灵因果性的独特之处如果仅仅展现在"心—心"因果性之中，或者说，心灵原因只能作用于心灵结果，这一结论远远满足不了很多非还原的物理主义者的预期。

然而，笔者认为，心灵属性所具有的这种仅针对心灵结果才有的，有别于物理属性的因果作用力已经足以为心灵属性的不可还原性正名。面对还原的物理主义的质疑——在随附性的前提下，心灵属性在什么意义上不可还原为物理属性，非还原的物理主义者可以回答，面对心灵结果时，心灵属性可以提供物理属性提供不了的因果力，而这一因果力便能保障心灵属性拥有不同于物理属性的本体论地位。

至于独特的"心—物"因果性是否存在是另外一个问题，而且这个问题的答案无论是肯定的还是否定的，都不会影响心灵属性的不可还原性。如果是肯定的，自然可以更有力地支持其不可还原性，但如果是否定的，也不会因此抹杀其不可还原性。如果有些非还原的物理主义者坚持认为心灵属性的不可还原性完全来自于"心—物"因果的独特性，不能辩护后者便无法维护前者，那么，他们有责任承担起论证的重担，说明为何"心—心"因果的独特性不足以维护心灵属性的不可还原性，而只有"心—物"因果的独特性才可以担此大任。

总结来说，笔者认为，干涉主义因果论有利于非还原的物理主义者为心灵属性的不可还原性进行辩护，为心灵因果性提供了充足的讨论空间。

参考文献

一 中文文献

［美］欧文·柯匹、［美］卡尔·科恩：《逻辑学导论》，张建军、潘天群等译，中国人民大学出版社2007年版。

［英］休谟：《人性论》，关文运译，商务印书馆2008年版。

［美］朱迪亚·珀尔、［美］达纳·麦肯齐：《为什么：关于因果关系的新科学》，江生、于华译，中信出版集团2019年版。

陈晓平：《评密尔的因果理论》，《自然辩证法研究》2008年第6期。

李珍：《反事实与因果机制》，《自然辩证法研究》2009年第9期。

王巍：《因果机制与定律说明》，《自然辩证法研究》2009年第9期。

钟磊：《平行主义的复兴》，董心译，《自然辩证法通讯》2017年第1期。

二 英文文献

Alexander, S., *Space, Time, and Deity*. 2 vols, London：Macmillan, 1920.

Anscombe, G. E. M., "Causality and Determination", in Sosa, E. and Tooley, eds., *Causation*, Oxford University Press, 1993.

Antony, L., "The Causal Relevance of the Mental", *Mind and Language*, Vol. 6, No. 4, 1991.

Armstrong, D., *A Materialist Theory of the Mind*, Lond：Routledge, 1968.

Baumgartner, M. , "Interventionist Causal Exclusion and Non-Reductive Physicalism", *International Studies in the Philosophy of Science*, Vol. 23, No. 2, 2009.

Baumgartner, M. , "Interventionism and Epiphenomenalism", *Canadian Journal of Philosophy*, Vol. 40, No. 3, 2010.

Baumgartner, M. , "The Logical Form of Interventionism", *Philosophia*, Vol. 40, No. 4, 2012.

Baumgartner, M. and Drouet, I. , "Identifying Intervention Variables", *European Journal for Philosophy of Science*, Vol. 3, No. 2, 2013.

Baumgartner, M. , "Rendering Interventionism and Non-Reductive Physicalism Compatible", *Dialectica*, Vol. 67, No. 1, 2013.

Baumgartner, M. and Gebharter, A. , "Constitutive Relevance, Mutual Manipulability, and Fat-Handedness", *British Journal for the Philosophy of Science*, Vol. 67, No. 3, 2014.

Beauchamp, T. L. and Rosenberg. A. , "Critical Notice of J. L. Mackie's The Cement of the Universe", *Canadian Journal of Philosophy*, Vol. 7, 1977.

Bennett, K. , "Why the Exclusion Problem is Intractable, and How, Just Maybe, to Tract it", *Noûs*, Vol. 37, No. 3, 2003.

Bennett, K. , "Mental Causation", *Philosophy Compass*, Vol. 2, No. 2, 2007.

Bennett, K. , "Exclusion Again", in Kallestrup, J. and Hohwy, J. eds. , *Being Reduced: New Essays on Causation and Explanation in the Special Sciences*, Oxford University Press, 2008.

Bernstein, S. , "Over Determination Under Determined", *Erkenntnis*, Vol. 81, No. 1, 2016.

Block, N. , "On a Confusion About a Function of Consciousness", *Brain and Behavioral Sciences*, Vol. 18, No. 2, 1995.

Bontly, T. , "Proportionality, Causation, and Exclusion", *Philosophia*,

Vol. 32, No. 1 – 4, 2005.

Bontly, T., "Causes, Contrasts, and the Non-Identity Problem", *Philosophical Studies*, Vol. 173, No. 5, 2015.

Broad, C. D., *The Mind and Its Place in Nature*, London: Routledge and Kegan Paul, 1925.

Campbell, J., "Interventionism, Control Variables and Causation in the Qualitative World", *Philosophical Issues*, Vol. 18, No. 1, 2008.

Campbell, N., "Do MacDonald and MacDonald Solve the Problem of Mental Causal Relevance?", *Philosophia*, Vol. 41, No. 4, 2013.

Carnap, R., "The Elimination of Metaphysics Through Logical Analysis of Language", *Erkenntnis*, 1932.

Carnap, R., *The Unity of Science*, trans. with an intro, by Black, M. London: K. Paul, Trench, Trubner & Co., 1934.

Carnap, R., *An Introduction to the Philosophy of Science*, New York: Basic Books, 1974.

Cartwright, N., "In Defence of 'This Worldly' Causality: Comments on van Fraassen's Laws and Symmetry", *Philosophy and Phenomenological Research*, Vol. 53, 1993.

Chalmers, D., "Facing up to the Problem of Consciousness", *Journal of Consciousness Studies*, Vol. 2, No. 3, 1995.

Chalmers, D., *The Conscious Mind: In Search of a Fundamental Theory*, Oxford University Press, 1996.

Chalmers, D., "Moving Forward on the Problem of Consciousness", *Journal of Consciousness Studies*, Vol. 4, No1, 1997.

Chalmers, D., "What is a Neural Correlate of Consciousness?", in Metzinger, T. ed., *Neural Correlates of Consciousness*, MIT Press, 2000.

Chalmers, D., "The Hard Problem of Consciousness", in Velmans, M. and Schneider, S. eds., *The Blackwell Companion to Consciousness*, Blackwell, 2007.

Chalmers, D., *The Character of Consciousness*, Oxford University Press, 2010.

Christensen, J., "Determinable Properties and Overdetermination of Causal Powers", *Philosophia*, Vol. 42, No. 3, 2014.

Collingwood, R., *An Essay on Metaphyscis*, Oxford: Clarendon Press, 1940.

Cook, T. and Campbell, D., *Quasi-Experimentation: Design and Analysis Issues for Field Settings*, Boston: Houghton Miflin Company, 1979.

Craig, E., "Hume on Causality: Projectivist and Realist?", in Read, R. and Richman, K. A. eds., *The New Hume Debate*, London: Routledge, 2000.

Crisp, T. and Warfield, T., "Jaegwon Kim, Mind in a Physical World", *Noûs*, Vol. 35, No. 2, 2001.

Dowe, P., "Wesley Salmon's Process Theory of Causality and the Conserved Quantity Theory", *Philosophy of Science*, Vol. 59, No. 2, 1992.

Ducasse, C. J., *Truth, Knowledge and Causation*, London: RKP, 1968.

Ducasse, C. J., *Causation and Types of Necessity*, New York: Dover, 1969.

Eronen, M. and Brooks, D., "Interventionism and Supervenience: A New Problem and Provisional Solution", *International Studies in the Philosophy of Science*, Vol. 28, No. 2, 2014.

Fazekas, P. and G. Kertész., "Causation at Different Levels: Tracking the Commitments of Mechanistic Explanations", *Biology and Philosophy*, Vol. 26, No. 3, 2011.

Feigl, H., *The "Mental" and the "Physical", The Essay and a Postscript*, Minneapolis: University of Minnesota Press, 1967.

Fodor, J., "Special Sciences: Or the Disunity of Science as a Working Hypothesis", *Synthese*, Vol. 28, 1974.

Fodor, J., *Psychosemantics*, Cambridge: MIT Press, 1987.

Gasking, D., "Causation and Recipes", *Mind*, Vol. 64, 1955.

Gijsbers, V. and Bruin, L., "How Agency Can Solve Interventionism's Problem of Circularity", *Synthese*, Vol. 191, No. 8, 2013.

Glynn, L., "Of Miracles and Interventions", *Erkenntnis*, Vol. 78, No. 1, 2013.

Halpern, J. and Pearl, J., *Causes and Explanations: A Structural Model Approach*, Technical report R - 266, Cognitive Systems Laboratory, Los Angeles: University of California, 2000.

Halpern, J. and Pearl, J., "Causes and Explanations A Structural-Model Approach. Part I Cause", *British Journal for the Philosophy of Science*, Vol. 56, No. 4, 2005a.

Halpern, J. and Pearl, J., "Causes and Explanations A Structural-Model Approach. Part II explanation", *British Journal for the Philosophy of Science*, Vol. 56, No. 4, 2005b.

Hausman, D., "Causation and Experimentation", *American Philosophical Quarterly*, Vol. 23, 1986.

Hausmann, D. M., *Causal Asymmetries*, Cambridge: Cambridge University Press, 1998.

Hempel, C., "Theory of Experimental Inference", *Journal of Philosophy*, Vol. 46, No. 171949.

Hempel, C., *Aspects of Scientific Explanation and Other Essays in the Philosophy of Science*, New York: Free Press, 1965.

Hiddleston, E., *Causation and Causal Relevance*, Dissertation. Cornell University, 2001.

Hitchcock, C., "The Intransitivity of Causation Revealed in Equations and Graphs", *Journal of Philosophy*, Vol. 98, No. 6, 2001.

Hoffmann-Kolss, V., "Interventionism and Higher-Level Causation", *International Studies in the Philosophy of Science*, Vol. 28, No. 1, 2014.

Horgan, T., "From Supervenience to Superdupervenience: Meeting the Demands of a Material World", *Mind*, Vol. 102, No. 408, 1993.

Horwich, P., *Asymmetries in Time*, Cambridge, MA: MIT Press, 1987.

Hume, D. 1740., *An Abstract of A Treatise of Human Nature*, Selby-Bigge, L. A., and Nidditch, P. H. eds., Oxford: Clarendon Press, 1978.

Hume, D., *Enquiries concerning Human Understanding and Concerning the Principle of Moral*, Edited by L. A. Selby Bigge; Third Edition Revised by P. H. Nidditch, Oxford University Press, 1975.

Jackson, F., "Epiphenomenal Qualia", *Philosophical Quarterly*, Vol. 32, April, 1982.

Jackson, F., Pargetter, R. and Prior, E., "Functionalism and Type-Type Identity Theories", *Philosophical Studies*, Vol. 42, 1982.

Jackson, F., "What Mary Didn't Know", *Journal of Philosophy*, Vol. 83, May 1986.

Jacob, P., "Some Problems for Reductive Physicalism", *Philosophy and Phenomenological Research*, Vol. 65, No. 3, 2002.

Joseph, B., "Defending the Piggyback Principle Against Shapiro and Sober's Empirical Approach", *Synthese*, Vol. 175, No. 2, 2009.

Kallestrup, J., "The Causal Exclusion Argument", *Philosophical Studies*, Vol. 131, No. 2, 2006.

Kemp, S. N., *The Philosophy of David Hume*, London: Macmillan, 1941.

Kendler, S. and Campbell, J., "Interventionist Causal Models in Psychiatry: Repositioning the Mind-body Problem", *Psychological Medicine*, Vol. 39, No. 06, 2008.

Kim, J., "Causation, Nomic Subsumption, and the Concept of Event", *Journal of Philosophy*, Vol. 70, 1973.

Kim, J., "Events as Property Exemplifications", in Brand, M. and Walton, D. eds., *Action Theory*, Dordrecht: D. Reidel Publishing, 1976.

Kim, J., "Multiple Realization and the Metaphisics of Reduction", *Philosophy and Phenomenological Research*, Vol. 52, No. 1, 1992.

Kim, J., *Supervenience and Mind*, Cambridge University Press, 1993.

Kim, J., *Mind in a Physical World: An Essay on the Mind-Body Problem and Mental Causation*, MIT Press, 1998.

Kim, J., *Physicalism, or Something Near Enough*, Princeton University Press, 2005.

Kim, J., "Reduction and Reductive Explanation. Is One Possible Without the Other?", in Kallestrup, J. and Hohwy, J. eds., *Being Reduced: New Essays on Reduction, Explanation and Causation*, Oxford, U. K.: Oxford University Press, 2008.

Kistler, M., "The Interventionist Account of Causation and Non-causal Association Laws", *Erkenntnis*, Vol. 78, No. S1, 2013.

Kitch, P., "Explanatory Unification and Causal Structure of the World", in Kitcher, P. and Salmon, W. eds., *Scientific Explanation*, Minneapolis: University of Minnesota Press, 1989.

Kripke, S., *Wittgenstein on Rules and Private Language*, Oxford: Blackwell, 1982.

Levine, J., "Materialism and Qualia: The Explanatory Gap", *Pacific Philosophical Quarterly*, Vol. 64, 1983.

Levine, J., "On Leaving Out What It's Like", in Humphreys, G. and Davies, M. eds., *Consciousness: Psychological and Philosophical Essays*, Oxford, U. K.: Blackwell, 1993.

Lewis, D., "Causation", *Journal of Philosophy*, Vol. 70, No. 1, 1973.

Lewis, D., "Counterfactual Dependence and Time's Arrow", *Noûs*, Vol. 13, No. 4, 1979.

Lewis, D., "Mad Pain and Martian Pain", in Block, N. ed., *Readings in the Philosophy of Psychology*, Harvard University Press, 1980.

Lewis, D., "Event", in *Philosophical papers*, vol. II, Oxford: Oxford University Press, 1986.

Lewis, D., "Reduction of Mind", in Samuel Guttenplan ed., *Companion to the Philosophy of Mind*, Blackwell, 1994.

Lewis, D., "Causation as Influence", *Journal of Philosophy*, Vol. 97, 2000.

List, C and Menzies, P., "Nonreductive Physicalism and the Limits of the Exclusion Principle", *Journal of Philosophy*, Vol. 106, No. 9, 2009.

Loewer, B., "Mental Causation or Something Near Enough", in McLaughlin, B. and Cohen, J. eds., *Contemporary Debates in Philosophy of Mind*, Malden. MA: Wiley-Blackwell, 2007.

MacDonald, C. and MacDonald G., "Mental Causes and Explanation of Action", *Philosophical Quarterly*, Vol. 36, April 1986.

MacDonald, C. and MacDonald, G., "Causal Relevance and Explanatory Exclusion", in MacDonald, C. and MacDonald, G. eds., *Philosophy of Psychology: Debates on Psychological Explanation*, Cambridge: Blackwell, 1995.

MacDonald, C. and MacDonald G., "The Metaphysics of Mental Causation", *Journal of Philosophy*, Vol. 103, No. 11, 2006.

Mackie, J. L., *The Cement of the Universe: A Study of Causation*, Oxford: Clarendon Press, 1974.

Marras, A., "Critical Notice of Jaegwon Kim", *Canadian Journal of Philosophy*, Vol. 30, No. 1, 2000.

Maslen, C., "Causes, Contrasts, and the Nontransitivity of Causation", in Hall, N., Laurie, P. and Collins, J. eds., *Causation and Counterfactuals*, Cambridge: MIT Press, 2004.

Maslen, C., "Proportionality and the Metaphysics of Causation", Draft, 2009.

McCain, K., "The Interventionist Account of Causation and the Basing Relation", *Philosophical Studies*, Vol. 159, No. 3, 2011.

Menzies, P. and Price, H., "Causation as a Secondary Quality", *British Journal for the Philosophy of Science*, Vol. 44, 1993.

Menzies, P. and List, C., "Nonreductive Physicalism and the Limits of the Exclusion Principle", *Journal of Philosophy*, Vol. 106, No. 9, 2009.

Menzies, P. and List, C., "The Causal Automony of the Special Sciences", in Mcdonald, C. and Mcdonald, G. eds., *Emergence in Mind*, Oxford University Press, 2010.

Mill, J. S., *System of Logic*, London: Longmans, Green, Reader, and Dyer, 1843.

Mill, J. S., *A System of Logic: Ratiocinative and Inductive*, London: Longman, Green and Co., 1911.

Mill, J. S., *A System of Logic Ratiocinative and Inductive*, Book I – III, Toronto and Buffalo University of Toronto Press, 1973.

Nagel, E., "The Meaning of Reduction in the Natural Sciences", in Stouffer, R. C. ed., *Science and Civilization*, Madison: University of Wisconsin Press, 1949.

Nagel, E., *The Structure of Science: Problems in the Logic of Scientific Explanation*, New York: Harcourt, Brace and World, 1961.

Nagel, E., "Issues in the Logic of Reductive Explanations", in Kiefer, H. E. & Munitz, K. M. eds., *Mind, Science, and History*, Albany. NY: SUNY Press, 1970.

Nagel, T., "Physicalism", *Philosophical Review*, Vol. 74, July, 1965.

Nagel, T., "What is it Like to Be a Bat?", *Philosophical Review*, Vol. 83, October, 1974.

Papineau, D., *Philosophical Naturalism*, Oxford: Blackwell, 1996.

Pearl, J., *Causality: Models, Reasoning and Inference*, New York: Cambridge University Press, 2000.

Pearl, J., *Causality: Models, Reasoning, and Inference* (2nd edition), Cambridge University Press, 2009.

Pereboom, D., "Robust Nonreductive Materialism", *Journal of Philosophy*, Vol. 99, 2002.

Pernu, T. K., "Causal Exclusion and Multiple Realizations", *Topoi*, Vol. 33, No. 2, 2013a.

Pernu, T. K., "Does the Interventionist Notion of Causation Deliver Us from the Fear of Epiphenomenalism?", *International Studies in the Philosophy of Science*, Vol. 27, No. 2, 2013b.

Pernu, T. K., "Interventions on Causal Exclusion", *Philosophical Explorations*, Vol. 17, No. 2, 2013c.

Pernu, T. K., "Interactions and Exclusion-Studies on Causal Explanation in Naturalistic Philosophy of Mind", Dissertation, University of Helsinki, 2013d.

Peruzzi, A. ed., *Mind and Causality*, John Benjamins Publishing Company, 2004.

Place, U., "The Concept of Heed", *British Journal of Psychology*, Vol. 5, 1954.

Place, U., "Is Consciousness a Brain Process", *British Journal of Psychology*, Vol. 47, 1956.

Place, U., "Materialism as a Scientific Hypothesis", *Philosophical Review*, Vol. 69, 1960.

Putnam, H., "The Mental Life of Some Machines", in Castaneda, D. ed., *Intentionality, Minds and Perception*, Wayne State University Press, 1967.

Putnam, H., *Mind, Language, and Reality*, Cambridge University Press, 1975.

Quine, W. V., *The Roots of Reference*, La Salle, IL: Open Court, 1974.

Raatikainen, P., "Mental Causation, Interventions, and Contrasts", Manuscript, 2006.

Raatikainen, P., "Causation, Exclusion, and the Special Sciences", *Erkenntnis*, Vol. 73, No. 3, 2010.

Raatikainen, P., "Can The Mental Be Causally Efficacious", in Talmont-Kaminski, K. and Milkowski, M. eds., *Regarding the Mind, Naturally: Naturalist Approaches to the Sciences of the Mental*, Cambridge Scholars Press, 2013.

Reutlinger, A., "Getting Rid of Interventions", *Studies in History and Philosophy of Science Part C: Studies in History and Philosophy of Biological and Biomedical Sciences*, Vol. 43, No. 4, 2012.

Reutlinger, A., "Can Interventionists Be Neo-Russellians Interventionism, the Open Systems Argument, and the Arrow of Entropy", *International Studies in the Philosophy of Science*, Vol. 27, No. 3, 2014.

Richardson, R., *Evolutionary Psychology as Maladapted Psychology*, Bradford, 2007.

Russell, B., *Human Knowledge: Its Scope and Limits*, London: Routledge, 1948.

Saatsi, J. and Pexton, M., "Reassassing Woodward's Account of Explanation: Regularities, Counterfactuals, and Noncausal Explanation", *Philosophy of Science*, Vol. 80, No. 5, 2013.

Salmon, W., *Scientific Explanation and the Causal Structure of the World*, Princeton: Princeton University Press, 1984.

Salmon, W., "Causality without Counterfactuals", *Philosophy of Science Association*, Vol. 61, 1994.

Salmon W., "Causality and Explanation: A Replay to Two Critiques", *Philosophy of Science*, Vol. 64, 1997.

Salmon, W., *Causality and Explanation*, Oxford University Press, 1998.

Samuel, A., *Space, Time and Deity*, London: Macmillan, 1920.

Schaffer, J., "Overdetermining Causes", *Philosophical Studies*, Vol. 114, 2003.

Schröder, R., "Mental Causation and the Supervenience Argument", *Erkenntnis*, Vol. 67, No. 2, 2007.

Scriven, M., "Causation as Explanation", *Noûs*, Vol. 9, 1975.

Shapiro, L. and Sober, E., "Epiphenomenalism—The Do's and Don'ts", in Wolters, G. and Machamer, P., eds., *Thinking About Causes: From Greek Philosophy to Modern Physics*, Pittsburgh: University of Pittsburgh Press, 2007.

Shapiro, L., "Lessons From Causal Exclusion", *Philosophy and Phenomenological Research*, Vol. 81, No. 3, 2010.

Shapiro, L. and E. Sober, "Against Proportionality", *Analysis*, Vol. 72, No. 1, 2011.

Shapiro, L., "Mental Manipulations and the Problem of Causal Exclusion", *Australasian Journal of Philosophy*, Vol. 90, No. 3, 2012.

Shoemaker, S., *Physical Realization*, Oxford: Oxford University Press, 2007.

Sider, T., "What's so Bad about Overdetermination?", *Philosophy and Phenomenological Research*, Vol. 67, No. 3, 2003.

Sklar, L., "The Reduction of Thermodynamics to Statistical Mechanics", *Philosophical Studies*, Vol. 95, No. 1 - 2, 1999.

Smart, J., "Sensations and Brain Processes", *Philosophical Review*, Vol. 68, 1959.

Smart, J., "Materialism", *Journal of Philosophy*, Vol. 60, 1963.

Spirtes, P., Glymour, C. and Scheines, R. eds., *Causation, Prediction and Search*, Cambridge: MIT Press, 2000.

Stoljar, D., "The Argument From Revelation", in Nola, R. and Mitchell, D. eds., *Conceptual Analysis and Philosophical Naturalism*, MIT Press, 2009.

Stoljar, D., *Physicalism*, New York: Routledge, 2010.

Strevens, M., "Comments on Woodward's Making Things Happen", *Philosophy and Phenomenological Research*, Vol. 77, No. 1, 2008.

Thomasson, A., *Ordinary Objects*, Oxford: Oxford University Press, 2007.

Walter, S., "Determinables, Determinates, and Causal Relevance", *Canadian Journal of Philosophy*, Vol. 37, No. 2, 2007.

Walter, S. and Eronen, M., "Reduction, Multiple Realizability, and Levels of Reality", in French, S. and Saatsi, J. eds., *Continuum Companion to the Philosophy of Science*, Continuum, 2011.

Weslake, B., "Review of Making Things Happen", *Australasian Journal of Philosophy*, Vol. 84, No1, 2006.

Weslake, B., "Exclusion Excluded", Manuscript, 2011.

Woodward, J., "Explanation, Invariance, and Intervention", *Philosophy of Science*, Vol. 64, No. 4, 1997.

Woodward, J., "Explanation and Invariance in the Special Science", *British Journal for the Philosophy of Science*, Vol. 51, No. 2, 2000.

Woodward, J. and Hitchcock, C., "Explantory Generalizations Part Ⅰ a Counterfactual Account", *Noûs*, Vol. 37, No. 1, 2003a.

Woodward, J. and Hitchcock, C., "Explantory Generalizations Part Ⅱ Plumbing Explanatory Depth", *Noûs*, Vol. 37, No. 2, 2003b.

Woodward, J., *Making Things Happen: A Theory of Causal Explanation*, Oxford: Oxford University Press, 2003.

Woodward, J., "Counterfactuals and Causal Explanation", *International Studies in the Philosophy of Science*, Vol. 18, No. 1, 2004.

Woodward, J., "Sensitive and Insensitive Causation", *Philosophical Review*, Vol. 115, No. 1, 2006.

Woodward, J., "Interventionist Theories of Causation in Psychological Perspective", in Gopnik, A. and Schulz, L. eds., *Causal Learning:*

Psychology, Philosophy, and Computation, Oxford University Press, 2007.

Woodward, J., "Cause and Explanation in Psychiatry: An Interventionist Perspective", in Kendler, K. and Parnas, J., eds., *Philosophical Issues in Psychiatry: Explanation, Phenomenology, and Nosology*, Johns Hopkins University Press, 2008a.

Woodward, J., "Response to Strevens", *Philosophy and Phenomenological Research*, Vol. 77, No. 1, 2008b.

Woodward, J., "Causation in Biology: Stability, Specificity, and the Choice of Levels of Explanation", *Biology and Philosophy*, Vol. 25, No. 3, 2010.

Woodward, J., "Mechanisms Revisited", *Synthese*, Vol. 183, No. 3, 2011.

Woodward, J., "Methodology, Ontology, and Interventionism", *Synthese*, Vol. 192, No. 11, 2014.

Woodward, J., "Interventionism and Causal Exclusion", *Philosophy and Phenomenological Research*, Vol. 91, No. 2, 2015a.

Woodward, J., "The Problem of Variable Choice", *Synthese*, Vol. 193, No. 4, 2015b.

Woodward, J., "Intervening in the Exclusion Argument", in Beebee, H., Hitchcock, C. and Price, H., eds., *Making a Difference*, Oxford University Press, 2017.

Wright, D., *Explanation and Understanding*, Ithaca, New York: Cornell University Press, 1971.

Wright, J. P., *The Sceptical Realism of David Hume*, Manchester: Manchester University Press, 1973.

Yablo, S., "Mental Causation", *Philosophical Review*, Vol. 101, No. 2, 1992.

Yang, E., "Eliminativism, Interventionism and the Overdetermination

Argument", *Philosophical Studies*, Vol. 164, No. 2, 2012.

Zhong, L., "Sophisticated Exclusion and Sophisticated Causation", *Journal of Philosophy*, Vol. 111, No. 7, 2014.

索　引

B

贝叶斯　130,131,168,169

必然性　7,23,68,70—72,76,81,83,84,88,89,91,92,98,100,102,103,107,109,112,119,122,166,167,170,183

必要条件　17,59,65,67,74,75,102,105—107,131,139,141,160,164,165,181,197,209,214,240

变量集　19,20,25,141,148,153,168,169,181,190,191,193—195,197—199,203—205,207,208,210,218,219,221—223,231,232,235,239—244,246,247,251

不变性　25,89,90,100,128,151,156,161—164,181—185,187,188,213—215,217—222,229—233,235—237,239,240,242—244,247,251

不可还原性　14,15,21—24,41,49,50,52—54,56,65,128,188,248,252

C

操控主义因果论　128,129,132,134,138

充分条件　14,22,44,59,102,139,164,165,198,214

D

杜卡斯　100—105

对比因果论　23,24,95,96,128,142,166,179—184,215

多重可实现　13,14,20,27,31—33,35,36,39—41,50,62—65,192,210,219,223,226,231,234,236,246

DN 模型　158—160,164

E

二元论　1—8,34,43

F

法则　17,28,30—32,35—39,49,69,

115,122,127,157—161,163—165,188,250

反事实因果论　23,24,67,68,95,99,102,109,111,112,114,116,117,119,128,142—145,154,166,173—178,183,184

非还原的物理主义　7,8,11—27,33,34,36,38,40,41,43,47—54,56,57,60,61,63—66,121,128,165,184,187—191,196,199,212,213,215,216,219—223,230—233,235—237,239—241,244—246,249—252

G

概率　91,130,131,133,139,141,145,151,167,169—171,181,194,200

干涉变量　128,130,131,134,138—140,142,151,153—156,175,185,190,191,195—199,206,213

干涉主义因果论　16—26,66—68,72,95,96,98,99,102,109,112,119—122,125,127,128,130—132,134,135,140,142,144,146,147,150,151,156,165—167,171,173,175,176,178—192,195—197,199,201—204,207,208,212,213,215,217—224,226,228—231,233,235—237,239,240,242,243,247—252

个体主义因果论　23,67,68,99—102,105,112,154,166,167,173,183

共同原因　106,107,154,155,167,202—204,208,209

固定性　187,190,197—201,204—206,210,212,213,217,218,250,251

归纳　14,70,80,81,89,93,108,109

规律　17,70,72,77,88,89,91—93,108,109,127,157,159—165,171,185

过决定　14,22,46,49—51,54—66,116,117,142,143,145,147—150,237,249

H

后抢占　54,55,118,119,142—145,147—150

混淆者　20,21,24,25,156,175,179,180,185—187,190—196,199,201,203—213,215,250,251

J

机制　6,37,105,122—126,145,170

僵尸　4—6

较低层面　19,26,48,203,222,231,235,242,243,245,251

较高层面　19,26,48,203,225,231,234,235,241—243,251

金在权　5,8—10,14,19,22,24,26,

27,31—33,36—54,64,65,112,185,186,216,217,220,222,223,235,237—240,242,243,245,247,249

49,51—53,56,59,65,112,185,216,220,222,223,230,235,237—245,247,249

平行主义 16,233—235

K

可能世界 4—6,32,42,58,108—116,145,174,175,224

Q

前抢占 54,55,117,118,142,143,145—147,149

L

刘易斯 31—33,39,109,111—119,142,144,173,174,176—178

路径 15,29,61,141,146—150,153,155,190,193,195,197,199,207—209,251

律则主义因果论 23,67—70,76,87—89,91—93,99,101,102,109,122,129,135,154,166,167,173,183

R

人类中心主义 132—135,140

S

胜出 55,118,119,143,146,147,149

实际原因 143,146,147,149,150

随附性 7,8,14,21,22,24,42—47,49,56,58,187,188,190,191,193,195,196,199,201,204,207,210—213,217,218,246,251,252

M

麦基 90,105—111,117,122,123

密尔 69,89—96,98—100,105,106

敏感 115,163,176—178,183,184,215,221—225,227—231,237,239

模态 5—7,57—61,89

模型 9,18,31,33,47,52,53,127,130—132,158,169,188,192,193,195,201,232,233,237,239

T

特殊科学 13,17,21,23,24,29,35,36,48,127,157,159,160,163—165,183,185,188,250

W

谓词 28,32,34,35,198

伍德沃德 15—18,20,21,23—25,119,121,127,128,130—135,138—142,146—148,150,151,153—158,160,163,165,169,170,173,176,

P

排斥论证 14,15,22,24,26,41,45,

178—181,186—188,190,193,194,196—200,203—211,215,224—229,237,241—244,247

物理属性 2—8,10—16,19—21,24—30,32—37,39—45,48—54,56,57,59—61,63—66,112,121,127,184—188,191,196,203,208,215—222,230,231,233—235,237,239—242,244—246,249—252

X

下向因果 19,21,24,26,48—50,196,201,212,218,221,222,234,235,242,243,245—249

心灵因果性 8,13—26,34,40—43,45,47—50,52—54,56,60,64—66,112,119,121,122,126—128,140—142,151,156,165,173,183—191,195,197,201,203,207,212,215,217—220,230,231,235,239,248,252

心灵属性 2—8,10—21,23—30,32—36,38—44,47—53,56,57,59—61,63—66,121,126—128,165,184—188,190,191,196,203,208,212,215—222,224—227,229—231,233—235,237,239—242,244—246,249—252

"心一物"因果性 19,21,22,25,41,43,45,47—52,55,65,66,218—223,230,231,233,235,242,249—252

"心一心"因果性 19,21,22,25,41—43,45,47,48,65,66,219,249,252

行为属性 12,222,224,237,239—243

休谟 67—92,98—100,105,109,112,122,136,166,170

Y

演绎 127,158,188,207

依赖 2,4,7,9,22,44,48,59,60,82,85,88,89,91,92,97,111,113—119,136,138,140,142,143,155,166,168—170,173,174,176,178,183,184,205—207,210,211,225,226

因果解释 9—11,18,43,46,64,119,121,127,140,142,144—146,157—161,163—165,170,176,181,183,188,204,214,216—222,227,229,230

语境 18,91,109,115

预测 37,88,109,128—131,171,172

Z

自循环 132,133,135—138,140

后　　记

能够获得国家社会科学基金博士论文出版项目资助出版博士学位论文，我感到非常幸运。通过本书，我试图在干涉主义因果论的框架下对心灵因果性进行较为系统的讨论。这一尝试的缘起还要追溯到最初我与心灵哲学的接触。在阅读有关心灵哲学的各种导论教材时，我们都不可避免地了解到还原的物理主义与非还原的物理主义之间的争论。而在这些争论中，心灵属性是否具有独特的、不可还原的因果效力这一议题占据着重要位置。

本书所涉及的范围只是心灵因果性讨论的一个小领域，即使用特定的因果理论对比评价心灵属性和物理属性的因果效力，从而说明我们是否能将心灵属性还原为物理属性。另外，当下有很多体系完备的因果理论，本书选取的是干涉主义因果论。在这样的背景下，本书尝试说明心灵属性和物理属性的因果效力之间存在的差异，从而为非还原的物理主义进行辩护。

从博士学位论文的写作到书稿的完成是一个艰辛而漫长的过程。在此，我向所有对我提供过帮助的师友们表达感谢。首先，我要感谢我的导师叶闯老师。犹记得刚一进入研究阶段时，叶老师便为我提出了"四年规划"——从小问题切入，紧跟国际的研究前沿。在论文写作的过程中，我时常感到头绪纷乱，思路不清，而叶老师的剖析每每都令我醍醐灌顶，豁然开朗，让我逐渐走上写作的正轨。叶老师的谆谆教诲既是指明灯，又是定心丸，让我畅游于学术的海洋之中。其次，我还要感谢赵敦华老师、韩林合老师、韩水法老师、吴天岳老师、李麒麟老师对我的指导，他们给予我的关于学术研究方向的建议，同样令我受益匪浅。

在完成书稿的路途中，我先后撰写了四篇小文章——"Counterfactual does not Entail Downward Causation""论介入主义对排斥问题的解决""Does a physical property count as a confounder?"和《因果理论能否拯救心灵因果性》。第一篇文章是我初涉心灵因果性问题，对下向因果性的质疑，针对此文，感谢钟磊老师、江怡老师、叶峰老师、王晓阳老师、陆丁老师、刘畅老师、梅剑华老师提出的宝贵意见，为我后续的研究提供了诸多思路。

第二、三篇文章构成了本书创新部分的核心内容，其中，第三篇文章是我在美国罗格斯大学交流期间完成的。在此，我要特别感谢 Brian McLaughlin 教授每周二都与我讨论论文思路、润色文章语言。感谢 Barry Loewer 教授在身体抱恙的情况下，仍然为我讲解文章所涉及的背景知识。感谢 Ernest Sosa 教授为我提供了投稿意见。感谢 Ernest Lepore 教授不断鼓励我完成论文。感谢 Daniel Lim 博士为我修改论文。

第四篇文章是对本书的延伸性思考，是我在获得博士学位后对本书的研究问题的反思。针对此文，我要感谢吴彤老师、王巍老师、孟强老师、杨仁杰老师、李珍老师、代海强老师、王球老师、陈常燊老师所提供的修改意见。

除此之外，我还要感谢国家社会科学基金博士论文出版项目的评审老师为本书提供的宝贵的修改意见，让我对因果理论的历史脉络进行了翔实的补充。同时，感谢孙骞谦老师、陆俏颖老师、王雨程老师、吴小安老师、裘江杰老师、王东老师、博士研究生朱帆在读书班中针对因果问题与我不断切磋。

另外，我要感谢董俊华老师和刘冰老师及中国社会科学出版社的周慧敏老师提供的诸多帮助，还要特别感谢郝玉明编辑为书稿的完善所付出的辛苦。

最后，我要感谢我的母亲。在我漫漫的求学路上，她一直默默地支持着我，鼓励着我，与我分享着进步的喜悦，承受着路途中的迷茫和焦虑。谨以此书献给我的母亲！

董 心

2020 年 2 月 19 日